CAD/CAM/CAE 工程应用丛书

CATIA V5–6 R2015 三维设计入门与提高

张忠将　主编

机械工业出版社

本书结合 CATIA 的实际用途，由浅入深，从易到难，全面详尽地讲解了 CATIA V5-6 R2015 从入门到提高的各方面知识。

本书内容共 8 章，包括 CATIA V5-6 R2015 基础、草图绘制、基于草图的特征、修饰特征、参考/变换和布尔特征、曲线与曲面建模、装配和工程图等内容。

本书每部分都配有典型实例，让读者对该部分的内容有一个实践演练和操作的过程，以加深对书中知识点的掌握。本书附赠网盘资料中配有素材、素材操作结果、习题答案和演示视频等内容，帮助读者通过各种方式来学习书中介绍的知识。

本书内容全面、条理清晰、实例丰富，可作为大中专院校的相关课程教材，也可作为广大工程技术人员和在校生的自学参考书。

图书在版编目（CIP）数据

CATIA V5-6 R2015 三维设计入门与提高 / 张忠将主编. —北京：机械工业出版社，2016.4

（CAD/CAM/CAE 工程应用丛书）

ISBN 978-7-111-53493-8

Ⅰ. ①C… Ⅱ. ①张… Ⅲ. ①机械设计－计算机辅助分析－应用软件 Ⅳ. ①TH122

中国版本图书馆 CIP 数据核字（2016）第 073284 号

机械工业出版社（北京市百万庄大街 22 号　邮政编码 100037）
策划编辑：张淑谦　　责任编辑：张淑谦
责任校对：张艳霞　　责任印制：李　洋
三河市宏达印刷有限公司印刷
2016 年 5 月第 1 版 · 第 1 次印刷
184mm×260mm · 27.5 印张 · 683 千字
0001—3000 册
标准书号：ISBN 978-7-111-53493-8
定价：75.00 元

前　言

CATIA 是强大的机械设计和制造软件，也是重要的三维建模软件，其模块众多，功能齐全，在曲面设计等方面功能显著，所以在飞机、汽车和船舶的设计和制造等领域应用广泛。

此外，除了常用的 CAD/CAE/CAM 功能外，CATIA 还具有人体工学设计、电子样机设计、生产线管理和规划设计、产品生命周期管理（PLM），以及数据共享（VPM）等功能。总之，熟练掌握 CATIA 这款功能强大的软件，对于提高公司研发水平和个人就业成功率都大有裨益。

为了让广大读者能够快速全面地掌握这款软件，本书语言精练、简明，内容由浅入深，叙述详尽，并充分结合实际操作，对一些 CATIA 中不易理解的功能进行了重点分析和讲解，绝对不留疑问。

本书力求实用，着力避免"眼高手低"的情况发生（如"讲座听得懂，看书看得懂，但却不会操作"），配有大量的精彩实例和练习，这些实例和练习既操作简单，又很有趣味性和挑战性，能够让读者"寄学习于娱乐中"，轻松、扎实地掌握软件功能，并应用于实践，真正全面地掌握 CATIA 的使用方法。

本书在内容安排上循序渐进，全书共 8 章，第 1 章介绍 CATIA 的基础知识，就像是介绍 Windows 的功能一样简单易懂；第 2 章介绍了构建三维模型的基础草图绘制的方法，除了各种线、多边形和文字等的绘制方法外，草图的修改，以及尺寸和几何约束的添加都是这部分的重点；第 3 章介绍了基于草图的特征（即基础实体特征）的创建方法，如常见的旋转体、孔、凸台（即"拉伸"）等特征的使用；第 4 章介绍了修饰特征（即"附加特征"）的创建方法，如圆角、倒角、拔模等特征；第 5 章介绍了参考、变换和布尔特征，即在创建实体特征时需要用到的一些辅助特征，如参考点和参考面的创建等；第 6 章介绍了曲线和曲面的建模方法，可以创建更加复杂的模型；第 7 章介绍了组件装配的过程，可将设计好的零件导入，然后使用约束等将零件装配起来，以检测产品设计的合理性等；第 8 章介绍了工程图的创建，包括工程图中各种视图的生成，视图中各种尺寸、注释的添加，以及工程图的正确打印输出方法等，工程图是工件加工过程中的重要参照。

本书附赠网盘资料中带有操作视频、全部素材、范例设计结果和练习题设计结果等内容。利用这些素材和多媒体文件，读者可以像观看电影一样轻松愉悦地学习 CATIA 的各项功能。

本书主要由张忠将编写，此外参加编写的还有李敏、陈方转、计素改、张小英、张兵兵、王崧、王靖凯、贾洪亮、张美芝、张人栋、徐春玲、张政、张雪艳、韩莉莉、张雷达、张翠玲、张中乐、张人大、张冬杰、张人明、张程霞、腾秀香、付冬玲和齐文娟，在此表示衷心感谢。

由于 CAD/CAM/CAE 技术发展迅速，加之编者知识水平有限，书中疏漏之处在所难免，敬请广大专家、读者批评指正或进行设计交流。

目　　录

第 1 章 CATIA V5-6 R2015 基础

本章要点

📖 CATIA 软件概述
📖 文件基本操作
📖 CATIA V5-6 R2015 工作界面
📖 视图调整方法
📖 CATIA 对象操作和管理

学习目标

本章主要讲述 CATIA 的基础知识，包括软件特点、软件安装、常用术语、产品设计过程、工作界面、鼠标的使用和操作环境的设置等内容。

1.1 CATIA 概述

CATIA 软件是一款优秀的三维设计软件，其全称为 Computer Aided Tri-dimensional Interface Application（计算机辅助三维接口应用），可帮助机械设计师、模具设计师、消费品设计师，以及其他专业人员更快、更准确、更有效地将创新思想转变为市场产品。

1.1.1 CATIA、SolidWorks、Creo（Pro/E）、UG 和 AutoCAD 的比较

CATIA、SolidWorks、Creo（Pro/E）、UG 和 AutoCAD 是目前应用最广的几款工程软件，它们每一个都各有特点，这里统一说明如下：

➢ CATIA 是功能强大的建模软件，模块多、功能全，除了可以实现三大模块的基本功能——计算机辅助设计（CAD）、计算机辅助工程（CAE）、计算机辅助制造（CAM）外，还可以进行人体设计、电子样机、生产线管理和规划设计、产品生命周期管理（PLM）以及数据共享（VPM）等功能；此外其在曲面设计方面功能非常强，因此在飞机、汽车和船舶等领域也应用广泛。但 CATIA 对计算机配置要求较高，模块众多、繁杂，初学者较难入手，此外其在加工和出工程图等方面较弱。CATIA 目前是业界功能最强大的软件之一，其主要竞争对手是 UG 和 Creo（Pro/E）。

- SolidWorks 与 CATIA 一样，都是达索公司名下的软件产品，目前主要面向中端 CAD 市场。SolidWorks 的软件特点是简单易学、界面友好，入门容易，出工程图方便。不过 SolidWorks 软件本身只具有 CAD 和 CAE 两方面功能（且这两方面功能均有不足之处），如果要实现其他功能（如 CAM），则需要借助其他软件（如 SolidCAM、MasterCAM）的帮助，例如要实现较强的钣金功能，往往会借助 Logopress3 钣金冲压模插件的帮助。此外，SolidWorks 的优点还有价格较便宜、用户群较多，所以目前在中小企业应用广泛。
- Creo（Pro/E）在学习难度上属于中等，CAM 功能较强，但出图较麻烦，且复杂零件和装配等在前期的全参数造型中速度较慢，后期修改容易导致更新失败。
- UG 也较难学（作者认为，相对 CATIA 和 Creo（Pro/E），入门要容易一些，其界面和操作习惯与 CATIA 较为类似），其曲面功能较强，在模具和加工方面的表现要胜过 CATIA 和 Creo（Pro/E）。UG 在汽车行业应用较多。
- AutoCAD 主要用于二维平面绘图，可以理解为计算机上绘制工程图的一个"画板"，三维功能不强。但是其所绘的计算机平面图样，出图清晰、图线调整方便，所以在各个领域（只要需要出工程图）都具有广泛的应用（其他 CAD 软件出的工程图，最后也多需要导入 AutoCAD 进行完善和修改）。

总之，对于 CAD 初学者，建议从 AutoCAD 学起，了解其基本概念后，再接触 CATIA 和 UG、Creo（Pro/E）等软件，以便迅速掌握。当然直接学习 CATIA 也有其好处，如可形成一定的软件习惯等，不会因为由一款软件转到另外一款软件而出现鼠标和界面不适应的障碍。

1.1.2 CATIA 的设计流程

通常可通过如下流程来设计模型。

（1）创建草图：创建模型的草绘图形，此草绘图形可以是模型的一个截面或轨迹。

（2）创建特征：添加拉伸、旋转、扫描等特征，利用创建的草绘图形创建实体。

"特征"是大多数机械设计软件都采用的用于设计图形的一种"工具"，便于操作者管理和修改，相当于零件的一种外形（如"拉伸"）。在软件中可以通过一种特征设计出相应的外形。

（3）装配部件：如果模型为装配体，那么还需要将各个零部件按某种规则进行装配，以检验零部件间配合是否合理。

（4）仿真和分析：为了验证设计的机械能否稳定运行，可以首先模拟机器运转动画，接下来还可使用有限元分析判断其内部的受力等情况，以确定所设计零件或机械的可靠性。

（5）绘制工程图：二维工程图有利于工作人员按图样要求加工零件，使用绘制的三维实体得到二维的工程图，这比直接绘制二维图形要迅速。

具体设计过程如图 1-1 所示。

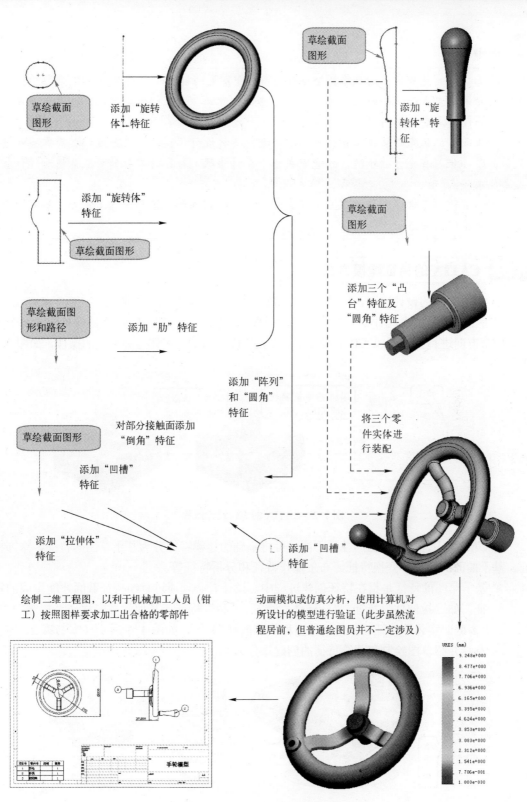

图 1-1　CATIA 的零件设计流程

⚙ 知识库

> 上面讲述的是最常见的三维模型建模步骤，即常见的自下而上的建模步骤。除此之外，有时还会采用自上而下的建模步骤，即从总体规划开始，如直接创建装配体，然后在装配体中逐一创建需要使用的零件。
>
> 自上而下的优点是总体掌控，可以及时避免各种设计错误，缺点是设计之前需要对要设计的整部机器有充分的了解，才能完成整个设计步骤，对设计人员的行业素质和软件技能都要求较高。
>
> 所以建议初学者先掌握自下而上的设计技能，对软件和机械原理有了充分了解后，再进行相关技能的学习。

1.1.3 CATIA 的特征建模方式

通过 1.1.2 节的设计流程，可以发现 CATIA 建立三维模型主要是通过"特征"来实现的。所谓"特征"就是代表元件某一方面特性的操作，比如"拉伸体"特征就是将草图向一个方向或两个方向进行拉伸形成实体的操作，而"孔"特征则是在实体上添加孔的操作，如图 1-2 所示。

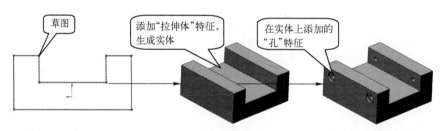

图 1-2 CATIA 的零件设计流程

在 CATIA 中，按照特征的性质不同，可将基础的建模特征分为基于草图的特征、修饰特征、基于曲面的特征、变换特征、布尔操作特征和分析特征等。

➤ 基于草图的特征是指在特征创建过程中，设计者必须通过草绘特征截面才能生成的特征，如"拉伸体"特征、"旋转体"特征、"肋"特征（其他软件多称作"扫描"）和"多截面实体"特征（其他软件多称作"放样"）等，如图 1-3 所示（本书第 2、第 3 章将介绍草图绘制和草绘特征的创建操作）。

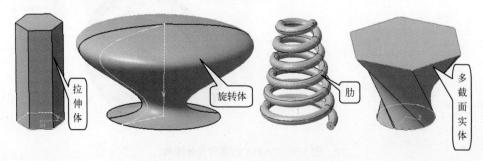

图 1-3 几个基于草图的特征

➤ 修饰特征是在"基于草图的特征"基础上创建的修饰（附加）特征，如"圆角""倒角"和"盒体"特征等，此类特征无须创建草图，但需要在可以创建此类特征的实体上创建，如图1-4所示（将在第4章介绍修饰特征的创建操作）。

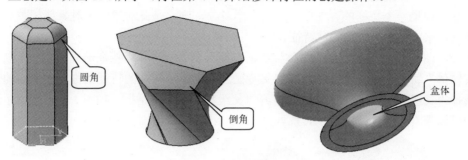

图1-4 几个修饰特征

➤ 基于曲面的特征是通过曲面创建实体的特征，如"厚曲面"特征，可通过加厚曲面形成实体（见图1-5），此外还包括缝合曲面、封闭曲面等特征（将在第6章曲面章节讲述此类特征）。

➤ 变换特征是对创建的实体或特征进行相关变换操作的特征，如对特征实体进行平移、阵列和镜像等，从而创建出新的实体的操作特征，如图1-6所示。

➤ 布尔操作特征是对两个或多个实体特征进行布尔操作的特征，如添加、移除和相交特征等，如图1-7所示。

➤ 分析特征是对实体进行分析，以确定下一步需要执行的相关操作的特征。如可执行"拔模分析"特征操作，以确定为了在实际生产过程中，模型可以顺利出模型，需要执行拔模的面等（本文将在第5章讲述变换、布尔和分析操作等特征）。

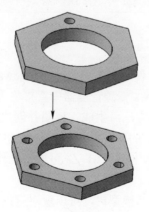

图1-5 "厚曲面"特征操作　　　图1-6 "阵列"特征操作　　　图1-7 "布尔"移除特征操作

 提示

上面只是基础的建模特征，此外，在软件的各个模块中，还有各种各样的特征可供选用，如各种曲面特征、焊件模块的各种焊接特征等（详见本书后续章节的讲述）。

1.1.4 CATIA 特征间的关系

在上一节中，我们了解到 CATIA 主要是通过使用"特征"来创建三维图形的，这里需要注意的是：如果一个特征的存在取决于另一个对象，则它是此对象的子对象或相关对象。而此对象反过来就是其子特征的父特征。

例如，图 1-8 中图所示的"盒体"特征在第一个"旋转体"特征形成的实体上创建，所以"旋转体"特征即是"盒体"特征的父特征。右击模型树中的特征名称，在弹出的快捷菜单中选择"父级/子级…"菜单项，将打开"父级和子级"对话框，如图 1-8 右图所示，在其列表中可以查看当前模型的父子关系。

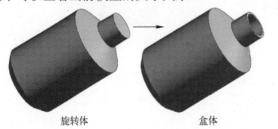

旋转体   盒体

图 1-8 特征的父子关系

父特征可以有多个子特征，而子特征也可以有多个父特征。作为子特征的特征同时也可以是其他特征的父特征。

> 理解特征的父子关系很重要，例如，删除父特征时，其子特征将一同被删除。修改父特征时，如果需要的话，其子特征应同步修改，否则可能导致设计出错。

1.1.5 CATIA 的 Windows 功能

在 CATIA 应用程序中，可以使用很多熟悉的 Windows 功能，具体如下。

➢ 打开文件：可以从 Windows 资源管理器中直接将零件拖入 CATIA 操作界面中，从而打开该零件（使用相同的方法可生成工程图并创建装配体）。

➢ 使用键盘快捷键：CATIA 的所有操作都有对应的键盘快捷键，例如，〈Ctrl+O〉可打开文件，〈Ctrl+S〉可保存文件，〈Ctrl+Z〉可撤销操作，〈Ctrl+P〉可打印当前文档，〈F1〉可调出即时帮助等。

➢ 右键快捷菜单：右击模型或模型树，可出现对应操作模型或特征的快捷菜单，从中可选择显示隐藏模型，以及重定义模型或特征等操作选项，以方便地对模型进行修改或调整。

➢ 工具栏和菜单：提供针对当前模块的工具栏和菜单。

1.1.6 CATIA V5-6 R2015 的安装

插入 CATIA 安装光盘后，将自动打开安装程序，如图 1-9 所示。如未出现安装界面，也可右击安装光盘中的 Setup.exe 文件，选择"以管理员身份运行"菜单项，开始安装程序。

安装时，各选项均保持默认（根据需要选择安装位置），单击"下一步"按钮，直到安装完成即可。

主程序安装完成后，先不要启动 CATIA 程序，找到本机的 CATIA ID，然后插入 CATIA LUM 光盘，开始安装 CATIA LUM。

CATIA LUM 为 CATIA 的许可（license）管理工具，用于许可本机使用所安装的 CATIA（对于 LUM 的详细安装方法，可联系 CATIA 销售人员）。

正确配置 license 后，双击桌面的 CATIA P3 V5-6 R2015 图标，即可启动 CATIA，其操作界面如图 1-10 所示。

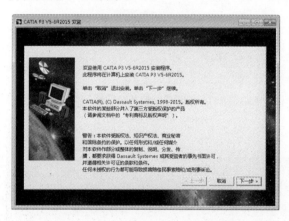

图 1-9　CATIA 的第一个安装界面

图 1-10　CATIA 操作界面

> 需要注意的是，CATIA 有很多配置，在不同的配置下，系统提供的模块和功能也不相同，所以显示的菜单和界面也会有所不同。
>
> 本文以 CATIA 的市场一体化 2（AL2 配置）的 P2 操作界面为基础进行讲解。如当前安装的软件非此配置，可在系统"选项"对话框"常规"选项卡的"可用的配置或产品列表"列表中选择"AL2 - CATIA - ALL-IN-ONE MARKETING 2 Configuration"选项，然后重新打开软件，即可与本书操作步骤和相关界面保持一致。
>
> 此外，CATIA V5-6 R2015 对系统的要求为：在硬件上，建议 CPU 至少 2 核，内存 2GB以上，独立显卡，至少支持 OpenGL；在软件上，建议安装在 Windows 7 32 位或 64 位以上操作系统。

1.1.7　CATIA V5-6 R2015 的功能模块

完成 CATIA V5-6 R2015 的安装，并启动 CATIA 后，单击操作界面中的"开始"按钮，在下拉菜单中，可以找到当前配置下（AL2 配置）系统提供给用户的主要功能模块（见图 1-11），下面对各个功能模块中提供的功能进行概括地解释。

➢ "基础结构"模块（Infrastructure）■：用户可以通过这个模块来管理 CATIA 的整体架构、渲染模型，并实现其他总体性的功能（其子菜单如图 1-12 所示）。由于本书主要讲述模型的建模和出工程图等操作，不涉及模型渲染，所以本书对本模块中的任何一个子功能模块都不作介绍（详见后续高级教程）。

图 1-11　CATIA 的主要功能模块　　　　图 1-12　CATIA 的基础结构功能模块子菜单

这里对"基础结构"模块的各个子模块的功能略作解释：

◇ 产品结构：用于展示部件结构，便于对装配进行管理（相当于装配的预览，但不是装配空间，所以无法移动零件或添加约束配合等）；

◇ 材料库：相当于其他三维软件中的材质库或颜料库，用于对模型的材料进行编辑、添加或管理；

◇ 图片工作室：提供最终渲染出高分辨图片的功能（同下面的实时渲染，都提供CATIA的渲染功能）；

◇ 融入性系统助手：也称作"虚拟环境配置助手"或"沉浸式系统助手"，可虚拟创建多个显卡和显示器，从而实现从多个角度虚拟、立体地展示模型的目的；

◇ 实时渲染：是所见即所得的渲染模式，也可以创建渲染动画；

◇ CATIA V4、V3、V2：提供了在 CATIA 第 5 版和 CATIA 第 2、3、4 版之间实现双向互相操作的功能；

◇ 目录编辑器：提供了以目录的形式管理产品零件的功能，当产品构成复杂时，可方便地对零件进行管理和调用；

◇ 过滤产品数据：提供了去参数、简化产品的功能，可以实现零件到零件、产品到零件和产品到产品三种简化方式；

◇ 特征词典编辑器：提供对标准件库进行管理和修改的功能，如可对管道模块中的某个标准件（控制阀特征）添加某个属性，或创建新的标准件特征等。

➤ "机械设计"模块（Mechanical Design）▶：是提供三维建模功能的主要模块（其子菜单如图 1-13 所示）。提供有基本应用的零件设计（将在本书第 3、4、5 章讲解其功能）、装配设计（第 7 章讲解其功能）、草图编辑器（第 2 章讲解其功能）、工程制图（第 8 章讲解其功能）、线框和曲面设计功能（第 6 章讲解其功能）。其他模块的功能详见下面知识库。

➢ 2D Layout for 3D Desing："三维设计的二维布局"模块用于在三维模型空间中创建三维模型的二维布局视图（类似于工程图，但是此二维图是属于三维零件设计空间的），以方便察看三维模型在多个方向上的观察效果（实际操作与工程图类似）。

图1-13　"机械设计"模块的子菜单

这里对"机械设计"模块的其他子模块（英文名称的模块）的功能略作解释：

◇ Product Functional Tolerancing & Annotation：三维功能公差与标注设计FTA（用于三维空间中标注公差和标注等），针对装配体。

◇ Weld Design：焊接设计（WDG），用于设计焊件。

◇ Mold Tooling Design：模具设计（MTD），用于设计模具。

◇ Structure Design：结构设计（STD），用于创建一些框架结构件，如U型钢和H型钢等（可用于创建汽车、飞机或轮船等的骨架）。

◇ Core & Cavity Design：用于阴阳模模具设计（CCV）。

◇ Healing Assistant：复原助手，用于修复曲面。

◇ Functial Moldeling Part：用于设计模具零件。

◇ Sheet Metal Design：钣金设计（SMD），用于设计钣金件。

◇ Sheet Metal Production：钣金产品检查和分析（SHP）。

◇ Composites Design：用于设计由多层不同材料构成的复合材料零件。

◇ Generative Sheetmetal Design：创成式钣金设计，是可基于实体模型开始的钣金设计。

◇ Functional Tolerancing & Annotation：三维功能公差与标注设计FTA（用于三维空间中标注公差和标注等），针对零件。

➢ "形状"模块（Shape）　：提供复杂曲面的创建和调整等功能。

需要注意的是，对于此模块以及下面将要简单介绍的模块的详细使用方法，在本书中都将不作讲解。关于他们的功能，可参考本系列图书的其他教程。

> "分析与模拟"模块（Analysis & Simulation）：提供对模型构造、结构强度等进行分析的功能（相当于 CATIA 软件的 Simulation 插件功能）。

> "AEC 工厂"模块（AEC Plant）：用于规划工厂布局，如处理空间利用和厂房内物品的布置问题，从而达到优化生产过程和产出的目的。

> "加工"模块（NC Manufacturing）：即 CATIA 的数控加工（CAM）模块，用于编制加工程序，从而为数控机床提供车削、铣削加工等刀路路线和走向等的驱动参数。

> "数字化装配"模块（Digital Mockup）：是进行运动模拟和分析的模块，相当于 CATIA 软件的 Motion 插件的功能。

> "设备与系统"模块（Equipment & Systems）：用于设计复杂电气、液压传动、管路等，相当于 CATIA 软件的 Routing 插件的功能。

> "制造的数字化处理"模块（Digital Process for Manufacturing）：提供在三维空间中对模型进行标注的功能，如在三维模型表面标注公差、基准和表面粗糙度符号等信息，令标注更加直观（针对加工过程中的零件）。

> "加工模拟"模块（Virtual NC）：用于在计算机上模拟数控加工的过程。

> "知识工程"模块（Knowledge ware）：所谓知识工程，其核心就是将有关的学科知识、相关设计标准及规范、设计参数等建成知识库并嵌入到设计软件中，通过逻辑判断和推理，实现产品的智能化设计。

1.2 文件基本操作

在 CATIA 中，文件操作主要包括新建文件、打开和导入文件、保存、打包和关闭文件，以及文件间的切换等，下面就来看一下这些基础文件操作。

1.2.1 新建文件和文件格式

有两种新建文件的方式。启动 CATIA 后，选择"开始"菜单下的子菜单项，如选择"开始">"机械设计">"零件设计"菜单项，然后在打开的"新建零件"对话框中输入零件名称，即可创建一个零件类型的文件，如图 1-14 所示。这是其中一种新建文件方式。

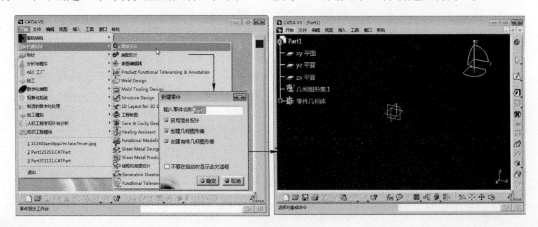

图 1-14 新建零件文件操作

提示

这里解释一下图 1-14 "新建零件"对话框中几个复选框的作用。在此之前，先了解一下 CATIA 中用于管理模型树中特征的几个集：零件几何体、几何图形集、有序几何图形集和几何体（见图 1-15）。

◇ 零件几何体：用于存放实体特征，如拉伸等特征（零件几何体里的特征是按照创建的时间顺序来排列的，改变顺序会改变模型结果）。

◇ 几何图形集：用于存放曲面、曲线特征，不能存放实体特征（几何图形集中的特征是无序存放的，顺序改变，对模型的最终效果没有影响）。

◇ 有序几何图形集：同样用于存放曲面、曲线特征，只是此时所放置的特征是有顺序的存放，改变顺序会改变模型结果。

◇ 几何体：相当于临时的零件几何体，选择"插入" > "几何体"菜单，可以插入此集合（见图 1-16）。同一个零件中，只能有一个"零件几何体"，但是可以有多个"几何体"。几何体中既可以存放实体特征，也可以存放曲面特征，其作用是可以隐藏和显示不同的实体，以及进行布尔运算等。但处于同一个"零件几何体"中的实体，是不可以进行布尔运算的，因为此时只要实体相交，即会融合到一起（可将几何体和零件几何体互换）。

◇ 集合中的几何体：图 1-16 中有此选项，也用于插入几何体，只是此时会出现对话框，用于输入几何体的名称。

图 1-15　零件模型树中特征集合

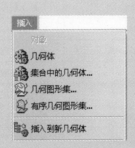

图 1-16　CATIA 的"插入"菜单

了解了如上几个概念后，在图 1-14 "新建零件"对话框中，如果勾选"启用混合设计"复选框，将允许在"零件几何体"中放置曲面、曲线特征（这是 CATIA V5 R14 版之后提供的新功能）；如果勾选"创建几何图形集"复选框，将在新创建的零件文件模型树中，同时创建一个"几何图形集"，如图 1-14 右图所示；如勾选"创建有序几何图形集"和"启用混合设计"复选框，将同时在所创建的零件文件树和"零件几何体"特征集合中创建一个"有序几何图形集"。

另外一种创建文件的方式是，启动 CATIA 后，选择"文件" > "新建"菜单，然后在打开的"新建"对话框的类型列表中，选择一种文件类型，单击"确定"按钮，即可以创建此种文件。如同样需要创建零件类型的文件，此处可以选择"Part"类型，然后重复上面的操作，输入零件名称，单击"确定"按钮，创建新文件，如图 1-17 所示。

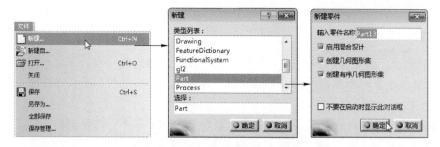

图 1-17　另外一种新建零件文件操作

如图 1-17 中图 "新建" 对话框所示，实际上可以选择创建很多文件类型，那么每种文件类型有什么不同呢？详见表 1-1 的解释（可结合前面 1.1.7 节中的解释，理解此处文件类型的意义）。

表 1-1　CATIA 的文件格式

类　型	所创建的文件格式	文件后缀
Analysis	零件及装配体分析模拟的文件格式	*.CATAnalysis
Catalog Document	零件库的文件格式	*.catalog
CATImmNavDoc	二次开发文件	*.CAADoc
CATSwl	数字化装配评审文档	*.CATSwl
cgm	数字化装配二维平台文件	*.cgm
Drawing	二维工程图文件	*.CATDrawing
FeatureDictionary	特征词典编辑器文件	*.CATfct
FunctionalSystem	在知识工程中用于定义产品工程的文件	*.CATSystem
gl2	数字化装配二维工作台向量文件	*.gl2
Part	零件类型的文件	*.CATPart
Process	CAM 加工程序的文件格式	*.CATSystem
ProcessLibrary	流程库文件	*.act
Product	装配文件格式	*.CATProduct
Shape	复杂曲面文件格式	*.CATShape
svg	Svg 可伸缩矢量图形工程图格式	*.svg

提示

其中经常使用的是 Part 零件类型文件（ *.CATPart ）、Product 装配文件格式（ *.CATProduct ）、Drawing 工程图文件格式（ *.CATDrawing ）这三种文件格式，其他文件格式初学者通常用不到。

1.2.2　打开和导入文件

选择 "文件" > "打开" 菜单，在打开的 "打开" 对话框中选择已存在的模型文件，如

图 1-18 所示，然后单击"打开"按钮即可打开文件（直接双击文件，或将文件直接拖曳到CATIA 操作界面中也可打开文件）。

图 1-18 "打开"对话框

CATIA 不可以直接打开或导入其他工程软件（如 Creo、UG、SolidWorks、AutoCAD 等）制作的模型文件。如需要导入，需要首先使用原软件，将需要导入的文件另存为（或导出为）STEP 文件格式，然后再在图 1-18 所示的对话框的"选择文件类型"下拉列表中选择 stp（*.stp）文件类型，然后将其打开。

　　STEP 文件格式是国际标准化组织（ISO）所属的工业自动化系统技术委员会制定的CAD 数据交换标准，支持大多数工业设计软件，可在 Creo（Pro/E）、UG、CATIA、SolidWorks等软件中通用。

1.2.3 保存、导出与关闭文件

文件的保存十分简单，选择"文件">"保存"菜单，即可完成文件的保存（首次保存会弹出"另存为"对话框，需要选择保存位置，并命名零件文件名称，并单击"保存"按钮进行保存）。

　　需要注意的是，零件的文件名不可以使用中文，但零件名称（见图 1-17 右图所示对话框）可以使用中文。

如果需要将当前图形另存为一个文件，可选择"文件">"另存为"菜单，打开"另存为"对话框，如图 1-19 左图所示，重新设置文件名、保存位置和文件类型，然后单击"保存"按钮将文件保存。

在此对话框中，选择保存类型下拉列表，可以实现 CATIA 文件的导出操作，如图 1-19右图所示，可将 CATIA 文件导出为 stp 文件格式、3dmap 文件格式（三维地图文件）、3dxml文件格式（相当于一种预览文件格式，可使用 3dxml player 查看 3d 文件）、STL 文件格式（三

角形网格文件格式）等多种类型。

图 1-19 "保存"文件对话框和保存类型下拉列表

同常用的 Windows 软件一样，选择"文件">"关闭"菜单，或者单击文档右上角的"关闭"按钮 ⊠，即可关闭当前文档，此处不再赘述。

1.2.4 文件间的切换

在有多个模型同时打开时，如果需要从一个文件切换到另一个文件，可打开"窗口"菜单，该菜单中包含了所打开的文件列表，如图 1-20 所示，单击要切换的文件名便可以在不同的文件之间切换。

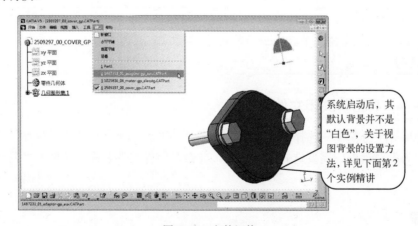

图 1-20 文件切换

实例精讲——自定义尺寸标准

应如何修改标注标准以适合我国规定，或将标注标准设为国标 GB（在 CATIA 工程图中，默认的标注标准有 JIS、ISO 和 ANSI 等，但是没有国标 GB）？本实例将解答这个问题。

制作分析

尺寸标准的设定和修改，需要以管理员模式运行 CATIA 程序，然后才能对系统默认使用的尺寸标准进行设置，具体操作如下。

制作步骤

步骤 1 先来设置，令 CATIA 程序可以以管理员身份运行。
单击 Windows"开始"按钮，在"所有程序"列表中找到"CATIA
P3" > "Tools"目录下的 Environment Editor V5-6 R2015 项，
选择运行，如图 1-21 所示。

步骤 2 系统弹出一系列要求确认修改系统环境操作的对
话框，全部单击"是"或"确定"按钮即可，如图 1-22 所示。

步骤 3 系统打开"环境编辑器"对话框，如图 1-23 所示。
先创建一个用于放置环境变量的文件夹，如 H:\CATIAPATH 文
件夹（当然也可以是其他文件夹，只要路径下的文件夹真实存
在即可）。然后右击"CATReferenceSettingPath"选项，选择"编
辑变量"菜单，弹出相应的对话框，在"值"文本框中，输入
上面创建的文件夹路径，如图 1-23 所示。

图 1-21 设置环境变量菜单操作

图 1-22 确认修改系统环境操作的对话框

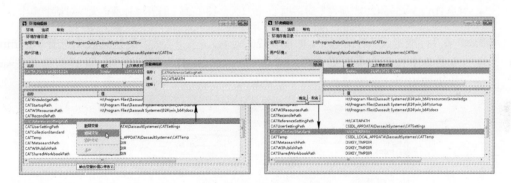

图 1-23 "环境编辑器"窗口和"修改变量"操作

步骤 4 以相同操作，右击"CATCollectionStandard"选项，选择"编辑变量"菜单，设
置其值为上面创建的文件夹路径。

> CATReferenceSettingPath 和 CATCollectionStandard 这两个参数原本都是空值，其中
> CATReferenceSettingPath 参数控制是否允许修改 CATIA 的 Options 中的参数；而
> CATCollectionStandard 参数的设定可以使用户获得修改和定制工程图中"标准"（Standard）
> 的权限。

步骤 5 右击桌面上的"CATIA P3 V5-6R2015"快捷启动图标，选择"属性"命令，打开"CATIA P3 V5-6R2015 属性"对话框，如图 1-24 所示，切换到"快捷方式"选项卡，在"目标"文本框中，在"CNEXT.exe"后面增加"-admin"文字，然后"单击"确定按钮，这样即可以管理员模式运行 CATIA 程序了。

步骤 6 双击桌面上的"CATIA P3 V5-6R2015"快捷启动图标，以管理员模式启动 CATIA，系统弹出"管理模式"确认对话框，单击"确定"按钮继续，如图 1-25 上图所示；然后选择"工具" > "标准"菜单，如图 1-25 下图所示，打开"标准定义"对话框。

图 1-24 "CATIA P3 V5-6R2015 属性"对话框   图 1-25 打开"标准定义"对话框操作

步骤 7 在"标准定义"对话框中，如图 1-26 所示，先在"类别"下拉列表中选择"drafting"选项，在"文件"下拉列表中选择 ISO.xml 文件，然后展开左侧标准树，并根据需要选择要修改的项，如设置引出线的箭头符号为"实心箭头"。

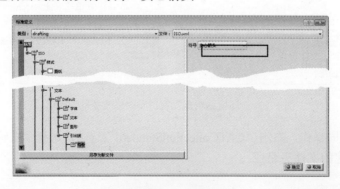

图 1-26 修改系统标准操作

步骤 8 同步骤 7 操作，对需要调整的尺寸标准按照国标要求进行相关设置，然后单击"另存为新文件"按钮，将修改好的尺寸标准以 GB.xml 文件名保存到"X:\Program Files\Dassault Systemes\B24\win_b64\resources\standard\drafting"目录下。

提示

读者也可以从网上下载别人修改好的比较完美的 GB.xml，并放置到 "X:\Program Files\Dassault Systemes\B24\win_b64\resources\standard\drafting" 目录下，以在创建工程图时选用 GB 国家标准（本书光盘中也将提供较完美的 GB.xml 文件）。

步骤 9 完成上述操作后，即可在 drafting 类别的 "文件" 下拉列表中选用 GB.xml 国家标准了，如图 1-27 所示；当然也可以在创建工程图时，根据需要选择 GB 国标（详见第 8 章的讲述）。

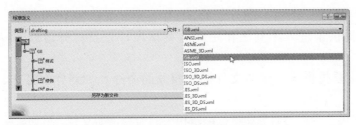

图 1-27 选用 GB 国家标准操作

1.3 CATIA 工作界面

通过 1.2 节的讲解，我们知道 CATIA 可以创建多种不同类型的文件，如零件、装配体和工程图文件等。针对不同的文件形式，CATIA 提供了相应的操作空间，以及工作界面（不同空间中，工作界面的要素基本相同）。下面以零件设计空间下的主界面为例介绍 CATIA 的工作界面，如图 1-28 所示。

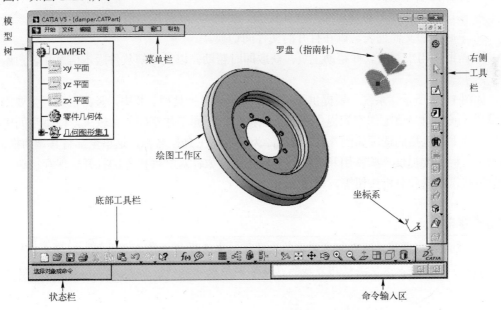

图 1-28 CATIA V5-6 R2015 零件图工作界面

如图 1-28 所示，在零件设计空间下，CATIA 的工作界面主要由菜单栏和工具栏、模型树和罗盘、绘图工作区和状态栏组成，下面看一下各个组成部分的作用。

1.3.1 菜单栏和工具栏

与其他大部分软件一样，CATIA 中的菜单栏提供了一组分类安排的命令，其工具栏提供了一组常用操作命令。此外，在不同工作空间与状态下，CATIA 的菜单栏与工具栏内容会发生相应的变化；同时，如果某些工具按钮或菜单项呈浅灰色，表明该菜单或工具按钮在当前状态下无法使用。

下面首先简要介绍一下图 1-28 所示的界面中各主要菜单项的作用。

➢ 开始：提供了进入不同工作空间的菜单项，以及打开最近所操作文档的快捷方式。

➢ 文件：主要提供了一组与文件操作相关的命令，如新建、打开、保存和打印文件等。

➢ 编辑：提供了一组与对象和特征编辑相关的命令，如复制、剪切、粘贴，以及创建和编辑选择集等，另外还可按特征名称等搜索特征。

➢ 视图：提供了一组设置视图显示与视图调整相关的命令，如可设置在绘图工作区中是否显示模型树、罗盘和工具栏等，也可通过此菜单栏旋转、平移或缩放视图，另外还可以通过此菜单设置模型的当前显示样式等。

➢ 插入：利用其中的命令可在模型中插入各种特征，以及将数据从外部文件添加到当前模型中（不同操作空间，可插入的特征差异较大）。

➢ 工具：提供了插入公式和宏，显示隐藏特定对象，以及捕获当前图形界面和捕获当前操作视频等工具。

➢ 窗口：可调整当前窗口布局（如层叠、平铺），或新建当前文件操作窗口，或选取菜单底部的文件列表，以在打开的文件间切换。

➢ 帮助：用来访问软件帮助主页，获取即时帮助，以及了解软件版本信息和客户服务信息等。

如图 1-28 所示，系统主要提供了横向和竖向两组工具栏。其中，竖向工具栏主要用于创建模型（或针对当前工作空间提供相应功能按钮，不同工作空间差距较大，模型空间中的竖向工具栏主要包括的选项如图 1-29 所示，为了看清工具栏名称，这里全部将其调为横向）；横向工具栏主要提供一些常用和通用的工具按钮，如针对文件操作的打开、保存按钮，视图调整按钮，测量和分析按钮等，如图 1-30 所示。

右击工具栏区域，还可以在弹出的快捷菜单中选择使用其他工具栏，例如"布尔操作""插入"工具栏等，关于其使用方法将在后续章节逐步讲述。

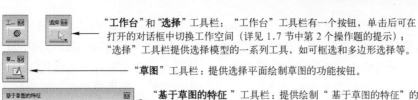

"**工作台**"和"**选择**"工具栏："工作台"工具栏有一个按钮，单击后可在打开的对话框中切换工作空间（详见 1.7 节中第 2 个操作题的提示）；"选择"工具栏提供选择模型的一系列工具，如可框选和多边形选择等。

"**草图**"工具栏：提供选择平面绘制草图的功能按钮。

"**基于草图的特征**"工具栏：提供绘制"基于草图的特征"的相关工具按钮。

"**修饰特征**"工具栏：提供绘制"修饰特征"的相关工具按钮。

"**标注**"工具栏：提供多种三维标注工具按钮，以为模型添加必要的标注和注解等。

"**基于曲面的特征**"工具栏：提供绘制"基于曲面的特征"的相关工具按钮；"**参考元素**"工具栏，提供绘制用于参照的基准点、线和面。

"PartDesign Feature Recognition"工具栏：提供用于识别特征的一系列工具。

图 1-29　模型空间系统默认提供的竖向工具栏

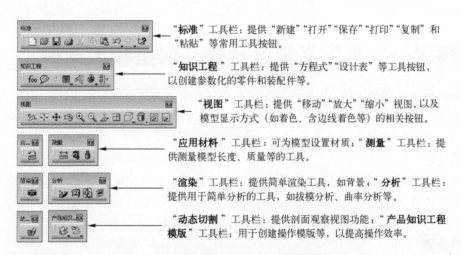

"**标准**"工具栏：提供"新建""打开""保存""打印""复制"和"粘贴"等常用工具按钮。

"**知识工程**"工具栏：提供"方程式""设计表"等工具按钮，以创建参数化的零件和装配件等。

"**视图**"工具栏：提供"移动""放大""缩小"视图，以及模型显示方式（如着色、含边线着色等）的相关按钮。

"**应用材料**"工具栏：可为模型设置材质；"**测量**"工具栏：提供测量模型长度、质量等的工具。

"**渲染**"工具栏：提供简单渲染工具，如背景；"**分析**"工具栏：提供用于简单分析的工具，如拔模分析、曲率分析等。

"**动态切割**"工具栏：提供剖面观察视图功能；"**产品知识工程模版**"工具栏：用于创建操作模版等，以提高操作效率。

图 1-30　模型空间系统默认提供的横向工具栏

1.3.2　模型树和罗盘

模型树是以树的形式显示模型结构的方式，在"模型树"中，会列出绘制当前模型用到的特征（或模型），可使用"零件几何体""几何体""几何图形集"和"标准集"等来管理特征（详见前面对图 1-15 的描述）。

模型树内的特征包含创建模型的步骤和参数，下面简要介绍一下模型树的使用要点：

➢ 要展开或收缩某个树项目，可双击该项目，或单击模型树前的加号（特征的子项目多为草绘特征）。

➢ 如果希望删除、编辑特征属性等，可在模型树中右击该特征然后从弹出的快捷菜单中选择相应的"删除"和"定义"菜单项（双击特征，也可在打开的对话框中对特征进行修改）。

➢ 在模型树中单击某个特征可选择该特征。

➤ 右击模型树中的特征项,选择"隐藏/显示"菜单项,可隐藏或显示选中的特征。

➤ 右击模型树中的特征项,选择"**对象">"激活"(或取消激活)菜单项,可激活或取消激活当前特征(取消激活的特征,不被装入内存,可减少系统的运算量)。

在 CATIA 工作空间右上角有一个罗盘,也称作指南针,代表模型的三维坐标系。使用罗盘可对模型进行各种移动与旋转操作(详见下面 1.4.2 节的讲述)。

1.3.3 绘图工作区和状态栏

绘图工作区,是 CATIA 的工作区域,用于显示或制作模型。状态栏位于 CATIA 主窗口最底部的水平区域,用于提供关于当前窗口编辑的内容状态,以及针对当前操作的提示信息等。

提示

> 状态栏右侧为"命令输入区",在此处输入 CATIA 命令,按〈Enter〉键可执行相关绘图命令。输入命令的格式为 C:命令,如在草绘空间中,输入 C:LINE,按〈Enter〉键,可开始绘制直线,输入 C:CIRCLE,可绘制圆。此外,命令栏还可以用于辅助输入一些参数等。

实例精讲——自定义视区背景、网格和工具栏

应如何更改系统默认使用的视区背景(如将操作区的背景设置为白色)?如何设置绘图网格的大小?如何调出隐藏工具栏,并自定义工具栏的位置等?本实例将对这些内容进行讲解。

制作分析

视区背景和网格大小等可在"选项"对话框中进行设置(实际上通过"选项"对话框,可以对很多内容进行定制,如模型树的外挂、绘图精度等,而且各个空间模块都可以进行定制);通过拖曳等操作,工具栏可在窗口中"固定"或浮动,下面看一下相关操作。

制作步骤

步骤 1 打开 CATIA 后,新建一个"零件"文件,选择"工具">"选项"菜单,打开"选项"对话框,如图 1-31 所示。

步骤 2 在打开的"选项"对话框中,单击左侧设置项目列表中"常规"下的"显示"选项,然后选择右侧的"可视化"选项卡,再在"背景"下拉列表中选择"白色",即可设置操作区的背景色为白色,如图 1-32 所示。

步骤 3 先不要关闭"选项"对话框,下面看一下如何设置"草图"捕捉间距操作。在"选项"对话框左侧树中展开"机械设计"树,单击"草图编辑"选项,在右侧"网格"栏的"点捕捉"文本框中输入 10,单击"确定"按钮,即可设置网格间距,如图 1-33 所示。

提示

> 在图 1-33 所示的操作界面中,如单击"点捕捉"前的按钮,则可以取消点捕捉功能,取消点捕捉功能后,绘制草图时能够单击的点将不受隐藏网格的限制,否则在绘制草图时将只能将点定位到网格点上。

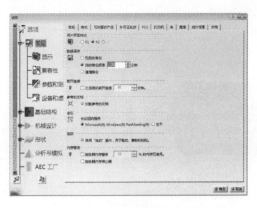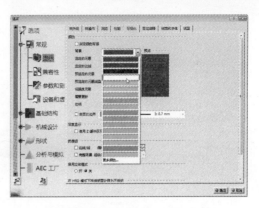

图 1-31 打开的"选项"对话框　　　　图 1-32 设置"视区"颜色操作

步骤 4 下面看一下定制工具栏的相关操作。"建模空间"下，在系统默认提供的竖向工具栏中，"标注"工具栏、"基于曲面的特征"和"PartDesign Feature Recognition"工具栏，横向工具栏中，"知识工程"工具栏、"应用材料"工具栏、"渲染"工具栏和"产品知识工程模版"工具栏最初并不常用，可以将其隐藏。为此，右击工具栏，在弹出的快捷菜单中取消勾选这几个菜单项即可，如图 1-34 所示。

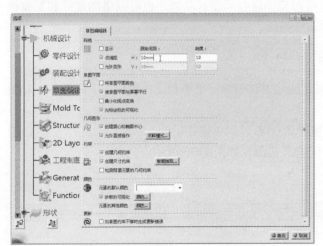

图 1-33 设置"网格间距"操作界面　　　　图 1-34 设置工具栏操作菜单

步骤 5 此外，"视图"工具栏较为常用，为了操作方便，我们可以将其移动到"绘图工作区"的上部。为此，可以按住此工具栏左侧的分割线，向上拖曳，将其拖曳到"绘图工作区"的上部，如图 1-35 所示。

 提示

　　用户也可以根据需要添加或删除工具栏上的按钮。此时可右击工具栏，选择"自定义"菜单，打开"自定义"对话框，先在"工具栏"标签栏中选中某个工具栏，然后单击"添加命令"或"移除命令"来添加或删除某个工具栏上的按钮。

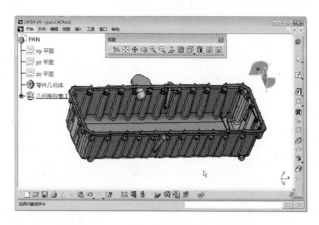

图 1-35 CATIA 工具栏调整后的效果

1.4 视图调整方法

在绘制与编辑图形时，为了便于操作，我们经常需要缩放、平移和旋转视图。使用 CATIA 提供的"视图"工具栏和"视图"菜单可对视图进行调整。此外，也可以借助鼠标和罗盘快速缩放、平移和旋转视图。本节将介绍这些操作。

1.4.1 利用鼠标和按键调整视图的方法

在 CATIA 中，鼠标非常重要，使用它能够快速缩放、平移和旋转视图，下面看一下相关操作。

➢ 按住鼠标"滚轮"不放，再单击鼠标"右键"（或者按住鼠标"滚轮"后，按一次〈Ctrl〉键），然后上下移动鼠标来缩小或放大视图，如图 1-36 所示。

 提示

注意，此处是单击鼠标"右键"，即按下后，再松开，而不是按住不放；此外，按〈Ctrl〉键也是如此。

➢ 按住鼠标"滚轮"不放，再按住鼠标"左键"或"右键"不放（或者按住鼠标"滚轮"后，按住〈Ctrl〉键），然后移动鼠标来旋转视图，如图 1-37 所示。

图 1-36 缩放视图

图 1-37 旋转视图

> 旋转视图时，对象外部会出现红色的圆形区域，在圆形区域内可任意旋转视图，而在圆形区域外是对屏幕Z轴旋转（移动到圆内后，将变成任意旋转模式，此时即使将鼠标移到圆形区域外面也无法只针对屏幕Z轴旋转）。
>
> 此外，旋转时，松开左键或右键，可切换到缩放模式，再按住会切换回旋转模式。

➤ 先按住〈Shift〉键，然后按住鼠标"滚轮"拖曳：调整出现的红色方框的大小和观察方位，可快速缩放图形（即在松开鼠标后，系统会将红色方框内的图形，放大到与绘图工作区区域一致），如图1-38所示。

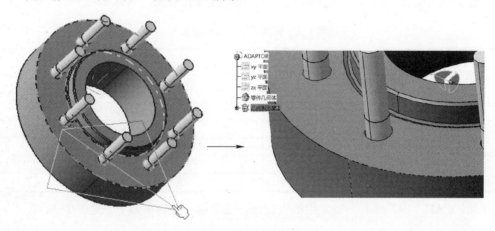

图1-38　快速缩放图形操作

> 使用〈Shift〉键加鼠标"滚轮"时应注意，鼠标指针指到绘图对象上时，才会出现红色方框；第一次向外移动鼠标，是调整框的大小，然后停住鼠标，沿着框的边线移动，可以调整观察方向；调整好观察方向后，如需要继续调整红色框的大小，可按住鼠标左键或右键，再继续移动鼠标。

➤ 按住鼠标"滚轮"拖曳：平移视图，如图1-39所示。
➤ 单击鼠标"滚轮"：设置中心点，如图1-40所示（按住鼠标滚轮后，系统将在鼠标单击位置处，显示中心点提示标志，即一个十字形图标，此时松开鼠标滚轮，将以此单击位置处为屏幕中心点，重新显示图形对象）。
➤ 滚动鼠标"滚轮"：上下滚动模型树。

单击模型树上的白色线条可以实现绘图工作区和模型树的切换。单击白色线条后工作台变深灰表示切换到了模型树，即此时的鼠标操作都是针对模型树的（再次单击后，将切换回绘图工作区，即可重新开始操作模型对象）。同操作模型对象一样，也可以使用相同的鼠标操作来缩放和平移模型树（此处不再赘述）。

图 1-39 平移视图

图 1-40 设置中心点

在 CATIA 中，还可以单独使用键盘快捷键快速地操作视图，具体见表 1-2。

表 1-2 键盘调整视图的操作

按　键	执 行 操 作
〈F3〉	隐藏或显示模型树
〈Ctrl+Page up〉	放大
〈Ctrl+Page down〉	缩小
〈Alt+Shift+上下左右箭头〉	绕当前屏幕的 X 轴或 Y 轴旋转
〈Ctrl+上下左右箭头〉	平移视图
〈Ctrl+Shift+左右箭头〉	绕当前屏幕的 Z 轴旋转
〈Shift+F3〉	在绘图工作区和模型树间切换

此外，CATIA 中，还有一些常用的快捷键，这里也一并列举如下，见表 1-3。

表 1-3 CATIA 的常用快捷键

按　键	执 行 操 作
〈Ctrl+Z〉	撤销
〈Ctrl+Y〉	重做
〈Ctrl+N〉	新建
〈Ctrl+O〉	打开
〈F1〉	实时帮助
〈Shift+F2〉	打开"规格概述"对话框
〈Alt+Enter〉	打开属性对话框
〈Ctrl+F11〉	打开物体选择器

 提示

　　此外，有如下两个操作技巧应学习和掌握：用鼠标指向某个封闭空心实体外表面，然后按键盘方向键，就可以选择内表面；此外，还有一个比较实用的操作技巧，即双击工具图标，可重复执行命令（在草图操作空间中，较为好用）。

　　此外，用户也可以根据需要自定义某些命令的快捷键。此时，可选择"工具"＞"自定义"菜单，打开"自定义"对话框，然后切换到"命令"选项卡，选中要设置快捷键的命令后，再单击"显示属性"按钮（单击后，此按钮将变为"隐藏属性"按钮），然后在下面"加速器"文本框中为此命令设置快捷键即可，如图 1-41 所示。

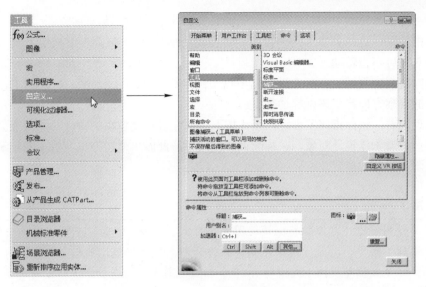

图 1-41　自定义快捷键操作

1.4.2　利用罗盘调整视图

CATIA 工作空间右上角的罗盘，如图 1-42 所示，是调整视图的一个重要工具，用起来非常方便，具体可执行的操作如下。

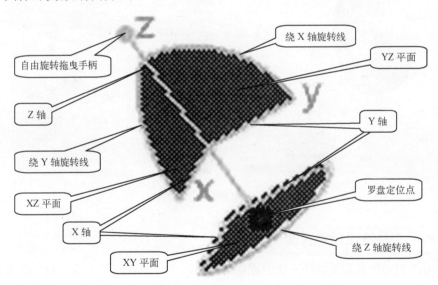

图 1-42　罗盘的构成

> 线平移：选择罗盘上任意一条轴线（坐标轴），按下鼠标左键拖曳，则可令工作空间中的对象沿该直线平移。
> 面平移：选择罗盘上的任意平面，按下鼠标左键拖曳，则工作空间中的对象沿该平面平移。
> 绕坐标轴转动：选择罗盘上某个绕轴的旋转线（各平面上的弧线），按下鼠标左键拖

曳，则工作空间中的对象将绕与该平面垂直的坐标轴转动。

➢ 自由转动：选择罗盘上的"自由旋转拖动手柄"，按下鼠标左键拖曳，则工作空间中的对象可自由转动。

➢ 沿固定视向观察：鼠标左键单击罗盘上的坐标轴名称（X、Y、Z），则工作空间中对象的观察方向将与该坐标轴垂直。

➢ 罗盘附着：鼠标指向罗盘定位点，按下鼠标左键拖曳罗盘到设计对象的表面上，可将罗盘附着于该设计对象，在装配设计空间中，此时可通过拖曳罗盘上的轴等，改变罗盘附着对象的位置。

提示

此外，使用罗盘还可以执行微调视图（或对象）操作，此时，鼠标右键单击罗盘，然后选择"编辑"菜单，打开"用于指南针操作的参数"对话框，然后上部的值用于使用绝对位置和绝对角度调整视图（或模型），下半部的值用于使用增量来平移或旋转视图（或模型），如图1-43所示。

其中，进行增量调整时，填入要调整的值后，单击后部的向上箭头时，表示以当前值的一个正增量移动视图或模型，单击前部的向下箭头时，表示以当前值的一个负增量移动视图或模型。

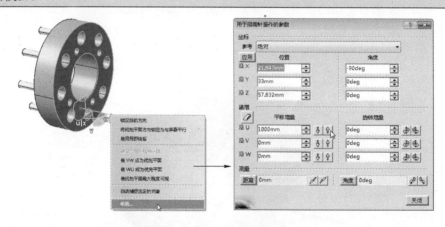

图1-43　使用罗盘微调视图操作

1.4.3　利用工具按钮调整视图

除了可以利用鼠标和按键快速调整视图外，通过单击"视图"工具栏和"动态切割"工具栏（见图1-30）中的工具按钮，还可对视图进行更多的调整，具体如下。

➢ "'飞行'模式"按钮：飞行模式模拟的是开着飞机绕过模型的观看方式。单击此按钮后，弹出"视图投影类型"对话框，单击"确定"按钮，将飞行方式改为透视投影（此时，"视图"工具栏上的按钮发生了变化）；单击"视图"工具栏上的"飞行"按钮，然后在绘图中按住鼠标左键不放，将出现一个绿色的箭头，鼠标上下移动为绕着模型上下旋转，鼠标左右移动为绕着模型左右旋转，从而以此视角观察视图（见图1-44）。

"飞行"模式下,"视图"工具栏中的"转头"按钮用于模拟转动头部观察模型的效果。操作时,单击此按钮后,按住鼠标左键拖动即可。

"飞行"模式下,"视图"工具栏中的"加速"和"减速"按钮用于"增加"或"降低"模拟飞行时向模型靠近的速度。当在"飞行"模式下出现绿色箭头时,将绿色箭头调直(既不左右弯,也不上下弯),此时模型会慢慢靠近屏幕,我们观察的效果,就是模型慢慢放大,而"加速""减速"按钮,就是调整这个放大模型的速度。

此时,箭头下面的值会变成0.02之类的数字,但是不会小于0。

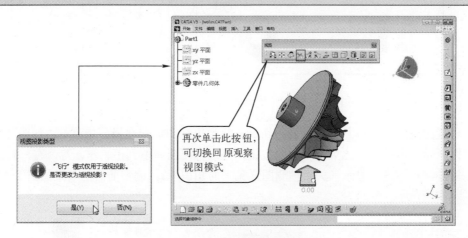

图 1-44　"分行"模式观察视图效果

> "全部适应"按钮：令绘图工作区,最大化显示当前文件的所有模型。
> "平移"按钮、"旋转"按钮：单击这些按钮后,再按住鼠标左键拖曳,可平移或旋转视图;"放大"按钮和"缩小"按钮：单击后,可以放大或缩小视图。
> "法线视图"按钮：单击此按钮后,选择模型的某个面(或某条边线),将显示正视于此面(或垂直于此边线)的正视图(见图1-45)。

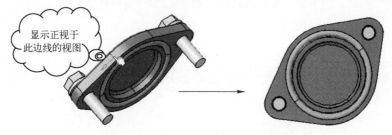

图 1-45　正视于某条边线的定向操作

如果所选的边线不为直线(如圆弧线、样条曲线等),那么将以所选点处的切方向面为正视面,来显示其正视图。

➢ "创建多视图"按钮 ⊞：单击此按钮后，会将绘图工作区划分为 4 个工作区域（被称为"视口"），以同时在多个方向显示和操作模型，如图 1-46 所示（再次单击此按钮后，可恢复模型的原始显示状态）。

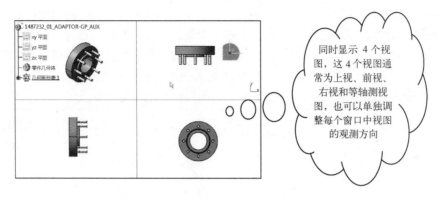

图 1-46　选中"创建多视图"按钮时的工作区域

➢ "视图定向"按钮 ▣：单击此按钮后，将弹出视图定向选择下拉菜单，如图 1-47 左图所示，通过单击此菜单栏中的按钮，可以将视图调整到正、左、背、右、俯、仰和等轴测视图进行显示（关于轴测图详见下面知识库），调整前后的效果如图 1-47 中图和右图所示。

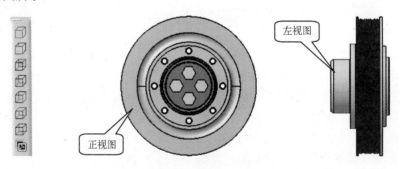

图 1-47　视图定向选择下拉菜单和两个定向显示视图

　　轴测图是一种单面投影图，即在一个投影面上同时反映出物体 3 个坐标面的形状，轴测图接近于人们的视觉习惯，形象、逼真且富有立体感，在绘制三维图形时较常使用。与轴测图对应的视图是投影图，如正投影视图和侧投影视图等，投影图多用于绘制工程图。

　　CATIA 还提供了记录视图方位的功能。在视图定向选择下拉菜单中选择"已命名的视图"按钮 ▣，打开"已命名的视图"对话框，在此对话框中单击"添加"按钮，输入新视图的名称，再单击"修改"按钮，可创建以当前视图位置为模版的自定义视图，如图 1-48 所示。如需要使用此视图观察模型，可再次单击"已命名的视图"按钮 ▣，打开此对话框，选中已命名的视图，然后单击"应用"按钮即可。

> "着色"按钮：单击此按钮后，将弹出显示样式下拉菜单，如图 1-49 左图所示，菜单栏中的按钮表示分别以着色、含边线着色、带边着色但不光顺边线、含边线和隐藏边线着色、含材料着色、线框和自定义视图参数显示零件模型，如图 1-49 右图所示。

图 1-48　自定义视图操作

提示

在"着色"下拉菜单中，单击"自定义视图参数"按钮，可打开"视图模式自定义"对话框，如图 1-50 所示，通过此对话框，可按照需要定义视图的显示模式。

> "隐藏/显示"按钮：单击该按钮后，选择希望隐藏的模型，可以将其隐藏（见图 1-51）；也可以单击此按钮，在模型树中选择希望显示的模型，将其显示出来。

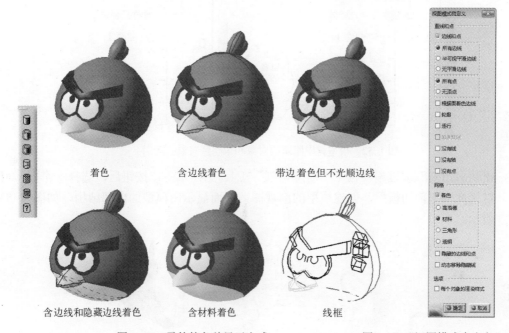

着色　　　　　　含边线着色　　　　带边着色但不光顺边线

含边线和隐藏边线着色　　含材料着色　　　　　线框

图 1-49　零件的各种显示方式　　　　　　图 1-50　"视图模式自定义"对话框

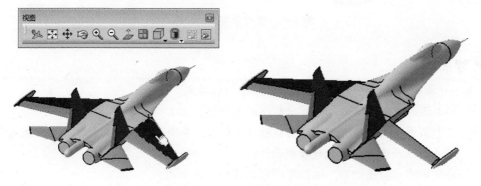

图 1-51　隐藏模型操作

➤ "交换可视空间"按钮 ：交换隐藏的对象和显示的对象的"显示/隐藏"状态，即令隐藏的对象显示出来，而让显示的对象隐藏。

提示

需要注意的是，隐藏的对象在模型树中其图标显示的相对透明一些，而未隐藏的对象在模型树中显示的相对清晰，如图 1-52 所示。

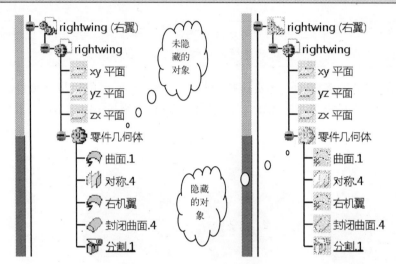

图 1-52　模型树中隐藏的对象和未隐藏对象的区别

➤ "动态切割"按钮 （位于"动态切割"工具栏）：单击该按钮后，选择一个面，可以用此面来剖切模型，创建模型的剖视图，从而显示出模型的内部结构，如图 1-53 所示。

图 1-53　创建剖视图的操作

提示

在创建模型剖视图的过程中，有如下几个操作要点：

◇ 可以随时重新选择面，并显示此面的剖视图。

◇ 在剖视图中央显示有可操作的红色 3D 截面，其操作类似于罗盘，可在出现箭头时单击，从而绕着某个轴旋转截面。

◇ 再次单击"动态切割"按钮可退出剖视图显示状态。

1.4.4　利用"视图"菜单命令调整视图

除了可以利用鼠标和"视图"工具栏来调整视图外，在"视图"下拉菜单中同样包含了一些用于视图调整的基本操作命令，如图 1-54 所示。"视图"菜单中的部分命令在前面已作过解释，这里只介绍一些前面未讲解的菜单项。

> "工具栏"扩展菜单和"几何图形"等带复选框的菜单项：用于设置工具栏，或模型树、特征及罗盘的显示或隐藏等。
> "重置指南针"菜单命令：当将指南针置于模型上时，选择此命令可使其归位。
> "命令列表"菜单命令：选择此菜单命令后，将打开"命令列表"对话框，如图 1-55 所示，可从列表中选择某个命令，然后单击"确定"按钮，执行此命令。
> "规格概述"和"几何概述"菜单命令：分别执行这两个命令后，将打开"规格概述"对话框（或"几何概述"对话框），在这两个对话框中，可以调整模型树（或模型）的位置，如图 1-56 所示。
> "修改">"观察"菜单命令：作用与前面讲述的快速缩放图形操作相同。

图 1-54　"视图"菜单

图 1-55　"命令列表"对话框

图 1-56　"规格概述"对话框

> "浏览模式">"捕捉视点"菜单命令：选择此命令后，在操作区中选中模型上的一个面，然后随意旋转模型（以进行观察），松开鼠标后，系统都将回到此处设置的视点样式（即平行于此面显示模型的样式）。
> "照明"菜单命令：执行此命令后，将打开"光源"对话框，通过此对话框，可设置模型的当前光照模式，图 1-57 所示为模拟霓虹灯的模型光照效果。
> "深度效果"菜单命令：执行此命令后，将打开"深度效果"对话框，通过此对话框可以设置模型的景深效果，即模拟照相机镜头（或其他成像器）能够取得清晰图像（即取景）的最近距离和最远距离，此外还可通过此对话框可以设置雾化效果，如图 1-58 所示。

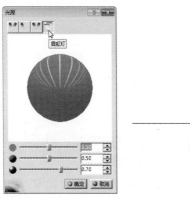

图 1-57　设置霓虹灯照明效果

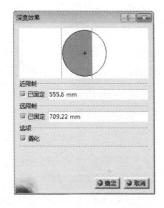

图 1-58　设置景深和雾化效果

➤ "底线"菜单命令：执行此命令后，将在操作区中显示地面，如图 1-59 所示。

➤ "放大镜"菜单命令：执行此命令后，将在对话框中放大显示框选的模型区域，如图 1-60 所示。

➤ "全屏"菜单命令：执行此命令后，将全屏显示模型（此时将隐藏所有菜单和菜单栏），以及状态栏等。要想退出全屏模式，可右键单击操作区空白处，在弹出的快捷菜单中选择▨▨▨▨▨即可。

图 1-59　显示"地面"效果　　　　　　　图 1-60　放大视图效果

实例精讲——视图调整练习

熟练掌握视图调整方法是绘制和编辑零件的基础，本节将通过具体操作让读者进一步熟悉视图调整方法。

制作分析

本实例的操作对象为本书提供的零件素材（见图 1-61）。在操作的过程中，除了使用鼠标调整视图外，还将讲述使用"视图"工具栏调整视图的方法，以及"基准面"的显示和隐藏、特征的激活和取消激活等操作。

制作步骤

图 1-61　零件素材

步骤 1 安装好 CATIA 后，直接双击本书提供的素材文件 GangQuan.CATPart，打开其操作界面。

步骤 2 按住鼠标中键并拖曳，尝试平移视图，如图 1-61 左图所示；先按住鼠标中键，再按住〈Ctrl〉键，移动鼠标，尝试旋转视图，如图 1-61 中图所示；按住鼠标中键再单击一次鼠标右键，松开鼠标右键后再次按住鼠标中建拖曳，尝试缩放视图，如图 1-61 右图所示。

图 1-62　使用鼠标平移、旋转和缩放视图的操作

步骤 3 单击"视图"工具栏中的"着色"按钮，在其下拉菜单中选择各个按钮，观察模型的变化，图 1-63 所示为选中"线框"按钮后，模型的显示效果。

步骤 4 单击"视图定向"按钮，在其下拉菜单中选择各个选项，查看模型的变化效果，图 1-64 所示为选择"仰视图"选项时的效果。

步骤 5 如图 1-65 所示，选择"视图">"修改">"观察"菜单，并选择一块显示区域，查看此区域的放大效果。

图 1-63　"线框"视图效果　　　　图 1-64　"仰视图"效果　　　　图 1-65　"快速缩放"视图操作

步骤 6 右击模型树中的"yz 平面"特征，在弹出的菜单中选择"隐藏/显示"命令，显示默认隐藏的 yz 基准平面，如图 1-66 所示。

步骤 7 单击"动态切割"工具栏中的"动态切割"按钮，选择"zx 平面"，创建"剖面视图"，效果如图 1-67 所示。

图 1-66　显示"yz 平面"操作　　　　　图 1-67　创建"剖面视图"操作

步骤 8 单击"动态切割"按钮，取消"剖面视图"的显示。展开左侧模型树，右击"旋转槽.1"特征，选择"旋转槽.1·对象" > "取消激活"菜单，再在弹出的对话框中勾选所有复选框，并单击"确定"按钮，取消激活这些特征，如图 1-68 所示。

图 1-68　取消激活特征操作

1.5　CATIA 对象操作和管理

CATIA 中有一些常用的对象操作和管理方法，比如创建对象的方法、选择和删除对象的方法等，灵活掌握这些操作，是学好 CATIA 的关键。

1.5.1　创建对象

在 CATIA 中，通常使用特征工具栏中的按钮直接创建三维对象，"凸台"按钮和"旋转体"按钮等都是无须附着其他实体、能够在"草图"基础上直接创建实体的按钮，下面看一个使用"凸台"按钮创建圆柱体的实例。

步骤 1 新建一个"零件"类型的文件，单击"草图"工具栏中的"草图"按钮，然后在操作区中选择"xy 平面"作为绘制"凸台"草图的平面，进入"草绘"空间，如图 1-69 所示。

步骤 2 在"草绘"空间模式下单击"圆"按钮⊙，以中心点为圆心（先单击中心点，拖曳鼠标再任意单击另外一点）绘制一个圆，如图 1-70 所示。草图绘制完成后，单击"工作台"工具栏的"退出工作台"按钮凸，退出草图模式。

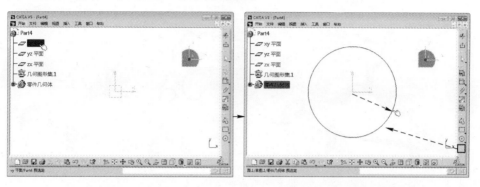

图 1-69 进入"草绘"空间   图 1-70 绘制圆的操作

步骤 3 单击"基于草图的特征"工具栏中的"凸台"按钮⊿，然后在操作区中选择上一步绘制的圆，系统打开"拉伸"属性设置页面，如图 1-71 左图所示，设置凸台长度为 200，单击"确定"按钮，完成圆柱体的绘制，其效果如图 1-71 右图所示。

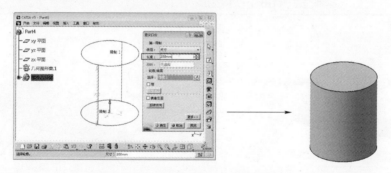

图 1-71 设置凸台长度和绘制的圆柱体

1.5.2 选择对象

选择对象是一个很普遍的操作，下面来看一下选择对象的方法。

➢ **鼠标单击**：默认状态下，在工作区（或模型树）中利用鼠标单击可选择对象。按住〈Ctrl〉键继续单击其他对象可选择多个对象，如图 1-72 所示。

图 1-72 选择对象和选择多个对象的操作

➢ 框选：默认状态下，可以通过拖曳选框来选择对象，利用鼠标在对象周围拖出一个方框，方框内的对象将全部被选中，如图1-73所示。可以在选取对象时按住〈Ctrl〉键，通过拖动多个选框来选择多组对象。

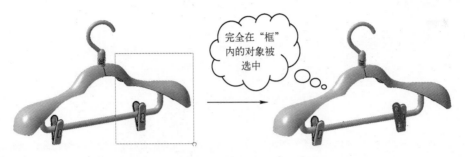

图1-73　框选选择对象

 提示

　　需要注意的是，在零件设计空间中使用框选操作时，通过框选仅可选中创建的最后一个特征，而不是整个零部件，如图1-74所示。

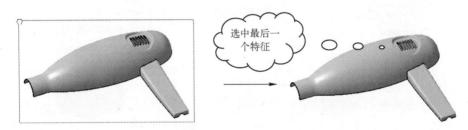

图1-74　在零件设计空间中的框选方式

　　除了使用默认的鼠标状态选择对象外，还可以通过"选择"工具栏中"选择"下拉列表中的按钮（见图1-75）来设置选择对象，具体如下。

图1-75　"选择"工具栏的"选择"下拉列表

➢ "选择"按钮 🔾 和"矩形选择框"按钮 🔲：系统默认选中这两个按钮，以提供上面框选的选择功能。

➢ "几何图形上方的选择框"按钮 🔲：选中此按钮后，即允许在几何图形上绘制选择框（否则在图形上是无法绘制选择框的，因为一绘制选择框，就选中单击的对象了），并选中框内的对象（或相交对象），如图1-76所示。

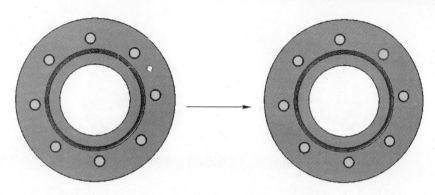

图 1-76 "几何图形上方的选择框"操作

➢ "相交矩形选择框"按钮 ：选中此按钮后，框选对象时，所有与选框相交的对象都会被选中，如图 1-77 所示。

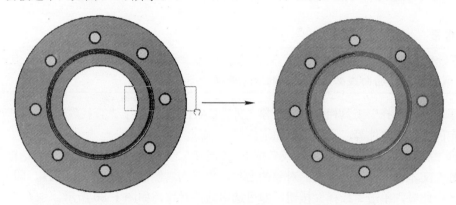

图 1-77 "相交矩形选择框"操作

➢ "多边形选择框"按钮 ：通过绘制多边形，并框选对象，完成后双击鼠标，会将选框内的所有对象选中，如图 1-78 所示。

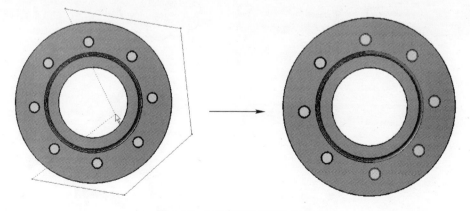

图 1-78 "多边形选择框"操作

➢ "手绘选择框"按钮 ：选中此按钮后，按下鼠标左键拖曳，创建画笔，与画笔相交的对象都会被选中（用于装配模式），如图 1-79 所示。

图1-79　"手绘选择框"操作

- ➤ "矩形选择框之外"按钮：选中此按钮后，框选图形，将选中框之外的对象，即除了完全处于框之内的对象外，操作区内的其余对象都将被选中。
- ➤ "相交矩形选择框之外"按钮：选中此按钮后，框选图形，将选中框之外的对象，即除了框之内和与框相交的对象外，操作区内的其余对象都将被选中。

提示

> 需要注意的是，在框选对象时，除了"几何图形上方的选择框"按钮功能外，使用其他选择方式时，封闭的曲线必须从空白的地方开始。

除了通过"选择"工具栏来选择对象之外，CATIA还提供了"查找"工具，可一次选出符合规定的特征或零件等，具体操作如下。

选择"编辑" > "搜索"菜单，或者按下〈Ctrl+F〉组合键，打开"搜索"对话框；然后，在"名称"文本框中输入要查找的对象的名称，再单击右侧的"搜索"按钮，即可按名称找到对象；此时，单击"选择"按钮，即可选中这些对象，如图1-80所示。

单击"搜索"对话框右侧"搜索"按钮下部的"搜索并选择"按钮，可按照设置查找选择对象，并将直接关闭"搜索"对话框。

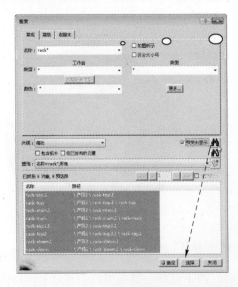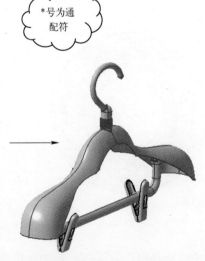

图1-80　通过"搜索"操作选择对象

提示

> 　　使用"搜索"操作，除了可以通过名称查找并选择对象之外，还可以通过零件类型、颜色等来选择对象，用户不妨自行尝试一下。

　　此外，还可以通过"用户选择过滤器"工具栏（见图 1-81）来设置单独选择模型中的特定项，例如可设置只能选取点、边线或面等。可右击工具栏，选择"用户选择过滤器"项，显示"用户选择过滤器"工具栏。

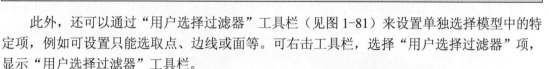

图 1-81 "用户选择过滤器"工具栏

下面逐一介绍一下"用户选择过滤器"工具栏中各个按钮的作用：

➤ "点过滤器"按钮 ：如果工具栏中只有此按钮处于选中状态，那么在操作区将只能选择"点"元素。

➤ "曲线过滤器"按钮 ：如果工具栏中只有此按钮处于选中状态，那么在操作区将只能选择"曲线"元素。

➤ "曲面过滤器"按钮 ：如果工具栏中只有此按钮处于选中状态，那么在操作区将只能选择"曲面"元素。

➤ "体积过滤器"按钮 ：如果工具栏中只有此按钮处于选中状态，那么在操作区将只能选择"实体"元素。

➤ "特征元素过滤器"按钮 ：如果工具栏中只有此按钮处于选中状态，那么在操作区将只能选择"特征"元素（可选择的特征可以是草图、产品、凸台、配合等）。

➤ "相交边线激活"按钮 ：边线选择拓展到整个相交部分。例如，若执行针对曲面的"圆角"操作，当此按钮处于选中状态时，虽然只选择了其中一条边线，但是圆角也将会自动拓展到通过相交特征生成的所有边线，如图 1-82 所示（关于圆角操作详见后面 2.3.1 节的讲解）。

图 1-82 在执行圆角过程中"相交边线激活"按钮的作用

 提示

> 　　相交边线只能应用于修改特征，且仅可用于"创成式外形设计 2"或"零部件设计"产品。

➢ "切线相交边线激活"按钮：选中此按钮时，边线选择将拓展到整个相交部分中相切的部分（可参考"相交边线激活"按钮进行理解）。

➢ "工作支持面选择状态"按钮■：此命令需要与"工作支持面"命令结合使用，可用于从网格中选择子元素（此命令仅可用于"汽车白车身模板"产品）。

➢ "快速选择"按钮■：选中此按钮时，单击模型将显示"快速选择"对话框，如图1-83所示，通过此对话框可以快速查看所选对象的父特征或子特征等。

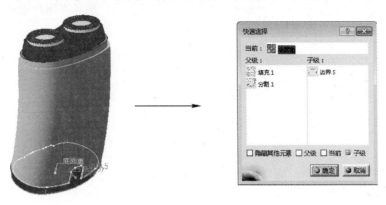

图 1-83 "快速选择"按钮的作用

使用"选择过滤器"时，当所选对象不符合规定（即无法选择时），鼠标指针将显示⊖标志；当所选对象，符合规定时（即可以被选择时），鼠标指针将显示⭧标志。

要取消对象的选取，可采用以下几种方法：

◇ 按〈Esc〉键，可取消全部对象的选取。

◇ 按〈Ctrl〉+鼠标左键，可取消选取单击的对象。

◇ 单击空白区域，可取消全部对象的选取。

1.5.3 删除对象

删除对象的方法十分简单，在选择好要删除的对象后，直接按〈Delete〉键（或在模型树中右击，在弹出的快捷菜单中选择"删除"菜单项）即可完成删除；如果想撤销删除，单击"标准"工具栏中的"撤销"按钮↺即可。

在删除对象时需要注意以下几点：

➢ 不能删除非独立存在的对象，如实体的表面、包括其他特征的对象等。

➢ 不能直接删除被其他对象引用的对象，如通过"凸台"草绘曲线生成实体后，不能将该草绘曲线删除。

1.5.4 重命名对象

右击模型树中的项目，选择"属性"命令，可在打开的"属性"对话框中更改模型或特征等的名称，如图 1-84 所示。

此外，通过所选对象的"属性"对话框，也可以设置对象的"颜色"（可用于更改对象颜色）和"透明度"（如可设置对象为半透明，以观察机器的内部结构）等常用的设置项。读者不妨自行尝试一下。

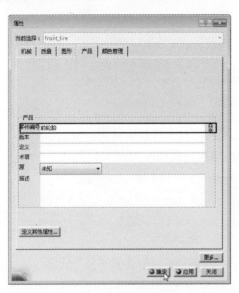 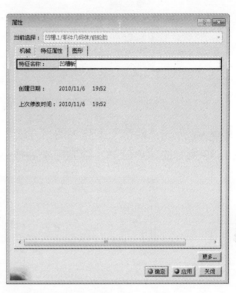

图 1-84 在"属性"对话框中修改模型或特征名称操作

实例精讲——绘制工件

下面通过一个连接件（见图 1-85）来了解一下使用 CATIA 制作模型的方法。

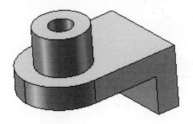

图 1-85 连接件

制作分析

本实例仅是一个建模操作的演示过程，不要求读者掌握其中所有操作的意义（具体操作可详见本书素材中的视频），其所涉及的知识在后续章节中将会详细讲解。

制作步骤

步骤 1 进入"零件设计"空间模式，单击"草图"工具栏中的"草图"按钮 🗹，在绘图区的模型树中选择"**xy 面**"作为草图绘制面，如图 1-86 所示。

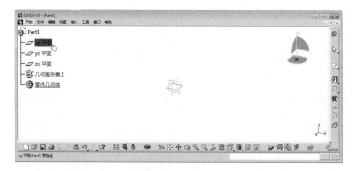

图 1-86 进入"草图编辑器"空间模式操作

步骤 2 双击"轮廓"工具栏的"直线"按钮 ╲，沿着系统捕捉线保持竖直或平行，绘制出图 1-87 所示的图形轮廓，绘制完毕后按〈Esc〉键退出直线绘制。

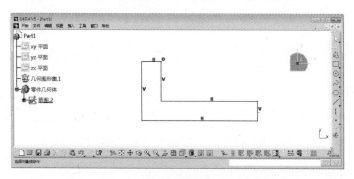

图 1-87 在"草图编辑器"模式下绘图

步骤 3 如图 1-88 所示，选择草图轮廓的底部直线，在右侧"约束"工具栏中单击"约束"按钮 🗹，定义底部直线的长度为 90，并按照图中所示设置其他曲线的长度，最后单击"工作台"工具栏中的"退出工作台"按钮 🛄，回到"零件设计"空间。

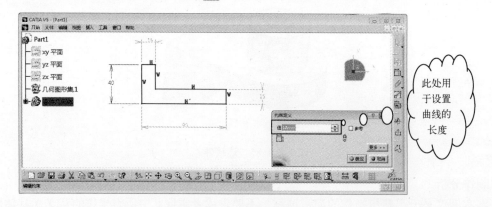

此处用于设置曲线的长度

图 1-88 设置直线长度

步骤 4 单击"基于草图的特征"工具栏中的"凸台"按钮，打开"定义凸台"对话框，如图 1-89 所示，选中前一步绘制的草图，在"长度"文本框中设置拉伸的高度为 60，并单击"确定"按钮，完成工件的初始拉伸操作。

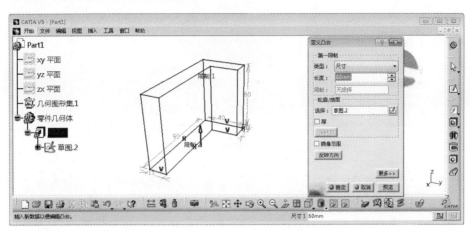

图 1-89 设置凸台高度

步骤 5 单击"修饰特征"工具栏中的"圆角"按钮，打开图 1-90 所示的"圆角定义"对话框，单击工件的两条边，并设置圆角半径为 30，单击"确定"按钮。

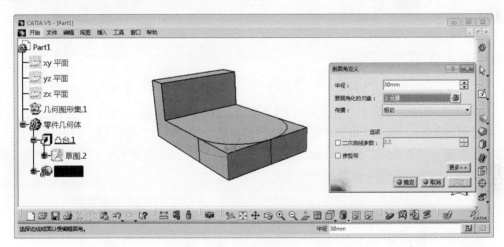

图 1-90 设置圆角

步骤 6 同前面操作，单击"草图"工具栏中的"草图"按钮，选择工件的下表面作为草图绘制面，并单击"轮廓"工具栏的"圆"按钮，绘制一个圆，并同样单击"约束"工具栏中的"约束"按钮，定义圆的直径为 36，如图 1-91 所示。

步骤 7 选中绘制的圆，单击"约束"工具栏中的"对话中定义的约束"按钮，打开"约束定义"对话框，首先选择"目标元素"单选按钮，然后选中工件的圆角边线，接着在"约束定义"对话框中选择"同心度"单选按钮，即令绘制的圆与"倒角圆"同圆心，如图 1-92 所示，单击"确定"按钮。

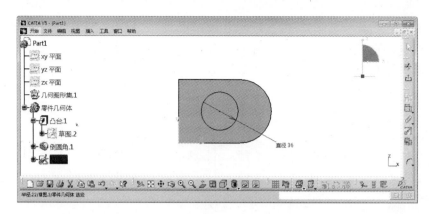

图 1-91　绘制凸台的底面轮廓

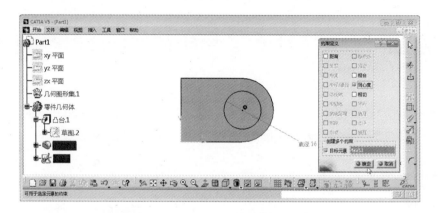

图 1-92　设置圆与圆弧边线同圆心（即同心度）

步骤 8 先单击"工作台"工具栏中的"退出工作台"按钮，回到"零件设计"空间，然后同前面**步骤 4**，单击"基于草图的特征"工具栏中的"凸台"按钮，打开"定义凸台"对话框，如图 1-93 所示，选中**步骤 6**绘制的草图，在"长度"文本框中设置拉伸的高度为 25，并单击"确定"按钮，执行拉伸操作。

图 1-93　设置凸台高度

步骤 9 同**步骤 6**，单击"草图"工具栏中的"草图"按钮，选择工件的下表面作为草图绘制面，并单击"轮廓"工具栏的"圆"按钮，绘制一个圆，如图 1-94 所示，圆的直径为 16，并设置与外侧实体圆柱边界同圆心。

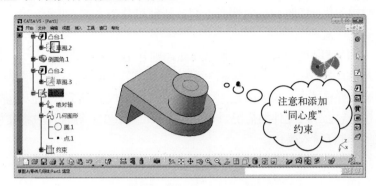

图 1-94 绘制"凹槽"的草图轮廓

步骤 10 单击"工作台"工具栏中的"退出工作台"按钮，回到"零件设计"空间，如图 1-95 所示，单击"基于草图的特征"工具栏中的"凹槽"按钮，打开"定义凹槽"对话框，设置凹槽的"深度"为 40，单击"确定"按钮，完成工件的制作，最终效果如图 1-85 所示。

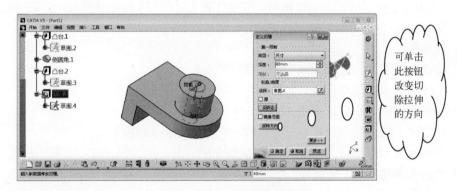

图 1-95 设置"凹槽"的高度

1.6　本章小结

学完本章内容后，读者应对 CATIA 软件和使用它设计模型的思路有一个基本的了解，熟练掌握新建、打开和保存文件的方法；掌握工具栏的打开和关闭，以及工具栏命令按钮的添加方法；还需掌握调整视图以及选择、删除和隐藏对象的方法，为后面的学习打下坚实的基础。

1.7　思考与练习

一、填空题

（1）_____、_____、_____、_____和_____是目前 CAD 领域应用最广的几个软件，_____属于低端 CAD 软件，_____属于中端 CAD 软件，_____、

_____和_____属于高端 CAD 软件。

（2）在 CATIA 中，按照特征的性质不同，特征可分为_____、_____与_____等。

（3）如果一个特征取决于另一个对象而存在，则它是此对象的_____或相关对象。

（4）CATIA 的文件类型，主要包括三种文件格式：Part 零件类型文件，其扩展名是_____；装配文件格式，其扩展名是_____；工程图文件格式，其扩展名是_____。

（5）如果出现无法导入文件的情况，可先在 Creo（Pro/E）等软件中将文件导出为_____文件格式，然后再进行导入操作。

（6）在有多个模型同时打开时，如果需要从一个文件切换到另一个文件，可通过_____菜单进行切换。

（7）_____工具栏，提供"移动""放大""缩小"视图，以及模型显示方式（如着色、含边线着色等）的相关按钮。

（8）按住_____键和鼠标滚轮，然后移动鼠标可以旋转视图。

（9）鼠标左键单击罗盘上的_____名称，则工作空间中对象的观察方向将与该_____垂直。

（10）选中_____按钮后，将允许在几何图形上绘制选择框，并选中框内的对象（或相交对象）。

二、问答题

（1）CATIA 主要用在什么领域？都有哪些特点？

（2）CATIA 产品的设计过程是怎样的？

（3）如何新建一个 CATIA 零件设计文件？

（4）CATIA 的工作界面由哪些部分组成，它们各有什么作用？

（5）如何设置 CATIA 的绘图区背景？简单介绍一下。

（6）如何在新建的"零件设计"空间中添加"图形属性"工具栏？

三、操作题

（1）打开"线框"工具栏，并尝试添加"圆角"命令按钮，完成后再尝试删除此按钮。

（2）尝试自定义快速切换工作空间的按钮（即单击"工作台"工具栏中的唯一按钮，所弹出对话框中的相关按钮），如图 1-96 所示。

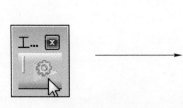

图 1-96　定义后的"工作台"工具按钮

> **提示**
>
> 可选择"工具">"自定义"菜单，在打开对话框的"开始菜单"标签栏中定义。

（3）打开本书提供的素材文件 1-LX.CATPart，如图 1-97 所示，练习选择、隐藏对象，以及旋转、平移和缩放视图等操作。

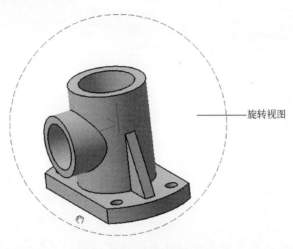

旋转视图

图 1-97　1-LX.CATPart 文件

第2章 草图绘制

 本章要点

- 草图基本操作
- 草图绘制实体
- 草图绘制工具
- 尺寸标注与几何关系

 学习目标

本章讲述草图绘制的基本操作包括草图轮廓线的绘制和草图的修改。草图轮廓绘制包括直线、多边形、圆和圆弧、椭圆/椭圆弧、抛物线、中心线和样条曲线等的绘制；草图修改包括圆角、倒角、修剪、镜像和偏移等工具的使用。此外，标注尺寸约束和几何约束也是编辑定义草图的重要组成部分。

2.1 草图基本操作

CATIA 中模型的创建都是从绘制二维草图开始的，草图指的是一个平面轮廓，用于定义特征的截面形状、尺寸和位置等。如图 2-1 所示即是一个二维草图。

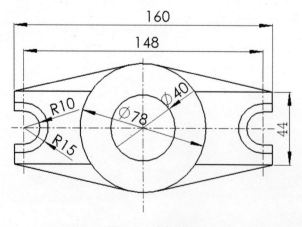

图 2-1 二维草图

2.1.1 进入和退出"草图编辑器"空间模式

共有三种进入"草图编辑器"空间模式的方法，具体如下。

➤ 选择"开始">"机械设计">"草图编辑器"菜单，在弹出的"新建零件"对话框中输入零件名称，单击"确定"按钮，然后在模型树或操作区中选择一个面（如 xy 平面），即可进入"草图编辑器"空间模式，如图 2-2 所示。

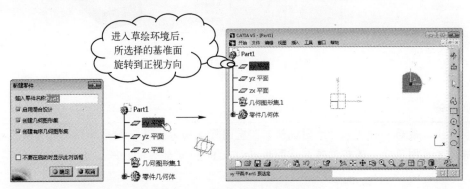

图 2-2　进入草绘环境的方式 1

➤ 此外，也可在"零件设计"空间模式下（或其他需要使用草图的空间模式中），直接单击"草图编辑器"工具栏中的"草图"按钮，然后选择一个面（如 xy 平面或实体面），即可进入此基准面或实体面的"草图编辑器"空间模式，如图 2-3 所示。

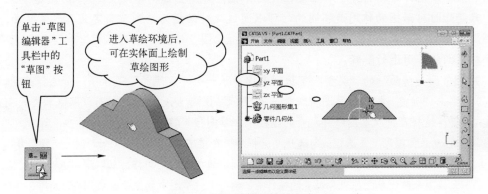

图 2-3　进入草绘环境的方式 2

➤ 另外一种进入"草图编辑器"空间模式的方法是：在"零件设计"空间模式下（或其他需要使用草图的空间模式中），单击"草图编辑器"工具栏中的"定位草图"按钮，打开"草图定位"对话框，然后通过"平面支持类型"选择框设置一个面（如 xy 平面或实体面）作为草图面；通过"原点"选择框（选择一种定位方式）设置原点位置；通过"方向"选择框设置 H（横向）和 V（竖向）的方向（原点位置和 H、V 的方向，都可以使用"隐式"，表示使用系统默认的设置），单击"确定"按钮，即可进入所选面的定义了原点位置和 H、V 方向的"草图编辑器"空间模式，如图 2-4 所示。

图 2-4　进入草绘环境的方式 3

实际上，最后一种进入"草图编辑器"空间模式的方法是一种更加精确的方式。此时，既能够确定草图平面，又可以确定草图原点以及 H 和 V 的方向，保证进入草图后绘制的精确性。

在"草图定位"对话框"平面支持面"的"类型"下拉列表中，如选择"已定位"项，则可以定义原点位置和 H、V 的方向；如选择"滑动"项，则只能定义平面的位置，原点和 H、V 的方向系统自动指定。

此外，右击模型树中的草图，在弹出的快捷菜单中选择"草图*.对象" > "更改草图支持面"菜单，同样可以打开"草图定位"对话框，如图 2-5 所示。

只是此时对话框的作用是不同的，可以通过此对话框为草图重新定义其附着的面，以及新附着面上的原点和 H、V 轴方向。此对话框比图 2-4 所示的对话框增加了几个选项，下面对它们的作用进行解释。

➤ "平面支持面"的"类型"下拉列表中多了一个"已隔离"菜单项：如选择此项，并单击"确定"按钮，草图将断开与 3D 图形的所有绝对轴链接，而仅保留草图的 3D 位置，这样在更改草图外部元素的过程中，草图位置将保持不变，如图 2-6 所示。

➤ "移动几何图形"复选框：勾选此复选框后，在接下来的操作中（如勾选"交换"复选框，交换 H、V 轴的方向），原草图中的元素都将随之改变；同样，如取消勾选此复选框，那么接下来改变草图原点和位置的操作等，都将不对草图中的元素造成影响，如图 2-7 所示。

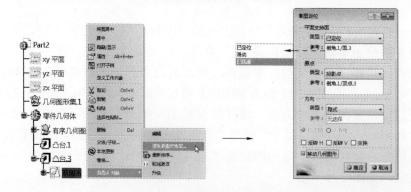

图 2-5　草图平面重定位操作

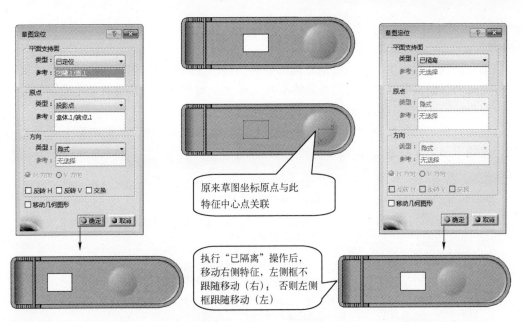

图 2-6 "已隔离"项的作用

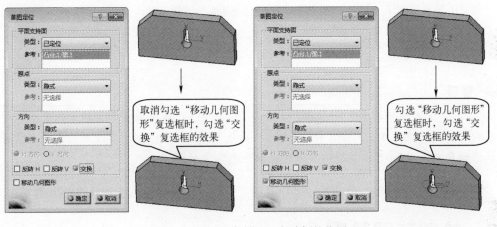

图 2-7 "移动几何图形"复选框的作用

　　此外，双击模型树中的草图，可直接进入此草图的"草图编辑器"空间模式，从而对此草图进行编辑。

　　进入草图绘制工作空间环境后，即可按要求绘制草绘图形了。草图绘制完成后，可单击"工作台"工具栏中的"退出工作台"按钮凸来退出草图绘制工作空间，从而返回原来的零件设计工作空间（或其他原始工作空间，如曲面设计空间等）。

　　需要注意的是，草图不可以保存为单独的文件，仅可保存在零件（.PART）等文件中。

2.1.2 草图绘制工具栏

草图空间模式中提供了用于绘制草图的各种工具栏（随着学习的深入，读者会发现，每个工作空间中都提供有针对本空间功能的不同工具栏），每个工具栏都含有草图绘制的某一类命令，综合使用这些工具栏，即可以完成草图的绘制。

这些工具栏主要包括轮廓、约束、操作、可视化和工具（其他工具栏在第 1 章中已做过介绍，此处不再重复叙述），详细说明如图 2-8 所示。

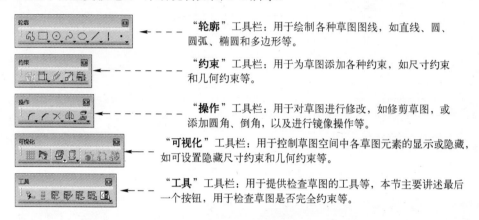

"轮廓"工具栏：用于绘制各种草图图线，如直线、圆、圆弧、椭圆和多边形等。

"约束"工具栏：用于为草图添加各种约束，如尺寸约束和几何约束等。

"操作"工具栏：用于对草图进行修改，如修剪草图，或添加圆角、倒角，以及进行镜像操作等。

"可视化"工具栏：用于控制草图空间中各草图元素的显示或隐藏，如可设置隐藏尺寸约束和几何约束等。

"工具"工具栏：用于提供检查草图的工具等，本节主要讲述最后一个按钮，用于检查草图是否完全约束等。

图 2-8　草图工具栏

提示

> "工具"工具栏中的前 6 个按钮，主要在 2D 转 3D 过程中被使用，用于设置参照对象的显示与隐藏，以及在 2D 草图中，通过 2D 曲线创建可在 3D 空间中使用的图形元素等，其功能详见本章后面 "2.4.7 节——草图求解状态" 中的讲述。

本章将按照上述分类，分节介绍使用草图工具栏中提供的工具绘制草绘图形的方法。

2.2　绘制草图轮廓

绘制草图轮廓是指直接绘制草图图线的操作，如绘制直线、多边形、圆和圆弧、椭圆和椭圆弧等，下面分小节讲述其操作方法。

2.2.1 直线

可以绘制的直线包括直线、无限长线、双切线、角平分线和曲线的法线（"轮廓"工具栏"直线"按钮下的几个选择项），本节讲述绘制方法。

1. 直线

进入"草图编辑器"空间后，单击"轮廓"工具栏中的"直线"按钮　（或选择"插入"＞"轮廓"＞"直线"＞"直线"菜单），在绘图区的适当位置单击确定直线的起点，移动光标，在直线的终点位置处单击，即可完成直线的绘制，如图 2-9 所示。

在绘制直线的过程中，单击选中"草图工具"工具栏中的"对称延长"按钮，可绘制距离直线第一点对称延长的直线，如图 2-10 所示。

图 2-9　绘制"直线"操作　　　　　　　　　图 2-10　绘制"对称延长"直线操作

知识库

此外，在绘制直线的过程中，"草图工具"工具栏中将同步显示鼠标位置的文本输入窗口，此时在文本框中依次输入直线起点的 H 坐标值和 V 坐标值，然后输入直线的长度（直线默认向右延伸）以及倾斜角度（与 H 轴的角度），也可绘制直线，如图 2-11 所示。

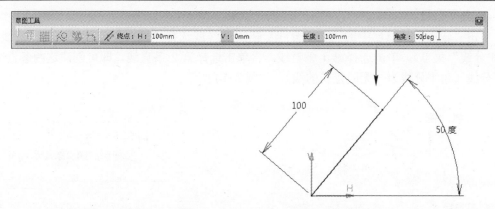

图 2-11　通过"草图工具"工具栏绘制直线操作

实际上，我们在第 1 章中已经讲过，双击工具栏中的某个按钮可重复执行此命令（本书后续内容将不再提示此技巧），绘制直线也是如此，如需连续绘制直线，只需要双击"轮廓"工具栏中的"直线"按钮，然后不断单击直线的起点和终点，即可连续绘制多条直线。完成后，需要按〈Esc〉键退出，结束绘制直线操作。

2. 无限长线

单击"轮廓"工具栏中的"无限长线"按钮（或选择"插入"＞"轮廓"＞"直线"＞"无限长线"菜单），先在"草图工具"工具栏中单击"创建水平线"按钮（或"创建竖直线"按钮，或"创建通过两点的线"按钮），确定创建无限长线的方式，然后在绘图区单击一点（或两点），即可绘制无限长线，如图 2-12 所示。

"无限长线"是具有无限长度的线，将无限延长（即在放大或缩小所绘制图形的同时，无限长线都将到达窗口边界）。"无限长线"多用于定位图形，作为辅助线使用。

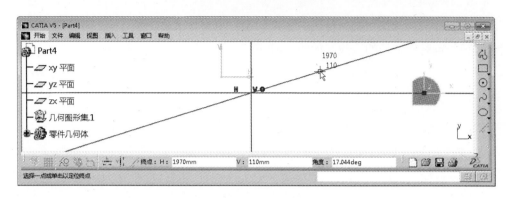

图 2-12　绘制"无限长线"操作界面

3. 双切线

单击"轮廓"工具栏中的"双切线"按钮 ，（或选择"插入">"轮廓">"直线">"双切线"菜单），单击选择第 1 条弧线（如圆、圆弧、椭圆、椭圆弧、样条曲线、抛物线等），再单击选择第 2 条弧线，即可创建与这两条弧线都相切的双切线，如图 2-13 所示。

4. 角平分线

单击"轮廓"工具栏中的"角平分线"按钮 ，（或选择"插入">"轮廓">"直线">"角平分线"菜单），单击选择第 1 条直线，再单击选择第 2 条直线，即可创建这两条直线的角平分线（角平分线为一无限延长的线），如图 2-14 所示。

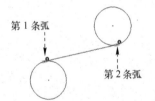

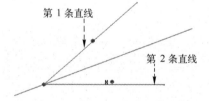

图 2-13　绘制"双切线"操作

图 2-14　绘制"角平分线"操作

5. 曲线的法线

单击"轮廓"工具栏中的"曲线的法线"按钮 ，（或选择"插入">"轮廓">"直线">"曲线的法线"菜单），单击曲线上一点，确定垂点位置，移动鼠标，在合适位置处单击，即可创建曲线上在垂点处与曲线垂直的直线，如图 2-15 所示。

同绘制直线操作，在绘制"曲线的法线"的过程中，单击选中"草图工具"工具栏中的"对称延长"按钮 ，可令"曲线的法线"对称延长，如图 2-16 所示。

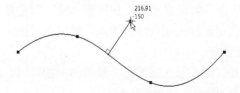

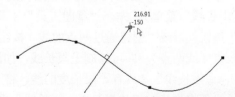

图 2-15　绘制"曲线的法线"操作

图 2-16　令"曲线的法线"对称延长

直线绘制完成后，双击直线可打开"直线定义"对话框，如图 2-17 所示，对直线的相关参数（如起点和终点位置，直线长度和与 H 轴的角度等）进行设置，以精确定义直线。

　　在定义直线参数时，我们可以使用两种坐标系来进行设置，一种是"直角坐标系"，即对话框中的"直角"标签，另外一种是"极坐标系"，即对话框中的"极"标签，如图 2-18 所示。

　　"直角坐标系"又称为笛卡儿坐标系，由一个原点和两个通过原点的、相互垂直的坐标轴构成，如图 2-19 所示。其中，水平方向的坐标轴为 X 轴（CATIA 中为 H 轴）以向右为其正方向；垂直方向的坐标轴为 Y 轴（CATIA 中为 V 轴）以向上为其正方向。

　　"极坐标系"使用距离和角度来表示绘图区域上点的坐标系，由一个极点和一个极轴构成，如图 2-20 所示。极轴的方向为水平向右。平面上任何一点 P 都可以由该点到极点的距离 ρ（CATIA 中称作半径），以及 P 点到原点的连线与极轴的交角 θ（极角，CATIA 中称作角度）来定义，如半径=2、角度=30 的点。

　　读者可根据需要选择要使用的坐标系，来定义曲线点的位置。

　　实际上，CATIA 草图中的任何曲线在绘制完成后，都可以通过双击操作打开其定义界面，并选择使用两种坐标系中的一种，对其每个可调整的参数进行精确定义。本书对其余曲线的定义对话框将不再讲解。

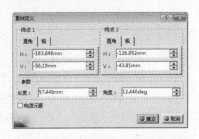

图 2-17 "直线定义"对话框

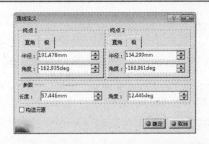

图 2-18 "直线定义"对话框中的"极"标签

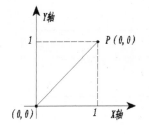

图 2-19 笛卡儿坐标系

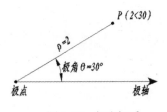

图 2-20 极坐标系

2.2.2 轴

　　"轴"主要起参照的作用，通常用于生成对称的草图特征或旋转特征，如图 2-21 所示。

其绘制方法与直线类似，单击"草图"工具栏中的"轴"按钮 ⫶（或选择"插入">"轮廓">"轴"菜单），然后单击两点，即可绘制轴线。

2.2.3 矩形

进入"草图编辑器"空间后，单击"轮廓"工具栏中的"矩形"按钮▢（或选择"插入">"轮廓">"预定义的轮廓">"矩形"菜单），在绘图区的不同位置单击两次，即可绘制矩形，如图 2-22 所示。

图 2-21 轴被作为镜像线来使用　　　　　图 2-22 绘制"矩形"操作

在"轮廓"工具栏"矩形"按钮的下拉按钮中，除了"矩形"按钮外，还有"斜置矩形"◇、"居中矩形"▱、"平行四边形"▱、"居中平行四边形"▱四个按钮，我们也将其归类为矩形按钮，下面分别介绍其创建方法。

1. 斜置矩形

"斜置矩形"是通过 3 个角点绘制矩形的方式。在"轮廓"工具栏中单击"斜置矩形"按钮◇后，在绘图区单击确定第 1 点，然后移动鼠标从该点处产生一条跟踪线，该线指示矩形的宽度，在合适位置处单击确定第 2 点（确定矩形的宽度和倾斜角度），最后沿与该线垂直的方向移动鼠标调整矩形的高度，并单击确定第 3 点，即可生成矩形，如图 2-23 所示。

2. 居中矩形

"居中矩形"是通过中心点和对角点绘制矩形的方式。在"轮廓"工具栏中单击"居中矩形"按钮▱后，先在绘图区中单击确定矩形中心点的位置，然后移动鼠标以中心点为基准向两边延伸，调整好矩形的长度和宽度后，单击即可绘制居中矩形，如图 2-24 所示。

图 2-23 绘制斜置矩形　　　　　　　图 2-24 绘制居中矩形

3. 平行四边形

"平行四边形"与"斜置矩形"的绘制方式基本相同，都是通过 3 个角点来确定矩形。

在"轮廓"工具栏中单击"平行四边形"按钮▱后，在绘图区单击确定平行四边形起点的位置，移动鼠标从该点处产生一跟踪线，该线只是平行四边形一条边的长度，在合适位置处单击确定第 2 点，然后移动鼠标确定平行四边形第 3 个点的位置，单击即可生成平行四边形，如图 2-25 所示。

4. 居中平行四边形

要绘制"居中平行四边形"，需要首先绘制两条相交的直线，然后在"轮廓"工具栏中单击"居中平行四边形"按钮 后，在绘图区中先后选择前面绘制的两条直线，然后拖曳鼠标在合适位置处单击，即可绘制居中平行四边形，如图 2-26 所示。

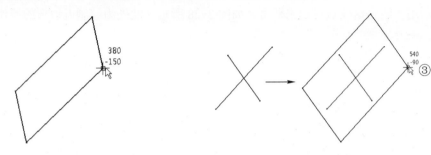

图 2-25 绘制平行四边形　　　　　图 2-26 绘制居中平行四边形

可在退出矩形绘制模式后，通过拖曳矩形的一个边或顶点来修改矩形（或平行四边形）的大小和形状。

2.2.4 六边形

进入"草图编辑器"空间后，单击"轮廓"工具栏中的"多边形"按钮 （或选择"插入"＞"轮廓"＞"预定义的轮廓"＞"多边形"菜单），在绘图区的某个位置单击，确定六边形中心点的位置，拖曳鼠标并在合适位置处单击，确定六边形外切圆的直径，然后再拖曳鼠标在 60°位置处单击，即可绘制六边形，如图 2-27 所示。

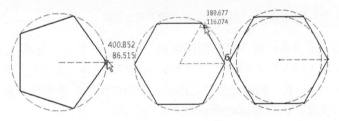

图 2-27 绘制六边形

"六边形"绘制完成后，若要修改六边形的大小，可以通过修改其外接圆的半径来实现。此时，双击其外接构造圆（关于构造图线的绘制，详见 2.2.18 节的讲述），在打开的对话框中即可修改其半径大小。

要改变六边形的位置，可通过拖动其中心点实现。

2.2.5 多边形

在 CATIA V5-6 R2015 之前版本中，并未提供绘制多边形的功能，那么在工作过程中应如何绘制多边形呢？这里也简单介绍一下其绘制方法。

CATIA 绘制点的功能非常全面，所以之前版本要绘制多边形时，只需使用等距点（关于点的绘制，详见 2.2.16 节的讲述）功能，在一个圆上等分多个点（要绘制几边形，即等距几个点），然后用直线将这些点连起来即可，如图 2-28 所示（此处为绘制五边形的操作）。

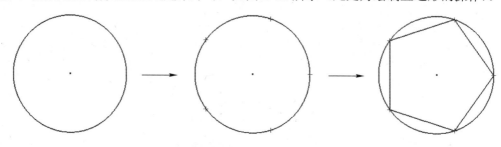

图 2-28　绘制多边形操作

2.2.6 延长孔

延长孔（有些软件中也称为槽口）是指两边高起、中间陷入的条缝，通常作为榫卯结构的榫眼，俗称通槽。延长孔线用于定义槽口的范围，如图 2-29 所示。

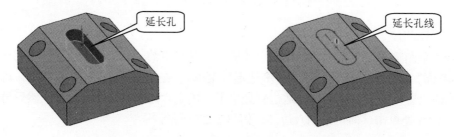

图 2-29　延长孔和延长孔线

延长孔的绘制并不复杂，进入"草图编辑器"空间后，单击"轮廓"工具栏中的"延长孔"按钮（或选择"插入"＞"轮廓"＞"预定义的轮廓"＞"延长孔"菜单），在绘图区的适当位置单击确定"延长孔"的起点位置，移动鼠标指针拖出一条虚线，再次单击，确定"延长孔"直线部分的长度；移动鼠标在合适位置单击，确定"延长孔"的宽度，延长孔线即可绘制完成（使用此线进行拉伸切除即可绘制延长孔），如图 2-30 所示。

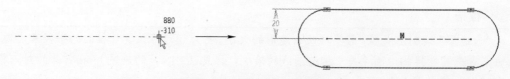

图 2-30　绘制"延长孔"线操作

"延长孔"线绘制完成后，可双击中心虚线，通过打开的对话框修改其长度来修改"延长孔"的长度；可双击延长孔线默认添加的"尺寸约束"（关于约束，详见本章后面 2.4 节的讲述），通过修改其值来修改延长孔线的宽度。

　　要改变延长孔线的位置，可通过拖曳其中心线来实现。

　　除了"延长孔"，系统还提供了"圆柱形延长孔"功能。"圆柱形延长孔"线是以圆弧线为基础，向两边扩展的线，所以单击"轮廓"工具栏中的"圆柱形延长孔"按钮🔗绘制时，只需先单击 3 点绘制一段圆弧，然后移动鼠标，确定延长孔的宽度，即可绘制"圆柱形延长孔"，如图 2-31 所示。

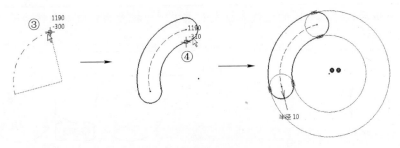

图 2-31　绘制"圆柱形延长孔"线操作

关于"圆弧"的绘制，可参见后面 2.2.9 节的讲述。"圆柱形延长孔"线显示的一些颜色较浅的线，为系统自动添加的约束辅助线，为了保持"圆柱形延长孔"线的形状，需要为图形添加一定的约束。

　　此外，"圆柱形延长孔"线的调整方法与"延长线"类似，此处不再赘述。

2.2.7　钥匙孔轮廓

　　"钥匙孔轮廓"草图特征，顾名思义，是用于绘制钥匙孔轮廓曲线的工具，操作时并不复杂。

　　进入"草图编辑器"空间后，单击"轮廓"工具栏中的"钥匙孔轮廓"按钮🔍（或选择"插入">"轮廓">"预定义的轮廓">"钥匙孔轮廓"菜单），先在绘图区单击两点确定"钥匙孔"的长度，然后拖曳鼠标并在合适位置处单击，确定"钥匙"前端宽度，再拖曳鼠标在合适位置处单击，确定"钥匙孔"圆头大小，即可完成绘制，如图 2-32 所示。

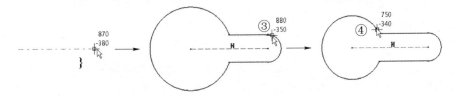

图 2-32　绘制"钥匙孔轮廓"线操作

2.2.8 圆

进入"草图编辑器"空间后，"轮廓"工具栏（默认"圆"下拉按钮⊙）中提供了 4 个创建圆的按钮，分别为"圆""三点圆""三切线圆"和"使用坐标创建圆"，下面分别讲解这几种创建圆的操作。

1．圆

此种方式是通过拾取圆心和圆上一点来创建圆。单击"轮廓"工具栏中的"圆"按钮⊙（或选择"插入"＞"轮廓"＞"圆"＞"圆"菜单），在绘图区单击指定一点作为圆心，移动鼠标指针，再次单击，确定圆上一点，即可绘制一个圆，如图 2-33 所示，

> 圆绘制完成后，可拖曳圆的边线来放大或缩小圆，拖曳圆的中心来移动圆，如图 2-34 所示。

图 2-33　绘制"圆"操作　　　　　　　图 2-34　修改圆的大小及位置

2．三点圆

此种方法是通过拾取 3 个点来创建圆。单击"轮廓"工具栏中的"三点圆"按钮◯（或选择"插入"＞"轮廓"＞"圆"＞"三点圆"菜单），然后在工作区中 3 个不共线的位置各单击一次，即可创建一个圆，如图 2-35 所示。

3．三切线圆

"三切线圆"即创建与 3 条直线相切的圆。单击"轮廓"工具栏中的"三切线圆"按钮◎（或选择"插入"＞"轮廓"＞"圆"＞"三切线圆"菜单），然后在工作区中选择 3 条不共线（且不完全平行）的线，即可创建一个与 3 条直线都相切的圆，如图 2-36 所示。

图 2-35　绘制三点圆操作　　　　　　　图 2-36　绘制三切线圆操作

4．使用坐标创建圆

单击"轮廓"工具栏中的"使用坐标创建圆"按钮⊙（或选择"插入"＞"轮廓"＞"圆"＞"使用坐标创建圆"菜单），打开"圆定义"对话框，然后输入参数设置圆中心点的位置，再在半径文本框中输入圆的半径值，单击"确定"按钮，即可在指定位置创建指定大小的圆，如图 2-37 所示。

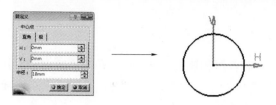

图 2-37 "使用坐标创建圆"操作

2.2.9 圆弧

在 CATIA 中绘制圆弧主要有"三点弧""起始受限的三点弧"和"弧"3 种方法，下面分别介绍其绘制过程。

1. 三点弧

该方式通过 3 个点来绘制一段圆弧。单击"轮廓"工具栏中的"三点弧"按钮 （或选择"插入">"轮廓">"圆">"三点弧"菜单），在草绘区的两个不同位置各单击一次，指定圆弧经过的两个端点，然后移动鼠标指针，在特定位置处单击，确定圆弧的半径（和圆弧终点的位置），即可创建一段三点弧，如图 2-38 所示。

2. 起始受限的三点弧

单击"轮廓"工具栏中的"起始受限的三点弧"按钮 （或选择"插入">"轮廓">"圆">"起始受限的三点弧"菜单），在草绘区的两个不同位置各单击一次，指定圆弧的两个端点，此时会有一段弧粘在鼠标指针上，移动鼠标指针，单击即可创建一段三点弧，如图 2-39 所示。

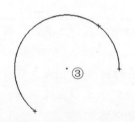

图 2-38 绘制"三点弧"

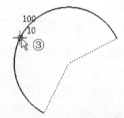

图 2-39 绘制"起始受限的三点弧"

3. 弧

此种方式是通过选取弧圆心和端点来创建圆弧。单击"轮廓"工具栏中的"弧"按钮 （或选择"插入">"轮廓">"圆">"弧"菜单），然后在草绘区单击指定一点作为弧的圆心，移动鼠标指针，会有圆出现，在圆上的两个不同位置各单击一次，确定弧的两个端点，即可绘制一段圆弧，如图 2-40 所示。

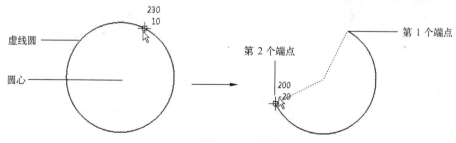

图 2-40 "弧"方式绘制圆弧操作

2.2.10 轮廓

"轮廓"功能多用于绘制首尾相连的连续直线。单击"轮廓"工具栏中的"轮廓"按钮 （或选择"插入">"轮廓">"轮廓"菜单），然后在绘图区不断连续单击，即可绘制首尾相连的直线，如图 2-41 左上图所示。

需要注意的是，使用"轮廓"功能还可以在绘制直线的过程中绘制与直线相切的相切弧，或与直线相连的三点弧。如图 2-41 所示，完成直线的绘制后，单击"草图工具"工具栏中的"相切弧"按钮 ◠，然后移动鼠标，在合适位置处单击，即可绘制与所绘制直线相切的圆弧（按两次〈Esc〉键退出轮廓线的绘制）。

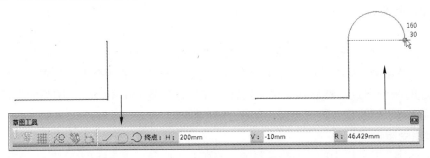

图 2-41 "轮廓"线的绘制操作

提示

在绘制"轮廓"线的过程中，如在"草图工具"工具栏中单击"三点弧"按钮 ◠，再连续单击两点，则可绘制与直线相连的三点弧度。

共有 3 种退出轮廓线绘制的方法：一种是前面操作中讲的按两次〈Esc〉键；另外一种是通过再次单击"轮廓"按钮 ⬡ 实现；还有一种是在轮廓线结束点位置处双击鼠标左键，结束轮廓线的绘制（若利用第三种方式，最后一段轮廓线会保留）。

2.2.11 椭圆

进入"草图编辑器"空间后，单击"轮廓"工具栏中的"椭圆"按钮 ◯（或选择"插入">"轮廓">"二次曲线">"椭圆"菜单），在绘图区的适当位置单击确定椭圆圆心的位置，拖曳鼠标并单击，确定椭圆的一个半轴的长度（可同时确定椭圆的倾斜角度），再次拖曳鼠标并单击，确定椭圆另一个半轴的长度，椭圆绘制完成，如图 2-42 所示。

图 2-42 绘制椭圆

CATIA 默认未提供绘制椭圆弧的特征，如需要绘制椭圆弧，可绘制经过椭圆中心的直线，然后通过修剪操作绘制（关于图线的修剪，可参考后面 2.3 节中的讲述）。

2.2.12　抛物线

抛物线是在平面内到一个定点和一条定直线距离相等的点的轨迹，它是圆锥曲线的一种，在 CATIA 中可通过如下操作绘制抛物线。

步骤 1 进入"草图编辑器"空间后，单击"轮廓"工具栏中的"抛物线"按钮 ⋃（或选择"插入">"轮廓">"二次曲线">"抛物线"菜单），在绘图区的适当位置单击，确定抛物线的焦点位置。

步骤 2 移动鼠标指针拖出一条虚抛物线，再次单击确定抛物线的大小（焦距长）和旋转角度，如图 2-43 所示。

步骤 3 移动鼠标在合适位置单击确定抛物线的起点位置，再移动鼠标并单击确定抛物线的终止点位置，如图 2-44 所示，抛物线绘制完成。

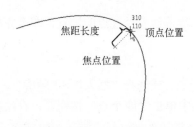

图 2-43　确定抛物线焦点位置和焦距长度

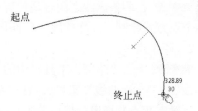

图 2-44　确定抛物线起点和终止点

抛物线绘制完成后，可以拖曳其起点或终止点，对其长度等进行调整。若需要更精确的调整抛物线，可双击该抛物线，在打开的"抛物线定义"对话框中对焦点和顶点的位置进行精确设置。

2.2.13　双曲线

双曲线的绘制与抛物线类似，抛物线需要确定 4 个点（焦点、顶点、起点和终止点）以完成绘制，而双曲线需要确定 5 个点（依次为焦点、定位中心点、顶点、起点和终止点）以完成图形绘制。

如图 2-45 所示，单击"轮廓"工具栏中的"双曲线"按钮 ⋎（或选择"插入">"轮廓">"二次曲线">"双曲线"菜单），然后依次单击确定上述 5 个点的位置，即可完成双曲线的绘制。

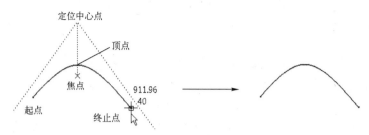

图 2-45 "轮廓"线的绘制操作

2.2.14 二次曲线

二次曲线是用面剖切圆锥得到的切面边线。共有三种绘制二次曲线的方式，分别为"两个点""四个点"和"五个点"，下面看一下其各自的操作方法。

1. 两个点

步骤 1 单击"轮廓"工具栏中的"二次曲线"按钮 （或选择"插入" > "轮廓" > "二次曲线" > "二次曲线"菜单），在"草图工具"工具栏中单击"两个点"按钮 ，在绘图区单击，确定起点并拖曳，然后单击，确定起点处的切向。

步骤 2 移动光标并单击，确定终点位置；再移动光标，在合适位置单击，确定终点处切线方向。

步骤 3 在两条虚线之间合适位置处单击，确定"二次曲线"经过点的位置，即可完成通过两个点方式绘制"二次曲线"的操作，如图 2-46 所示。

2. 四个点

步骤 1 单击"轮廓"工具栏中的"二次曲线"按钮 （或选择"插入" > "轮廓" > "二次曲线" > "二次曲线"菜单），在"草图工具"工具栏中单击"四个点"按钮 ，在绘图区单击，确定起点并拖曳，然后单击，确定起点处的切向。

步骤 2 移动光标，再次单击，确定终点位置。

步骤 3 在起点和终点之间单击两次，确定曲线上两点的位置，完成通过四个点方式绘制"二次曲线"的操作，如图 2-47 所示。

3. 五个点

步骤 1 单击"轮廓"工具栏中的"二次曲线"按钮 （或选择"插入" > "轮廓" > "二次曲线" > "二次曲线"菜单），在"草图工具"工具栏中单击"五个点"按钮 ，在绘图区单击，确定起点。

步骤 2 移动光标，再次单击，确定终点位置。

步骤 3 再次移动光标，在起点和终点之间顺序单击三次（自终点向起点单击），确定曲线上三个点的位置，完成通过五个点方式绘制"二次曲线"的操作，如图 2-48 所示。

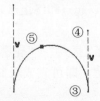
图 2-46 "两个点"二次曲线

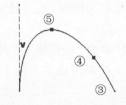
图 2-47 "四个点"二次曲线

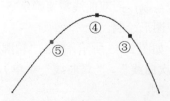
图 2-48 "五个点"二次曲线

绘制"二次曲线"的过程中，在"草图工具"工具栏中还有一个按钮可供选择——"最近的终点"按钮 。读者可利用此按钮选择最近曲线的端点作为二次曲线的终点（或令切线方向与所选直线平行）。

如图 2-49 所示，在绘制二次曲线的过程中（两个点方式），在确定终点切线方向时，如直接单击起点切线，那么终点切线将默认与起点切线平行，并且不再显示终点切线。

如图 2-50 所示，在绘制二次曲线的过程中（两个点方式），如已提前绘制了一条直线，并在单击"二次曲线"按钮后直接单击此直线，那么将以距离此直线所单击处最近的端点为起点绘制二次曲线。

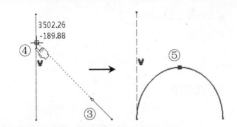

图 2-49 "最近的终点"功能应用 1

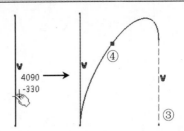

图 2-50 "最近的终点"功能应用 2

2.2.15 样条曲线

样条曲线是构造自由曲面的主要曲线，其曲线形状控制方便，可以满足大部分产品设计的要求。

绘制样条曲线非常简单，进入"草图编辑器"空间后，单击"轮廓"工具栏中的"样条线"按钮 （或选择"插入" > "轮廓" > "样条线" > "样条线"菜单），在操作区中连续单击，最后双击，即可创建样条曲线，如图 2-51 所示。

图 2-51 样条曲线的创建过程

样条曲线绘制完成后，单击样条曲线控制点，会显示标控图标，通过调整这些图标（拖曳箭头），可以调整样条曲线此点处的"相切方向"和"曲率半径"方向；同时显示"控制点定义"对话框，通过此对话框可以对此标控点进行更加精确的设置，如图 2-52 所示。

此外，双击整个样条曲线，将打开"样条线定义"对话框，可通过此对话框设置在所选点前或后添加点，然后在样条曲线上单击，即可在单击位置处为样条曲线添加控制点，如图2-53所示。

在"样条线定义"对话框中勾选"封闭样条线"复选框，可以将样条曲线封闭，从而创建封闭样条曲线。

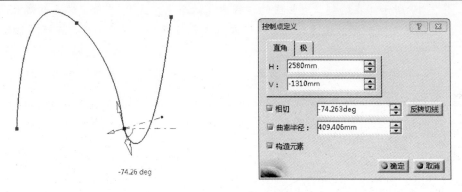

图 2-52　样条曲线标控图标的作用

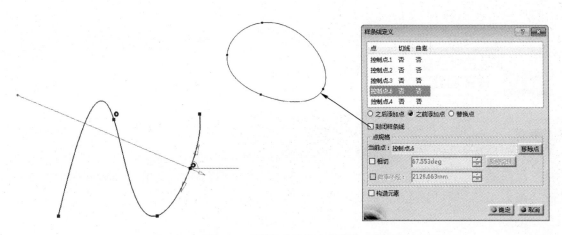

图 2-53　"样条曲线"定义操作

"轮廓"工具栏中还有一个"连接"按钮 （"插入"＞"轮廓"＞"样条线"＞"连接"菜单），此按钮用于使用样条曲线连接两个线段，如图 2-54 所示，执行命令后，分别单击要连接的两个线段的两个端点即可。

图 2-54　"连接"按钮的作用

 提示

双击连接样条线，单击箭头，可以改变样条线的切向，如图 2-55 所示。

图 2-55 改变"连接"样条线的切线方向

2.2.16 点

CATIA 的"轮廓"工具栏中共提供了 5 种创建点的方法（分别为"通过单击创建点""使用坐标创建点""等距点""相交点"和"投影点"），以及一种调整点的方法（"对齐点"），下面看一下其详细操作方法。

1. 通过单击创建点

单击"轮廓"工具栏中的"点"按钮 ▪（或选择"插入">"轮廓">"点">"点"菜单），然后在绘图区中单击，即可创建点（CATIA 中点以"十"字表示）。

2. 使用坐标创建点

单击"轮廓"工具栏中的"使用坐标创建点"按钮 ▪（或选择"插入">"轮廓">"点">"使用坐标创建点"菜单），打开"点定义"对话框，如图 2-56 所示，在 H、V 文本框中输入点的坐标值，即可创建点。

图 2-56 "使用坐标创建点"对话框和点

3. 等距点

单击"轮廓"工具栏中的"等距点"按钮 ▪（或选择"插入">"轮廓">"点">"等距点"菜单），然后在绘图区中选择绘制的线，将打开"等距点定义"对话框，在此对话框中设置等距点的个数，单击"确定"按钮，即可创建等距点（定数等分），如图 2-57 所示。

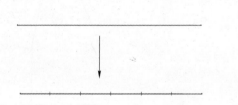

图 2-57 创建"等距点"（定数等分）操作

上面的操作创建的是定数等分的等距点，如需创建"定距等分"或其他形式的等距点，应该怎么操作呢？此时，可在选择曲线后单击曲线的一个端点，如图 2-58 所示，在"等距点定义"对话框中进行更多的设置。如在"参数"下拉列表框中选择"点和间距"选项，即可创建"定距等分"的点。

图 2-58 创建"等距点"（定距等分）操作

如在"等距点定义"对话框的"参数"下拉列表框中选择"点和长度"选项，还可创建超过曲线长度的等距点，如图 2-59 所示。

图 2-59 创建超出曲线长度"等距点"操作

4. 相交点

单击"轮廓"工具栏中的"相交点"按钮 (或选择"插入">"轮廓">"点">"相交点"菜单)，然后在绘图区中选择可以相交（相交或其延长线可相交）的两条曲线（直线、弧线、二次曲线等），即可在曲线相交点处创建相交点，如图 2-60 所示。

5. 投影点

投影点是一个点（点或线的端点）到曲线（可以是直线、弧线、二次曲线和样条曲线等）的垂线点。

单击"轮廓"工具栏中的"投影点"按钮 (或选择"插入">"轮廓">"点">"投影点"菜单)，然后在绘图区中选择一个点，再选择一条曲线，即可在曲线上创建所选点的投影点，如图 2-61 所示。

图 2-60 创建"相交点"操作   图 2-61 创建"投影点"操作

6. 对齐点

对齐点具有将所选点对齐到一条直线上的功能。先按住〈Ctrl〉键，选中使用"点"命令绘制的一系列点，然后单击"轮廓"工具栏中的"对齐点"按钮 (或选择"插入">"轮廓">"点">"对齐点"菜单)，再单击一点，确定对齐方向，即可将所选点在对齐方向上全部对齐，如图 2-62 所示。

图 2-62 "对齐点"操作

提示

　　先选择的点将被作为对齐的基准点。例如，使用框选的方式选择点，那么先绘制的点，将被作为对齐基准点。

　　此外，可先选择点再执行"对齐点"命令，也可以先执行"对齐点"命令再框选要对齐的点。

2.2.17 文字

　　CATIA 草图中默认未提供绘制文字的工具，如果需要创建文字轮廓，以执行相关"拉伸"操作，想得到如机器上的型号标识等（见图 2-63），应如何操作呢？实际操作中，这是通过复制 DWG 格式的文字轮廓线来实现的。要得到 DWG 格式文字轮廓线，可通过如下两种方式：

➢ 使用其他软件创建 DWG 格式的文字轮廓线。如可使用 AutoCAD 创建（需要注意的是，在文字创建完成后，需要进行分解），如果 AutoCAD 无法分解，也可以使用 SolidWorks 草图或 SolidWorks 工程图等创建文字，然后另存为 DWG 格式。

➢ 也可以进入 CATIA 的工程图空间（选择"开始"＞"机械设计"＞"工程制图"菜单），然后使用文字工具——"文本"按钮 创建文字轮廓线，再将所创建的工程图另存为 DWG 格式。

　　得到 DWG 格式的文字轮廓线后，在 CATIA 中选择"文件"＞"打开"菜单，打开包含文字轮廓的 DWG 文件；然后框选文字轮廓，选择"编辑"＞"复制"菜单，再在"草图"空间中选择"编辑"＞"粘贴"菜单，将文字轮廓粘贴到草图中，并将其移动到合适的位置处，接下来即可用其执行"拉伸"等操作了，如图 2-64 所示。

图 2-63　文字标识的发动机型号

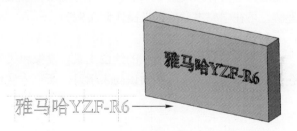

图 2-64　使用 DWG 文字轮廓线标识发动机型号

提示

　　关于草图的复制、粘贴和移动等的方法，详见后面 2.3 节的讲述。

2.2.18 构造元素

　　在 CATIA 中，除了约束线外，还有两种线：一种是实线，也是构成零件实体（或曲面实体）的边界线，CATIA 中称为"标准元素"；另外一种是虚线，虚线是辅助线，不能作为边界线构成零件实体（或曲面实体），CATIA 中将其定义为"构造元素"。

在 CATIA 中，可将"标准元素"和"构造元素"任意转换，此时只需选择要转换的元素，然后单击"草图工具"工具栏中的"构造/标准元素"按钮，即可将"标准元素"转换为"构造元素"，或将"构造元素"转换为"标准元素"，如图 2-65 所示。

> **提示**
>
> 此外，双击草图曲线，在其"圆定义"对话框中勾选"构造元素"复选框，则所选图线将为"构造元素"；取消勾选"构造元素"复选框，则所选元素将为"标准元素"，如图 2-66 所示。

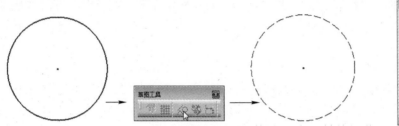

图 2-65　"构造元素"转换操作　　　　　　图 2-66　图线定义对话框

实例精讲——"多孔垫"草图绘制

本实例将讲解"多孔垫"草图（见图 2-67）的绘制操作，以熟悉前面所学到的知识（本实例的部分内容涉及第 3 节和第 4 节的知识，此部分内容不要求掌握，如在操作时感觉难以理解，可在学完本章后再来操作此实例）。

制作分析

本实例将利用前面所学的绘图工具、镜像和尺寸约束等工具，绘制一个图 2-67 所示的多孔垫截面草图。由于有些知识尚未学习，所以本实例尽量不考虑使用约束方面的知识。

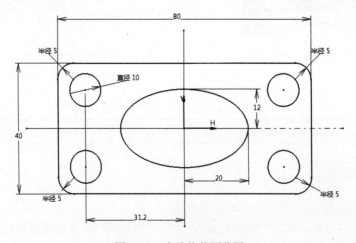

图 2-67　多孔垫截面草图

制作步骤

步骤 1 启动 CATIA，新建一个"零件设计"文件，然后单击"草图编辑器"工具栏中的"草图"按钮 ，选择一基准面，进入"草图编辑器"空间模式。

步骤 2 单击"轮廓"工具栏中的"居中矩形"按钮 ，自动捕捉到"草图编辑器"空间的中心点单击，再向右上角拖曳，在 H=40、V=20 位置处单击绘制一矩形，如图 2-68 所示。

步骤 3 单击"轮廓"工具栏中的"椭圆"按钮 ，以"草图编辑器"空间的中心点为圆心，两次拖曳并单击绘制一椭圆，如图 2-69 所示。

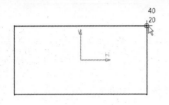

图 2-68 绘制矩形

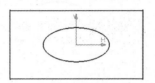

图 2-69 绘制椭圆

步骤 4 双击椭圆，打开"椭圆定义"对话框，定义椭圆"长轴半径"和"短轴半径"的长度分别为 20 和 12，如图 2-70 所示。

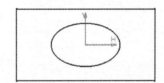

图 2-70 设置椭圆大小

步骤 5 单击"操作"工具栏中的"圆角"按钮 ，单击矩形的左上角点，向内移动后单击，对矩形进行圆角处理，如图 2-71 所示。

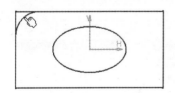

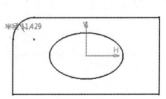

图 2-71 添加"圆角"操作

步骤 6 双击**步骤 5**添加的圆角后自动添加的"尺寸约束"，打开"约束定义"对话框，设置圆角的"半径"为 5，如图 2-72 所示。

步骤 7 重复**步骤 5**和**步骤 6**操作，为矩形的其余边角添加半径为 5 的圆角，如图 2-73 所示。

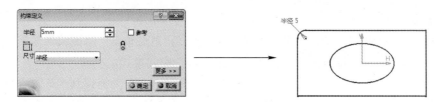

图 2-72　设置圆角大小操作

图 2-73　添加其余圆角操作

步骤 8 单击"轮廓"工具栏中的"圆"按钮⊙，然后在图 2-74 左图所示位置（大概位置即可）绘制一个圆，然后双击该圆，在打开的"圆定义"对话框中设置圆的"半径"为 5，如图 2-74 右图所示。

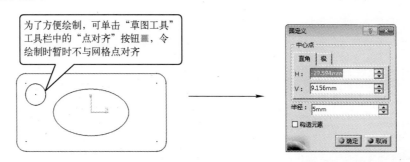

图 2-74　绘制圆操作

步骤 9 单击"约束"工具栏中的"约束"按钮⊡，然后单击**步骤 8**中所绘制圆的圆心和草图 H 轴，向左拖曳后单击，添加对圆的竖向尺寸约束，再双击添加的尺寸约束，在弹出的"约束定义"对话框中输入圆到中心点的竖向距离为 12，以定位圆的位置，如图 2-75 所示。

图 2-75　设置圆的位置操作

步骤 10 通过相同操作，单击"约束"工具栏中的"约束"按钮⊡，定义圆心到 V 轴的距离为 31.2。

步骤 11 单击"轮廓"工具栏中"轴"按钮┃，首先绘制一条通过草图中心点的竖直中心线，如图 2-76 左图所示，再绘制一条通过草图中心点的水平中心线，如图 2-76 右图所示。

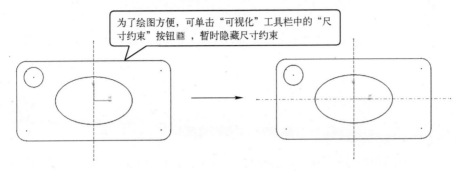

为了绘图方便，可单击"可视化"工具栏中的"尺寸约束"按钮，暂时隐藏尺寸约束

图 2-76　绘制轴线操作

步骤 12 单击"操作"工具栏中的"镜像"按钮，在绘图区中选中圆作为要镜像的实体，再在绘图区中选中竖直中心线作为镜像参照，对圆执行镜像复制操作，如图 2-77 所示。

步骤 13 同 **步骤 12** 中的操作，先按住〈Ctrl〉键选中顶部的两个圆，然后单击"操作"工具栏中的"镜像"按钮，选中水平中心线作为镜像中心线，镜像出另外两个圆，完成草图的绘制，如图 2-78 所示。

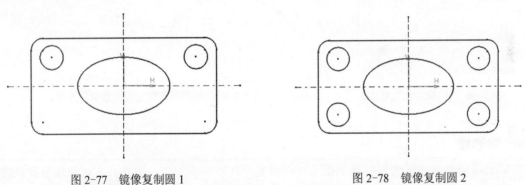

图 2-77　镜像复制圆 1　　　　　　　　图 2-78　镜像复制圆 2

2.3　修改草图

草图绘制工具就是对已绘制好的草图图线进行编辑修改，生成新的草图图线的操作。它包括圆角、倒角、偏移和剪裁等操作，下面分别进行介绍。

2.3.1　圆角

利用"圆角"工具可以对草图中两个相交图线（非平行图线）进行圆角处理。

单击"操作"工具栏中的绘制"圆角"按钮（或选择"插入">"操作">"圆角">"圆角"菜单），用鼠标左键选取圆角过渡的两条线段，再在合适的位置处单击，系统将生成圆角，如图 2-79 所示，

圆角绘制完成后，双击系统自动添加的"尺寸约束"，可在打开的"约束定义"对话框中对圆角的半径进行更改，如图 2-80 所示。

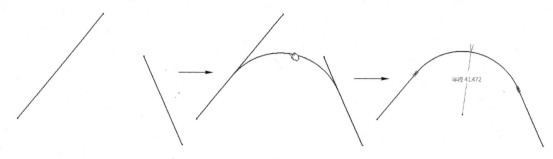

图 2-79　绘制圆角操作

此外，在绘制圆角的过程中，当圆角的位置确定后，按〈Tab〉键，在"草图"工具栏的"半径"文本框中直接输入圆角半径的值，并按〈Enter〉键，可在绘制圆角时直接设置圆角的半径大小，如图 2-81 所示。

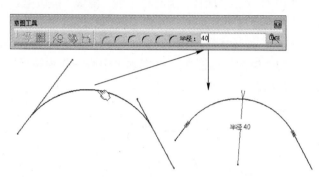

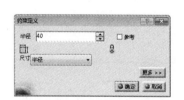

图 2-80　"约束定义"对话框

图 2-81　绘制圆角时定义圆角半径操作

知识库

创建圆角时，所选取的两个图元可以相交，也可以不相交。圆角在其端点处与所选图元都是相切关系。另外在创建圆角时，如果两曲线相交，那么直接单击该交点，即可生成圆角，如图 2-82 所示。

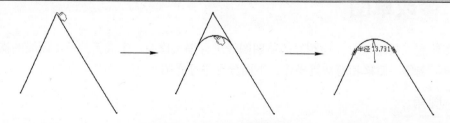

图 2-82　直接单击交点绘制圆角

此外，圆角操作默认将延长未相交线的边线到圆角处，并修剪边角处超过圆角的边线；实际上，读者也可以在执行圆角的过程中自定义修剪哪条边线或不修剪边线，还可以将修剪后的边线转为构造元素等。

此时，只需在执行圆角操作时单击"草图工具"工具栏中的相关按钮（见图 2-81 上图），即可执行需要的操作，这些按钮的效果如图 2-83 所示。

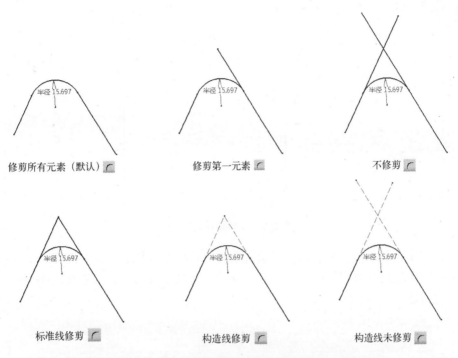

图 2-83 "草图工具"工具栏中修剪辅助按钮的作用

![提示]

此外，在绘制圆角时（即选中了两条曲线，尚未确定半径时），如选中"草图工具"工具栏中的"以后保持默认半径"按钮 （见图 2-81 上图），可使用本次绘制的圆角半径进行多次圆角操作，直到再次单击此按钮，才重新设置圆角半径。

在"操作"工具栏的"圆角"按钮下，隐藏着一个"相切弧"按钮 ，单击此按钮可对单个曲线执行圆角操作，这里一起讲解一下。

如图 2-84 所示，单击"操作"工具栏中的"相切弧"按钮 后，先选中一段曲线，然后拖曳鼠标单击，确定圆角的一个端点，再在曲线上单击，确定圆角的另外一个端点（以及半径），即可绘制"相切弧"（相当于对单曲线执行了圆角操作）。

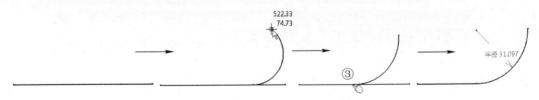

图 2-84 "相切弧"操作

在执行"相切弧"操作时，若选中"草图工具"工具栏中的"不修剪"按钮 ，可不修剪操作的曲线。

2.3.2 倒角

绘制倒角与绘制圆角类似，单击"操作"工具栏中的"倒角"按钮 ⌒（或选择"插入" > "操作" > "倒角"菜单），然后选取倒角的两条线段（或单击倒角交点），再拖曳鼠标在适当位置处单击即可绘制倒角，如图 2-85 所示。

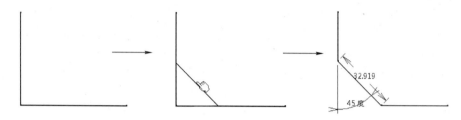

图 2-85　倒角的创建过程

在绘制"倒角"的过程中，同样可通过选择"草图工具"工具栏中的相关按钮来设置是否对倒角处的图线进行修剪等操作，如图 2-86 所示。关于各个按钮的意义，可参考上一节中关于圆角的讲述。

图 2-86　倒角操作中"草图工具"工具栏的状态

实际上，系统共提供了 3 种倒角方式，分别为"斜边和角度" ⌒、"第一长度和第二长度" ⌒和"第一长度和角度" ⌒。

上面讲述的是以默认的"斜边和角度"方式绘制倒角的操作，此种方式下是通过确定斜边的长度和所选的第一条边线与斜边的角度值来确定倒角位置的。在操作过程中，同样可按〈Tab〉键，在"草图工具"工具栏中设置倒角的这两个值。

倒角过程中，如果选择"草图工具"工具栏中的"第一长度和第二长度"按钮 ⌒，将以距离-距离的形式创建倒角。操作时按〈Tab〉键，分别设置所选第一和第二条曲线上的倒角距离来执行圆角操作，如图 2-87 左图所示。

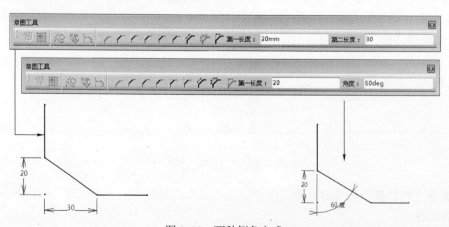

图 2-87　两种倒角方式

在倒角过程中，如果选择"草图工具"工具栏中的"第一长度和角度"按钮，将以角度和距离的形式来创建倒角。其中"角度"是选择的第一条边与倒角的夹角；"距离"是所选择的第一条边与倒角的交点距原来两曲线交点的距离，操作时按〈Tab〉键，在相应文本框中进行设置即可，如图 2-87 右图所示。

2.3.3 修剪与延伸

使用"修剪"工具，可以将直线、圆弧或自由曲线的端点进行修剪或延伸。在"操作"工具栏的"修剪"下拉按钮中，系统共提供了 5 个用于修剪或延伸的工具，如图 2-88 所示，下面一一解释这几个按钮的作用。

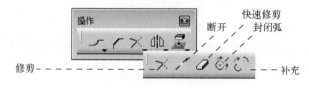

图 2-88　几个修剪按钮

1. 修剪

"修剪"按钮用于剪裁或延伸两个草图实体，直到它们在虚拟边角处相交，如图 2-89 和图 2-90 所示。

单击"操作"工具栏的"修剪"按钮，然后选择两个相交（或延伸相交）的曲线，即可执行修剪操作。系统将保留单击的曲线端，而修剪掉曲线交点之外的部分，如图 2-89 所示；如涉及的曲线未相交，那么将执行延伸曲线操作，将曲线延伸到交点位置处，如图 2-90 所示。

图 2-89　修剪曲线操作　　　　　　　　　图 2-90　延伸曲线操作

在执行修剪操作时，如果在"草图工具"工具栏中选中"修剪所有元素"按钮，那么将对选择的两条线都进行修剪（即实现图 2-89 和图 2-90 所示的效果）；如果在"草图工具"工具栏中选中"修剪第一元素"按钮，那么将只修剪第一次单击选中的曲线，而第二条选中的曲线将只作为边界线使用，如图 2-91 所示（此功能更适合延伸操作）。

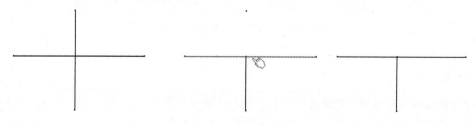

图 2-91　几个修剪按钮

2．断开

单击"操作"工具栏的"断开"按钮 ，选中要断开的曲线，然后在要断开的位置处单击，即可断开曲线，如图 2-92 所示（断开后，可用曲面中的"接合"命令进行连接）。

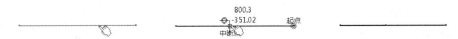

图 2-92　断开曲线操作

3．快速剪裁

"快速剪裁"按钮可以自动判断裁剪边界，单击的对象即是要裁剪的对象（对单击的曲线进裁剪，删除交点之外的部分），无须做其他任何选择。

如图 2-93 所示，双击"操作"工具栏的"快速剪裁"按钮 （注意此处是"双击"，如果单击此按钮，一次将只能修剪一条曲线），然后连续单击要修剪的曲线，即可将单击的曲线交点之外的部分删除。

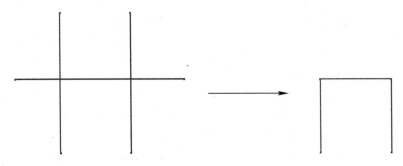

图 2-93　"快速剪裁"操作

实际上，系统共提供了 3 种"快速剪裁"方式，单击"操作"工具栏的"快速剪裁"按钮 后，可发现在"草图工具"工具栏中共有 3 个按钮可供选择，分别是"断开及内擦除" 、"断开及外擦除" 和"断开并保留" ，它们的不同之处如图 2-94 所示。

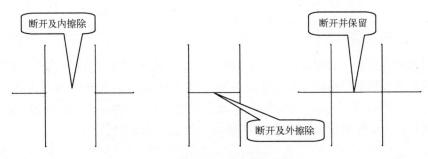

图 2-94　不同的"快速剪裁"效果

 提示

执行快速修剪操作时，只使用所单击曲线临近的交点来修剪曲线，如果在草图的整个绘图区中，都没有曲线与所单击的曲线相交（不可以是延长线），那么所单击的曲线将被删除。

4．封闭弧

单击"操作"工具栏的"封闭弧"按钮，再选择"圆弧"或"椭圆弧"，将封闭所选择的图线，生产"圆"和"椭圆"，如图2-95所示。

5．补充

单击"操作"工具栏的"封闭弧"按钮，再选择圆弧或椭圆弧，将生成所选圆弧或椭圆弧的补充图线，而删除所选的圆弧或椭圆弧，如图2-96所示。

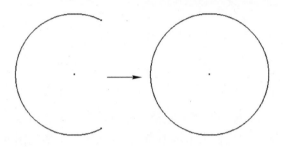

图2-95 "封闭弧"操作

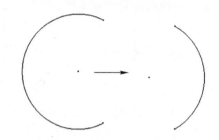

图2-96 "补充"圆弧操作

2.3.4 镜像

"镜像"是以某条直线（中心线）作为参考，复制出对称图形的操作，常用来创建具有对称部分的复杂图形。

如图2-97所示，单击"操作"工具栏中的"镜像"按钮（或选择"插入"＞"操作"＞"变换"＞"镜像"菜单），选中要执行"镜像"操作的图形（可以单击、多选，也可以框选），再选中作为镜像参考的直线或中心线，将复制出关于中心线对称的图形。

单击"操作"工具栏中的"对称"按钮（或选择"插入"＞"操作"＞"变换"＞"对称"菜单），选中要执行该命令的图线，将生成关于中心线对称的图形，但原图形将被删除，效果如图2-98所示。

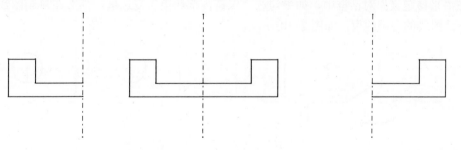

图2-97 "镜像"操作   图2-98 "对称"操作效果

2.3.5 平移、复制和阵列

单击"操作"工具栏中的"平移"按钮→（或选择"插入"＞"操作"＞"变换"＞"平移"菜单），系统打开"平移定义"对话框，取消勾选"复制模式"复选框，选中要移动的图线，单击一点作为移动定位点，移动鼠标到目标点后单击，如图 2-99 所示，即可移动图线。

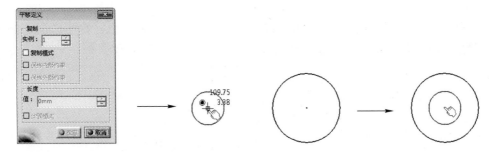

图 2-99　"平移"操作

在移动图线时，在"平移定义"对话框中，如果勾选"复制模式"复选框，那么将复制要移动的图线；如果在"平移定义"对话框中设置"实例"个数不为 1，那么将阵列所选图线对象，如图 2-100 所示。

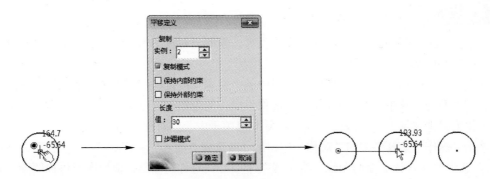

图 2-100　"阵列"操作

在"平移定义"对话框中，如果勾选"保持内部约束"复选框，那么在复制图线后，将保持所选图线的内部约束，如图 2-101 所示。

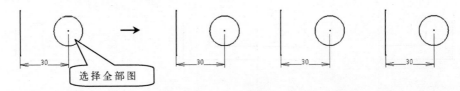

图 2-101　"保持内部约束"效果

在"平移定义"对话框中，如果勾选"保持外部约束"复选框，那么在复制图线后，所选图线将同时复制与外部图线的约束关系，如图 2-102 所示。

在"平移定义"对话框中，如果勾选"步骤模式"复选框，那么将以一定的步幅值（默认为 5）复制或阵列图线。右击"值"文本框，可选择默认"步幅"，如图 2-103 所示。

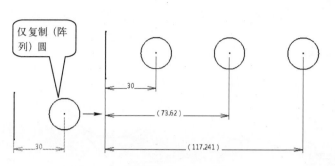

图 2-102 "保持外部约束"效果　　　　　　图 2-103 "定义步幅"操作

2.3.6 旋转、复制和阵列

单击"操作"工具栏中的"旋转" ⊘ 按钮（或选择"插入">"操作">"变换">"旋转"菜单），系统打开"平移定义"对话框，取消勾选"复制模式"复选框，选择草图中需要旋转的实体，单击一点作为旋转中心；移动鼠标，自旋转点跟随一直线，在合适位置处单击，确定旋转的起始参照线；然后移动鼠标，在合适位置处单击，确定旋转角度，即可旋转所选图线，如图 2-104 所示。

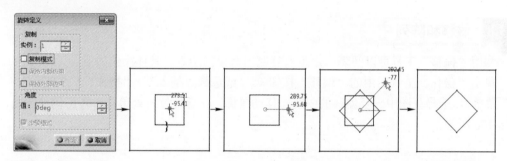

图 2-104 "旋转"操作

"旋转定义"对话框中的其他选项和上一节中"平移定义"对话框的基本相同，当勾选"复制模式"复选框时，同样可以复制和阵列图线，此处不再赘述。

此外，用户还可以通过"编辑">"复制"和"编辑">"粘贴"菜单来复制图线（复制后的图线与原图线位置相同）。

2.3.7 缩放

选择草图中需要缩放的图线，单击"操作"工具栏中的"缩放" ⊘ 按钮（或选择"插入">"操作">"变换">"缩放"菜单），系统打开"缩放定义"对话框，取消勾选"复制模式"复选框，单击一点，设置比例缩放的相对点，再在"值"文本框中设置缩放的比例，最后单击"确定"按钮，即可缩放图线，如图 2-105 所示。

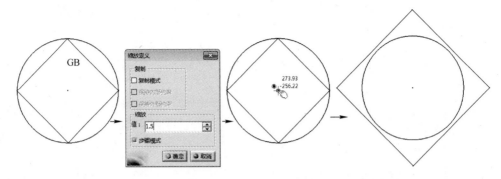

图 2-105 "缩放"图线操作

提示

> "缩放定义"对话框中的其他选项和 2.3.5 节中的"平移定义"对话框基本相同，当勾选"复制模式"复选框时，同样可以复制图线，此处不再赘述。
>
> 此外，在执行"缩放"图线时，也可不输入缩放的值，而通过直接拖曳图线的方式设置缩放比例，此种方式的缩放比例不好控制，不如直接输入缩放比例方便。

2.3.8 偏移和阵列

利用"偏移"工具可以间隔一定距离复制出对象的副本，具体操作如下。

单击"操作"工具栏中的"偏移"按钮（或选择"插入">"操作">"变换">"偏移"菜单），选择草图中需要偏移的图线，移动鼠标，在合适位置处单击，即可偏移图线，如图 2-106 所示。

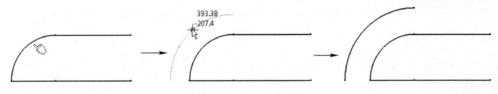

图 2-106 偏移图线过程

在执行偏移操作的过程中，在"草图工具"工具栏中，共有 4 个按钮 、 、 、 可供选择，如图 2-107 所示，下面介绍一下他们的作用。

图 2-107 偏移图线过程中的"草图工具"工具栏

➢ "无拓展"按钮 ：设置只对选中的几何图线进行偏移，如图 2-106 所示。

➢ "相切拓展"按钮 ：设置与所选对象相切的几何图线一起被执行偏移操作，如图 2-108 所示。

➢ "点拓展"按钮 ：设置与所选择对象点连接的几何图线都被执行偏移操作，如图 2-109

所示。

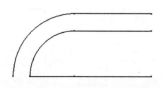

图 2-108 "相切拓展"效果

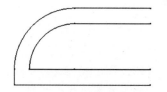

图 2-109 "点拓展"效果

> "双侧偏移"按钮 ：在选择对象两面偏移所选对象，如图 2-110 所示。

提示

在执行"偏移"操作时，如果在"草图工具"工具栏的"实例"文本框（见图 2-107）中输入大于 1 的整数，那么就可在所点击的方向上以设置的间隔距离（或单击处的距离）执行"偏移阵列"操作，效果如图 2-111 所示。

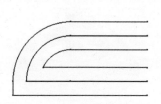

图 2-110 "双侧偏移"效果

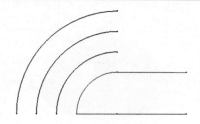

图 2-111 偏移阵列效果

2.3.9 投影

使用"投影"工具可将现有草图或实体模型某一表面的边线投影到草绘平面上，其投影方向垂直于绘图平面，在绘图平面上生成新的草图图线，具体操作如下。

进入某个面的草绘模式后，如图 2-112 左图所示，单击"操作"工具栏中的"投影"按钮 （或选择"插入" > "操作" > "3D 几何图形" > "投影 3D 元素"菜单），选中要进行"投影"的面（或线），然后在打开的"投影"对话框中单击"确定"按钮，如图 2-112 中图所示，即可在基准面上生成所选面的投影草图边线，如图 2-112 右图所示。

图 2-112 "投影"操作

提示

　　"投影"边线默认与原始边线相连（因此生成的投影边线默认无法移动或更改），当原始边线更新时，投影边线也将跟随更新。

　　要更新投影边线，可在选择投影线后选择"插入">"操作">"3D 几何图形">"隔离"菜单（或右击投影边线，选择"标记*.对象">"隔离"菜单），将其与原始边线隔离。

　　执行"投影"操作的过程中会打开"投影"对话框（见图 2-113 中图），此对话框中"要投影的元素"文本项用于设置投影对象，下面看一下其余两个选项——"近接元素"和"无规范曲线"的作用。

➤ "近接元素"：当有多条"投影"线生成时，用于选择一个"近接元素"（"近接元素"为一个对象，可以是点、面或实体），只生成靠近所选对象的"投影"线，如图 2-113 所示。此处如不选择"近接元素"，将生成两条线，如图 2-114 所示。

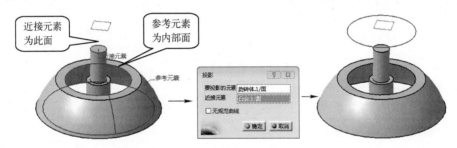

图 2-113　"近接元素"的作用

➤ "无规范曲线"：当取消勾选此复选框时，系统将对生成的投影线进行分析，并提取出圆、椭圆等规范曲线，如图 2-115 左图所示；如果勾选此复选框，将不分析生产的图线，此时的模型树如图 2-115 右图所示。

　　在"操作"工具栏中还有 3 个投影按钮，分别为"与 3D 元素相交" 、"投影 3D 轮廓曲线" 和"投影 3D 标准侧影轮廓边线" ，下面再看一下它们的作用。

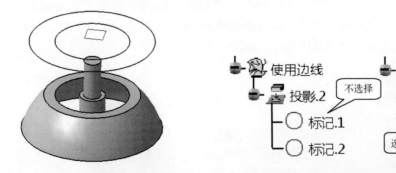

图 2-114　不使用"近接元素"的效果　　　　图 2-115　"无规范曲线"不选中和选中的区别

1. 与 3D 元素相交

　　"与 3D 元素相交"是绘制三维几何元素与草图平面交线的轮廓线的特征，操作时，单击"操作"工具栏中的"与 3D 元素相交"按钮 （或选择"插入">"操作">"3D 几何图形">

"与3D元素相交"菜单），选中"要相交的元素"（实体或面），在"相交"对话框中单击"确定"按钮，即可生成"与3D元素相交"图线，如图2-116所示。

图2-116 "与3D元素相交"特征操作

 提示

在执行"与3D元素相交"操作时，"相交"对话框（如图2-116所示）中选项的作用与图2-113中图所示"投影"对话框中的选项基本相同，此处不再赘述（此处"近接元素"的作用更加明显，读者不妨一试）。

2. 投影3D轮廓曲线

"投影3D轮廓曲线"是将几何体的轮廓线（垂直与当前草图方向上的最大轮廓曲线）投影到当前草图的特征。

单击"操作"工具栏中的"投影3D轮廓曲线"按钮（或选择"插入">"操作">"3D几何图形">"投影3D轮廓曲线"菜单），选中实体或面，即可生成"与3D元素相交"图线，如图2-117所示（此处使用"用户选择过滤器"菜单栏设置选择实体，如果选择模型后部的圆面，则将生成图2-118所示的投影线）。

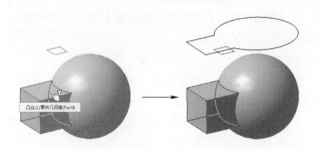

图2-117 "投影3D轮廓曲线"特征操作　　图2-118 "投影3D轮廓曲线"选择面效果

3. 投影3D标准侧影轮廓边线

"投影3D标准侧影轮廓边线"是将曲面的侧影线投影到当前草图的特征。该命令只对曲面有效，通过投影线上的点绘制一条垂直于草图面的线，该线与所选曲面相切。

单击"操作"工具栏中的"投影3D标准侧影轮廓边线"按钮（或选择"插入">"操作">"3D几何图形">"投影3D标准侧影轮廓边线"菜单），选中曲面，即可生成"投影3D标准侧影轮廓边线"图线，如图2-119所示。

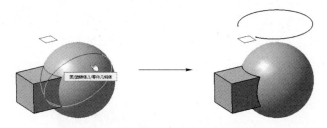

图 2-119 "投影 3D 轮廓曲线"特征操作

实例精讲——"扳手"草图绘制

本实例讲述扳手（见图 2-120）的绘制操作，以复习前面学习过的草图绘制实体和草图绘制工具的使用方法。

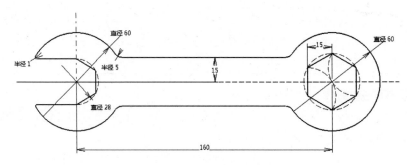

图 2-120 扳手草图截面

制作分析

本实例主要用到"圆""直线"和"点"等草图轮廓特征，以及"修剪""圆角"等草绘修改工具，还会用到将在下一节介绍的"尺寸约束"等方法（此部分内容不要求全部掌握），此草图的设计思路是 CATIA 中正确的绘图思路。

制作步骤

步骤 1 启动 CATIA，并新建一个"零件设计"文件，然后单击"草图编辑器"工具栏中的"草图"按钮，选择一个基准面进入草图绘制模式。

步骤 2 双击"轮廓"工具栏的"轴"按钮，绘制两条经过草图原点、垂直交叉的中心线，如图 2-121 所示。

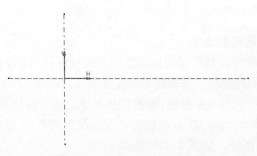

图 2-121 绘制两条中心线

步骤 3 按〈Esc〉键取消中心线绘制状态，并单击"轮廓"工具栏中的"圆"按钮，以草图原点为圆心，绘制一半径大约 30 的圆（尺寸无须太精确），如图 2-122 所示。

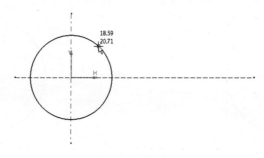

图 2-122 绘制圆

步骤 4 单击"约束"工具栏中的"约束"按钮，单击刚绘制的圆，并向右上方拖曳，在空白处单击，为圆标注尺寸约束，如图 2-123 左图所示；然后双击标注的尺寸约束弹出"约束定义"对话框，在此对话框中输入圆的直径为 60，单击"确定"按钮，设置圆的尺寸，如图 2-123 右图所示。

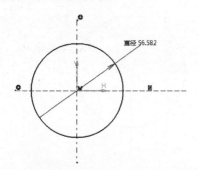

图 2-123 定义圆的尺寸

步骤 5 选中绘制的圆和添加的尺寸约束，单击"操作"工具栏中的"平移"按钮，打开"平移定义"对话框，勾选"保持内部约束"复选框，然后单击坐标原点，设置平移的距离为 160，再在横轴线右侧单击，带尺寸约束复制一个圆，如图 2-124 所示。

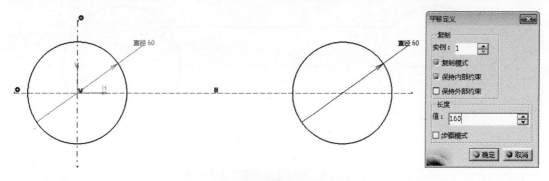

图 2-124 复制圆的操作

步骤 6 单击"约束"工具栏"接触约束"按钮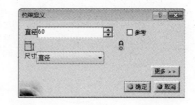，分别选中右侧圆的圆心和水平中心线，

添加相合约束，定义圆心与直线重合，如图 2-125 所示。

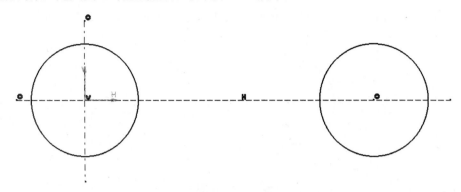

图 2-125　定义复制圆的几何约束

步骤 7 单击"约束"工具栏中的"约束"按钮，顺次选中两个圆的圆心，向下拖曳，并在空白处单击，添加这两个圆间的尺寸约束，如图 2-126 所示。

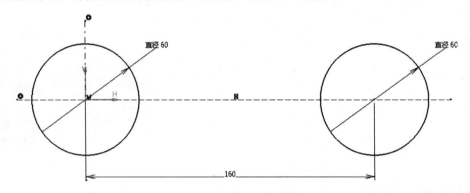

图 2-126　定义两圆之间的距离

步骤 8 单击"轮廓"工具栏中的"直线"按钮，绘制一条端点在两个圆上的水平直线，2-127 所示。

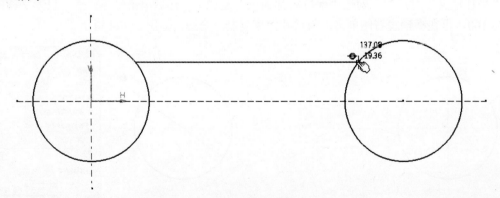

图 2-127　绘制连接两圆的水平直线

步骤 9 单击"约束"工具栏中的"约束"按钮，然后选中刚绘制的直线和水平中心线，设置其距离为 15，如图 2-128 所示。

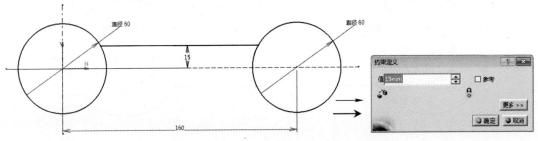

图 2-128　定义直线到水平中心线的距离

步骤 10　单击"操作"工具栏中的"镜像"按钮，然后选中刚绘制的水平直线为"要复制的元素"，选择水平中心线为"镜像线"，复制一条直线，如图 2-129 所示。

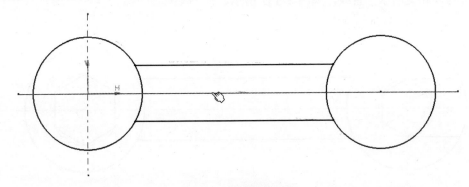

图 2-129　镜像直线操作

步骤 11　单击"轮廓"工具栏中的"多边形"按钮，以右侧圆的圆心为中心点，绘制一内切圆半径为 15 的正六边形（绘制完成后，单击"约束"工具栏中的"约束"按钮，为其添加约束），如图 2-130 所示。

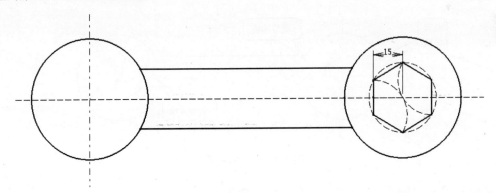

图 2-130　绘制六边形操作

步骤 12　同 步骤 11，单击"轮廓"工具栏中的"多边形"按钮，以左侧圆的圆心为中心点，以"外接圆"方式绘制一外接圆直径为 28 的正六边形，如图 2-131 所示。

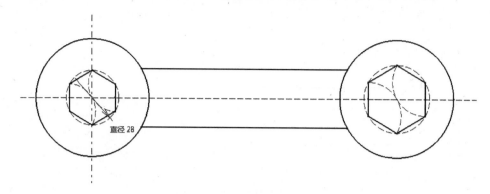

图 2-131　绘制左侧六边形操作

步骤 13 单击"轮廓"工具栏中的"直线"按钮 ，绘制两条经过左侧正六边形顶部和底部端点并与圆相交的水平直线，如图 2-132 所示。

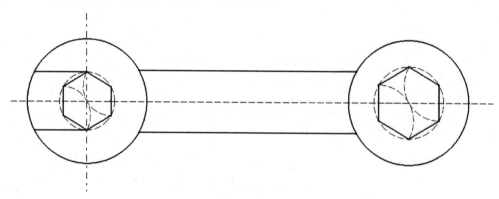

图 2-132　绘制水平直线

步骤 14 双击"操作"工具栏的"快速剪裁"按钮 ，单击图 2-133 所示区域，对图形进行修剪。

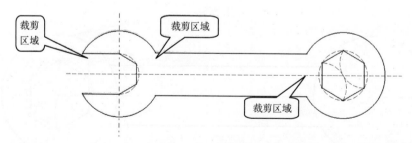

图 2-133　剪裁操作

步骤 15 单击"操作"工具栏中的绘制"圆角"按钮 ，设置圆角的半径为 5，对两个圆与水平直线相交的 4 个顶角执行圆角操作，如图 2-134 所示。

步骤 16 同 **步骤 15**，对扳手左侧的两个尖角进行圆角处理，圆角的半径为 1，如图 2-135 所示，完成扳手草图的绘制。

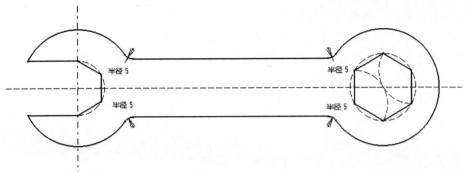

图 2-134　圆角操作 1

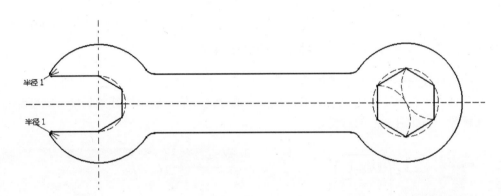

图 2-135　圆角操作 2

2.4　标注约束

上面介绍的绘制图线操作只是确定了截面图形的大体轮廓，并没有具体规范图线的长短，也没有规定各图形相互间的关系，图形很不精确。因此，必须通过标注各种尺寸约束来确定图形的具体长度、弧度等，通过添加各种几何约束来确定图形间是否具有垂直、平行等关系，以此来达到精确定义图形的目的。

2.4.1　标注尺寸约束

标注尺寸约束就是为截面图形标注长度、直径、弧度等尺寸（见图 2-136），通过标注尺寸，可以定义图形的大小。

在 CATIA 中，标注尺寸主要利用"约束"工具 来完成，可标注线性尺寸、角度尺寸、圆弧尺寸和圆的尺寸等，下面分别介绍其操作。

1．标注线性尺寸

线性尺寸分为平行尺寸、垂直尺寸和水平尺寸 3 种。单击"约束"工具栏中"约束"按钮 （或选择"插入"＞"约束"＞"约束创建"＞"约束"菜单），然后单击要标注的图

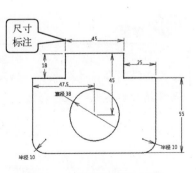

图 2-136　草图上的尺寸标注

线，移动鼠标并单击，可标注平行尺寸（图 2-137 左图）。

那么如何标注"垂直线性尺寸"和"水平线性尺寸"呢？实际上，只需在标注平行尺寸时（拖曳而未单击时）单击鼠标右键，从弹出的快捷菜单（见图 2-138）选择"水平测量方向"菜单项可标注水平尺寸，选择"竖直测量方向"菜单项可标注垂直尺寸，效果分别如图 2-137 中图和右图所示。

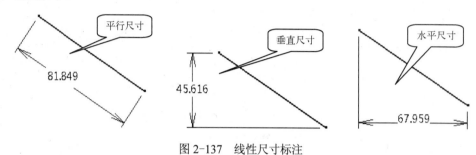

图 2-137　线性尺寸标注

尺寸约束标注完毕后，双击添加的标注，可打开"约束定义"对话框，如图 2-139 所示，通过此对话框，可精确定义约束的数值，从而可通过此"值"规范图线的长度、高度和宽度等。下面解释一下此对话框的意义。

图 2-138　标注过程中的右键菜单

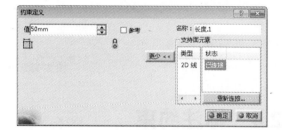

图 2-139　"约束定义"对话框

- ➢ "值"文本框：输入一个值，并单击"确定"按钮，定义尺寸约束的值。
- ➢ "参考"复选框：勾选此复选框后，可将尺寸定义为"参考"类型（参考约束的值带括号，如图 2-140 所示）；否则尺寸类型为"约束"。约束类型的尺寸具有驱动作用，可将图线完全约束（即在各个方向都无法移动或改变形状），而参考类型的尺寸约束不具有驱动作用，不可设置值，只是显示图线的长度等值。

 提示

　　当图线被完全约束后，所有线条都将变成绿色，如再添加一个约束，部分线条将变成紫色，说明存在过约束了，如果将紫色的约束定义为参考约束，则所有图线将恢复绿色，而带括号的参考约束则会随其他约束的变化而变化。

- ➢ "名称"文本框：通过此对话框可为约束命名，命名的约束可在公式和函数中等被引用。
- ➢ "交通信号灯"：共有四种状态，"已验证"状态 表示正常约束，跟其他约束无冲突；"无法实现"状态 表示此约束无法实现；"未更新"状态 表示此约束与其他约束有冲突；"已断开"状态 🔒 表示此约束与参考元素断开。

➢ "重新连接"按钮：在支持面元素左侧框中选中一个约束的支持面元素后，此按钮可用，单击后重新选择支持面元素，可重新定义约束的支持面。在线性尺寸中重定义约束的支持面，实际上就是将当前约束重定义给新的图形对象，效果如图 2-141 所示（此处，双击 200 的尺寸后，单击"重新连接"按钮，然后选择竖向的尺寸即可实现此效果）。

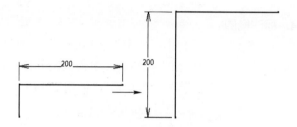

图 2-140　"参考"尺寸　　　　　　图 2-141　"重新连接"操作效果

2. 标注角度尺寸

单击"约束"工具栏中"约束"按钮 ，用鼠标分别单击需标注角度尺寸的两条直线，移动鼠标并在适当位置单击，即可标注角度尺寸，如图 2-142 所示。

知识库

　　在标注角度尺寸时，移动鼠标指针至不同的位置，可得到不同的标注形式。此外，双击角度尺寸，打开"约束定义"对话框，可在"角扇形"下拉列表框中选择更改角度的扇形形式，如图 2-142 所示。

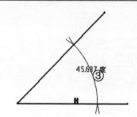
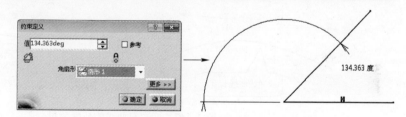

图 2-142　标注"角度尺寸"　　　　　　图 2-143　修改"角度尺寸"

3. 圆的尺寸标注

单击"约束"工具栏中"约束"按钮 ，单击圆并移动鼠标，再次单击，确定尺寸标注的放置位置，即可标注圆的直径，如图 2-144 所示。

知识库

　　双击"直径标注"，可在打开的"约束定义"对话框中，将"直径标注"改为"半径标注"形式，如图 2-145 所示。

图 2-144　标注圆的直径尺寸

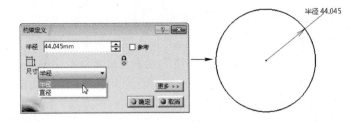

图 2-145　将圆的直径尺寸修改为半径尺寸

4. 标注椭圆

单击"约束"工具栏中"约束"按钮，单击椭圆并移动鼠标，再次单击，可标注椭圆的"半长轴"；单击"约束"按钮，单击椭圆并移动鼠标，右击选择"半短轴"，再在合适的位置单击，可标注椭圆的"半短轴"，如图 2-146 所示。

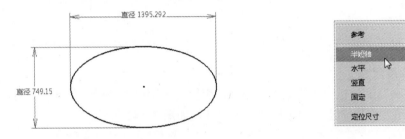

图 2-146　标注椭圆的长轴和短轴及标注过程的右击鼠标菜单

5. 标注双曲线长度

单击"约束"工具栏中"约束"按钮，单击双曲线，移动鼠标并再次单击，可标注双曲线的线长（非两点距离），如图 2-147 所示。

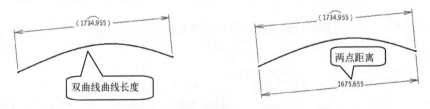

图 2-147　标注双曲线的长度效果

2.4.2　标注几何约束

几何约束是指各几何元素或几何元素与基准面、轴线、边线或端点之间的相对位置关系。例如，两条直线平行或垂直、两圆相切或同心等均是两元素间的几何约束关系。在 CATIA 中，可自动添加几何约束，也可手动添加几何约束，下面分别介绍其操作。

1. 自动添加几何约束

自动添加几何约束是指在绘图过程中，系统根据几何元素的相关位置，自动赋予几何意义，不需另行添加几何约束。例如，在绘制竖直直线时，系统会自动添加"竖直"几何关系**V**，如图 2-148 所示。

可选择"工具">"选项"菜单，打开"选项"对话框，如图2-149所示，在左侧"选项"列表中选择"选项">"机械设计">"草图编辑"选项，在右侧勾选或取消勾选"创建几何约束"复选框，可设置在绘制图形时，系统是否自动添加几何约束。

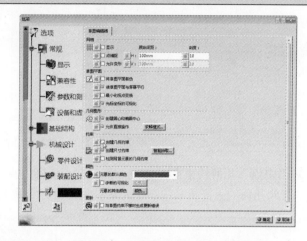

图2-148　带有"竖直"几何约束的直线　　　图2-149　设置是否自动添加几何约束

2. 手动添加几何约束

手动添加几何关系是指用户根据模型设计的需要，手动设置图形元素间的几何约束关系，如一个圆和一条直线，可以通过如下操作令其相切。

单击选中直线，然后单击"约束"工具栏中的"对话框中定义的约束"按钮（或选择"插入">"约束">"约束"菜单），打开"约束定义"对话框，勾选"目标元素"复选框，然后选中"圆"，再在"约束定义"对话框中勾选"相切"复选框，单击"确定"按钮，即可令直线和圆相切，如图2-150所示。

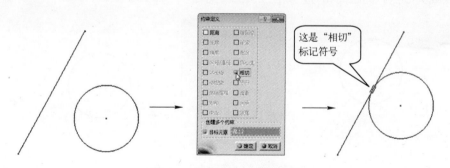

图2-150　添加相切几何约束

上面是为图线添加几何约束的主要操作方式。此方式除了添加几何约束外，还可以添加"距离""长度""角度""半径/直径""半长轴""半短轴"和"曲线距离"7种尺寸约束。操作时，选中相应的线，然后勾选可用的尺寸标注复选框即可进行相应标注（其中，"距离"和"角度"需要将第2条图线设置为"目标元素"，其余5种无须设置）。

此外，通过如图2-150中图所示"约束定义"对话框，还可以设置其他10种（除了上面

"相切"约束）几何约束，下面分别解释一下添加这些约束的意义和操作方法。

> "对称"几何约束∰：使两条图线关于一个轴线对称，如图 2-151 所示（操作时，需要顺序选中图线，先选择两侧的标准元素，再选择轴线）。

图 2-151　添加"对称"几何约束

> "中点"几何约束⤝：使点（点、端点或圆心点）位于线段的中点，如图 2-152 所示（此几何约束需将其中一个元素设置为目标元素）。

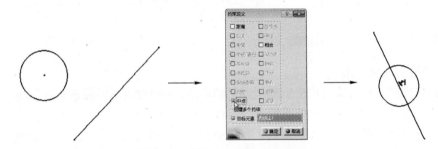

图 2-152　添加"中点"几何约束

> "等距点"几何约束⤝：使空间中的两点（点、端点或圆心点），与另外一点（点、端点或圆心点）的距离相等，如图 2-153 所示。

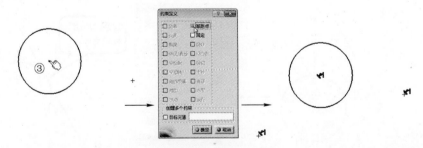

图 2-153　添加"等距点"几何约束

> "固定"几何约束⚓：令选中的几何体位置完全固定，不可移动（此约束无须设置目标元素）。
> "相合"几何约束⊕：令选中的元素重合，如图 2-154 所示。
> "同心度"几何约束◎：令圆、圆弧、椭圆和椭圆弧的圆心在同一个位置，如图 2-155所示。

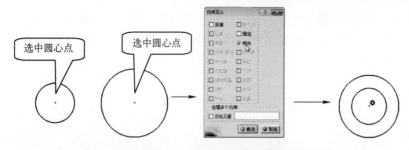

图 2-154　添加"相合"几何约束

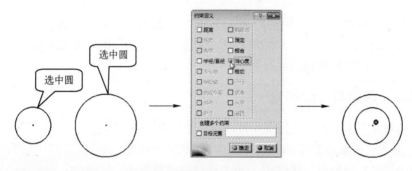

图 2-155　添加"同心度"几何约束

➤ "平行"几何约束├┤├：使两条或两条以上的直线与一条直线或一个实体边缘线互相平行，如图 2-156 所示。

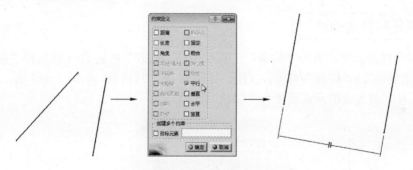

图 2-156　添加"平行"几何约束

➤ "垂直"几何约束└┐：令选择的元素相互之间垂直，如图 2-157 所示。

图 2-157　添加"垂直"几何约束

➤ "水平"几何约束**H**：可令选择的对象水平放置，如图 2-158 所示。

➤ "竖直"几何约束**V**：使选取的对象以竖直方向放置，如图 2-159 所示。

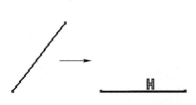

图 2-158　添加"水平"几何约束

图 2-159　添加"竖直"几何约束

此外，单击"约束"工具栏中的"接触约束"按钮 (或选择"插入" > "约束" > "约束创建" > "接触约束"菜单)，然后选择两个元素，可为选择的两个元素添加接触类型的几何约束，如相合、同心和相切几何约束。

2.4.3　显示、隐藏与删除约束

单击"可视化"工具栏（见图 2-160）中的"尺寸约束"按钮 ，可显示或隐藏草图中的"尺寸约束"；单击"可视化"工具栏中的"几何约束"按钮 ，可显示或隐藏草图中的"几何约束"。

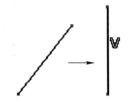

显示出约束后，选中约束标记，再按〈Delete〉键即可将其删除（右击"约束"标记，选择"删除"菜单项）。

图 2-160　"可视化"工具栏

2.4.4　固联和自动约束

选中多个图形元素，单击"约束"工具栏中的"固联"按钮 (或选择"插入" > "约束" > "约束创建" > "固联"菜单)，打开"固联定义"对话框，如图 2-161 所示，单击"确定"按钮，即可将选定的元素设置为"固联"关系。

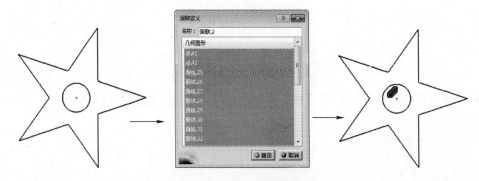

图 2-161　添加"固联"操作

一个"固联"内的所有元素都不可调整（只可删除或添加元素），但可以整体移动（类似于 AutoCAD 的块功能）。如何取消固联呢？同所有约束一样，选中"固联"约束标记 即可将其删除。

为了快速添加多个约束，也可以使用 CATIA 的"自动约束"功能。此时，可框选要添加

约束的图形元素，然后单击"约束"工具栏中的"自动约束"按钮（或选择"插入">"约束">"约束创建">"自动约束"菜单），打开"自动约束"对话框，如图 2-162 所示，单击"确定"按钮，即可自动选择"约束"添加给选定的元素。

图 2-162　添加"自动约束"操作

下面解释一下图 2-162 中图所示"自动约束"对话框中各选项的意义：

➢ "要约束的元素"下拉列表框：用于选择要创建约束的元素，可选择多个图元。
➢ "参考元素"下拉列表框：用于选择创建的元素的参考元素。参考元素只作为参照使用，不会被添加单独的约束，如图 2-163 所示（左侧"直线"为参考元素）。

图 2-163　添加带参照元素的"自动约束"操作

➢ "对称线"下拉列表框：用于选择具有对称结构的图形的对称线。当要添加自动约束的图形是对称图形，并已经添加了"对称"约束时，此选项才起作用。操作时，先选择要约束的元素（其中也可以包含不对称的图形），然后选择对称线，可自动标注不标注对称的图形（即选择对称线后，将只标注对称图形一侧的标注），如图 2-164 所示。

图 2-164　添加带对称线的"自动约束"操作

➤ "约束模式"下拉列表框：共有"链式"和"堆叠式"两个选项，在选择"参考元素"时可用，如图 2-163 中图所示。其中"链式"用于设置要添加约束的元素与参照之间以链的形式显示尺寸，如图 2-165 左图所示（选择左侧线为参考元素）；而"堆叠"则是使要添加约束的元素与参照之间以堆叠的形式显示尺寸，如图 2-165 右图所示（选择左侧线为参考元素）。

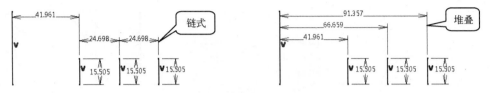

图 2-165 "链式"和"堆叠"自动约束效果

2.4.5 对约束应用动画

选中某个约束，然后单击"约束"工具栏中的"对约束应用动画"按钮（或选择"插入">"约束">"对约束应用动画"菜单），打开"对约束应用动画"对话框，设置"第一个值"，再设置"最后一个值"（"步骤数"保持默认设置），然后单击"运行动画"按钮，即可观看由于某个尺寸约束的值发生变化而产生的约束动画，如图 2-166 所示。

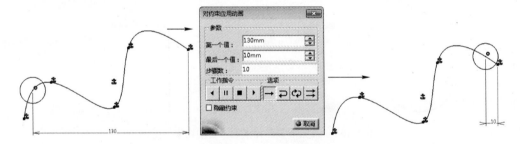

图 2-166 对约束应用动画操作

这里简单解释一下"对约束应用动画"对话框中各选项的意义：
➤ "第一个值"是动画播放时，所选中的尺寸约束的起始值。
➤ "最后一个值"是所选尺寸约束的最后一个值。
➤ "步骤数"相当于完成这个动画需要的帧数，"步骤数"越多，动画越细致，播放越慢。
➤ "工作指令"和"选项"中的按钮与常用的音乐播放器上的按钮类似，此处不再赘述。
➤ 若勾选"隐藏约束"复选框，可在播放动画时隐藏所有约束。

2.4.6 编辑多重约束

单击"约束"工具栏中的"编辑多重约束"按钮（或选择"插入">"约束">"编辑多重约束"菜单），打开"编辑多重约束"对话框，通过此对话框，可以以列表的形式修改当前草图中的所有尺寸约束的值，并为尺寸约束添加公差，如图 2-167 所示。

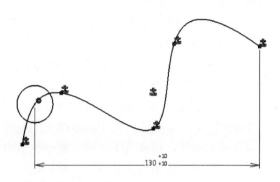

图 2-167 "编辑多重约束"操作

要为草图中的尺寸约束添加公差值,可在创建工程图时直接在工程图中引用。此外,如果当前草图中没有任何尺寸约束,那么单击"编辑多重约束"按钮时将不弹出"编辑多重约束"对话框。

2.4.7 草图求解状态

单击"工具"工具栏中的"草图求解状态"按钮 ,可打开"草图求解状态"对话框,在对话框中将显示当前草图的状态,如图 2-168 所示,如果显示为"不充分约束",则说明当前草图中有未充分约束的线,并会以不同颜色显示未充分约束的线。

图 2-168 "草图求解状态"的检测效果

共有 3 种草图状态,分别为:"未充分约束",说明有的草图元素还是可以移动的;"等约束",说明草图正好完全约束了;"过分约束",说明添加的约束多了,有冲突,需要删除多余的约束。

单击"草图求解状态"对话框中的"草图分析"按钮 ,可打开"草图分析"对话框,通过此对话框,可对当前草图进行更多的检查和分析,并执行相应的操作,其具体作用可见下一小节的解释。

此外,这里解释一下"工具"工具栏中前 6 个按钮的作用:
➤ "创建基准"按钮 :单击此按钮后,在创建以实体为基础的元素(如 2.3.9 节讲述的投影线）时，所创建的元素将与实体自动切断链接关系（相当于执行了"隔离"操作，双击此按钮，将一直处于"基准模式"，单击此按钮，在执行一次"投影"操作后，将停用"基准模式"）。

➤ "仅当前几何体"按钮：当选择"插入" > "几何体"菜单，为模型插入了多个几何体时，若在当前几何体中绘制草图的过程中单击此按钮，将隐藏其他几何体（其目的是使其他几何体不影响本几何体中草图的绘制）。

➤ "输出特征"按钮：用于将草图中的图线输出到 3D 空间（如建模空间）中，并独立于当前草图，可在 3D 空间中被单独引用。如在草图中绘制一个圆和一个椭圆，然后选中椭圆，再单击此按钮，将椭圆设置为输出特征，那么就可以创建针对此圆和椭圆的拉伸特征，如图 2-169 所示。

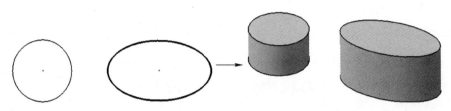

图 2-169 "输出特征"的作用

可将"输出特征"的功能理解为：将一个草图分解为多个草图使用，但又可在一个草图中对这些草图元素进行编辑。

➤ "3D 轴"按钮：单击此按钮后，选择草图中的点，可创建通过此点并垂直于当前草图的 3D 轴（实际上，就是在 2D 草图中创建 3D 空间中轴的一项功能），如图 2-170 所示。

➤ "3D 平面"按钮：单击此按钮后，选择一条或多条直线，可创建经过直线并垂直于当前草图平面的基准面（即在 2D 空间创建 3D 面），如图 2-171 所示。

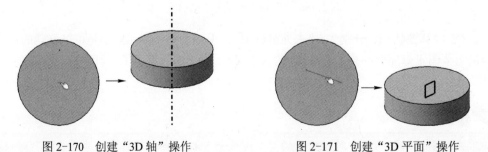

图 2-170 创建"3D 轴"操作　　　　图 2-171 创建"3D 平面"操作

➤ "轮廓特征"按钮：与输出特征类似，此按钮用于将 2D 草图空间中的图线组输出到 3D 空间中，并可以被单独使用。单击此按钮后，打开"轮廓定义"对话框（见图 2-172），选择要作为"轮廓特征"的图线，即可以将其输出为"轮廓特征"（然后可使用轮廓特征创建"拉伸"特征等）。

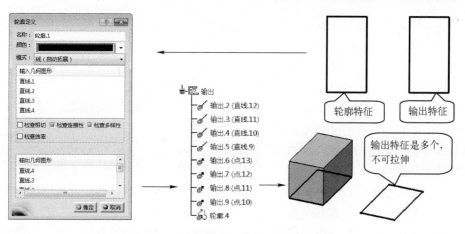

图 2-172 创建"轮廓特征"并进行拉伸

 提示

"轮廓特征"与"输出特征"的区别在于,一个"输出特征"只能包含一个图形元素,当选择多个图形元素创建"输出特征"时,每个图形元素都将作为一个单独的"输出特征",如图 2-172 中图所示;而"轮廓特征"则可以包含多条图线,并将其作为整体供在 3D 空间中被使用。

2.4.8 草图分析

单击"工具"工具栏中的"草图分析"按钮 (或选择"工具">"草图分析"菜单),可打开"草图分析"对话框,如图 2-173 所示,通过此对话框,可对草图进行分析,并执行相应的修改操作,下面解释一下此对话框中各按钮的作用。

1."几何图形"选项卡

"几何图形"选项卡(见图 2-173 左图)中以列表的形式显示出当前草图中的所有几何元素的详细信息(构造元素除外),并可在几何元素列表中选中某条图线,使用列表下方的按钮对图线进行相应的处理。下面详细解释一下此界面。

➤ "一般状态"文本框:显示全局分析多个元素的结果。

➤ "详细信息"列表框:显示每个元素的状态和注释(选中列表中的项,可通过下面的相关按钮对其进行操作)。

➤ "在构造模式中进行设置"按钮 :将所选图线设置构造元素。

➤ "关闭开放轮廓"按钮 :关闭开放性轮廓,如圆弧、开放的样条曲线等。

➤ "删除几何图形"按钮 :删除选中的几何元素。

➤ "隐藏约束"按钮 :隐藏草图上的所有约束。

➤ "隐藏构造几何图形"按钮 :隐藏草图中的构造图形。

2."使用边线"选项卡

"使用边线"选项卡(见图 2-173 中图),用于显示投影图形元素的状态,并对其进行操作,其各个选项的作用如下。

- "详细信息"列表：以列表的形式显示投影图形元素（选中列表中的项，可通过下面的相关按钮对其进行操作）。
- "隔离几何图形"按钮 ⚡：切断投影图线与 3D 实体的链接关系。
- "激活/取消激活"按钮 ⊙：激活或取消激活选中的投影线。
- "替换 3D 几何图形"按钮 ⚡：单击此按钮后，重新选择"要投影的元素"（如投影实体），可使用选中的投影元素重新生成投影图线。

其他 3 个按钮的作用同"几何图形"选项卡。

3."诊断"选项卡

"使用边线"选项卡（见图 2-173 右图），用于显示所有元素（包括几何图线、约束等）的状态，并对其进行操作，其各个选项的作用如下。

- "正在解析状态"文本框：同"2.4.7 草图求解状态"中的解释，反映当前草图的约束状态。
- "详细信息"列表：分析草图的每个元素，显示其约束详细状态。

下部 3 个按钮的作用同"几何图形"选项卡。

图 2-173 "草图分析"对话框

实例精讲——"手柄"草图绘制

下边绘制一个手柄草图，并标注尺寸，如图 2-174 所示，以熟悉本章所学的知识。

制作分析

本实例在绘制的过程中，首先使用中心线、直线、圆和圆弧等实体绘制工具，结合镜像实体和修剪工具，通过添加几何关系绘制出草图的大体曲线轮廓，然后给草图的各个组成部分添加尺寸标注，得到最终的理想模型。

制作步骤

步骤 1 单击"草图编辑器"工具栏中的"草图"按钮 ⬚，并选择一基准面进入草图绘制模式。单击"轮廓"工具栏中的"轴"按钮 ┆，在绘图区中绘制一条过坐标原点的水平中心线，如图 2-175 所示。

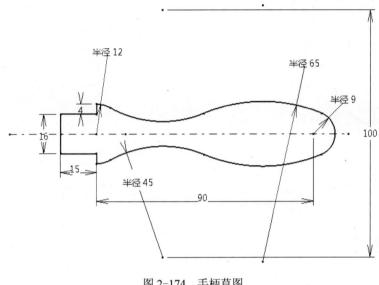

图 2-174 手柄草图

图 2-175 水平中心线

步骤 2 双击"轮廓"工具栏中的"直线"按钮，以中心线上的一点为直线的起点，连续绘制图 2-176 所示的折线。

图 2-176 绘制折线

步骤 3 框选绘制的折线，选取图中需要镜像的图线，单击"操作"工具栏中的"镜像"按钮，选择中心线，生成图 2-177 所示的对称图形。

图 2-177 以镜像方式完成图形左部直线绘制

步骤 4 单击"轮廓"工具栏中的"起始受限的三点弧"按钮 ⊙，然后单击直线的两个端点，并在适当位置单击另一点，绘制一个半圆弧，如图 2-178 所示。

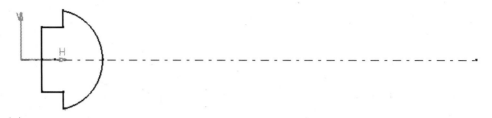

图 2-178　以"三点圆"方式绘制圆弧

步骤 5 单击"轮廓"工具栏中的"圆"按钮 ⊙，然后在水平中心线的右部单击，令圆位于水平中心线上，绘制一个圆，如图 2-179 所示。

图 2-179　绘制圆

步骤 6 单击"轮廓"工具栏中的"圆"按钮 ⊙，按图 2-180 所示绘制两个圆，在绘制时注意令新绘制的"圆"与相应的圆或圆弧相切。

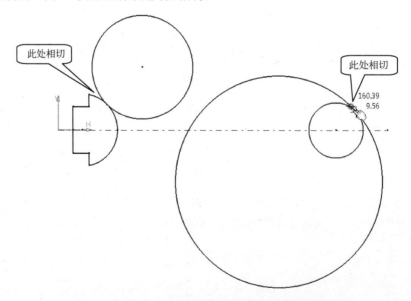

图 2-180　绘制两个"圆"并令其与相关圆或圆弧相切

步骤 7 先选择 **步骤 6** 中绘制的一个圆，单击"约束"工具栏中的"对话框中定义的约束"按钮 ，打开"约束定义"对话框，勾选"目标元素"复选框，然后选中 **步骤 6** 绘制的另一个圆，勾选"相切"复选框，令两个圆弧相切，如图2-181所示。

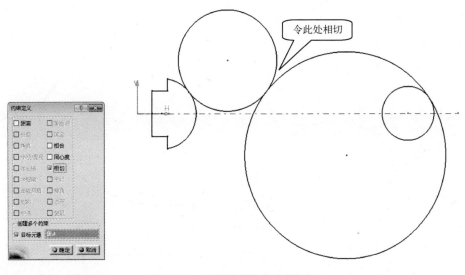

图 2-181　令新绘制的两个圆相切

步骤 8　双击"操作"工具栏中的"快速剪裁"按钮，单击需要修剪的曲线部分，得到图形的初步效果，如图2-182所示。

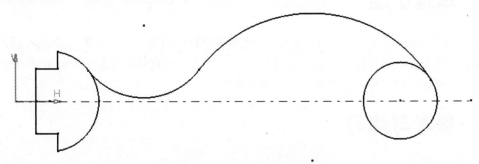

图 2-182　修剪部分曲线后的效果

步骤 9　选取修剪后剩下的两段圆弧及中心线，单击"操作"工具栏中的"镜像"按钮，得到图2-183所示的图形。

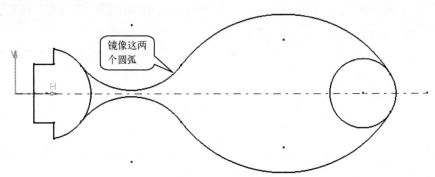

图 2-183　镜像相关曲线

步骤 10 双击"操作"工具栏中的"快速剪裁"按钮 ，将图形中不必要的部分删除，效果如图 2-184 所示。

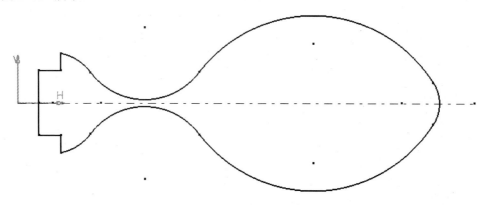

图 2-184　修剪部分曲线

步骤 11 最后单击"约束"工具栏中的"约束"按钮 ，按照图 2-174 所示的值添加尺寸标注（添加时为了防止图形自动调整而出现不可恢复的错误，可对图形进行适当的调整），即可得到最终的理想草绘图形。

2.5　本章小结

熟练准确地绘制出草图，是使用 CATIA 进行模型设计的第一步。本章主要介绍了绘制草图图线、对草图图线进行修改，以及进行标注尺寸约束和设置草图元素几何约束的方法。其中尺寸约束和几何约束是本章的难点，应重点掌握。

2.6　思考与练习

一、填空题

（1）草图指的是一个平面轮廓，用于定义特征的_____、_____和_____等。

（2）草图工具栏提供了草图绘制所用到的大多数工具，并且进行了分类，包括_____工具、_____工具、_____工具和_____工具。

（3）绘制草图轮廓是指直接绘制_____的操作，如绘制直线、多边形、圆和圆弧、椭圆和椭圆弧等。

（4）_____也称为"构造线"，主要起参考轴的作用，通常用于生成对称的草图特征或旋转特征。

（5）在 CATIA 中绘制圆弧主要有_____、_____和_____三种方法。

（6）_____是在平面内到一个定点和一条定直线距离相等的点的轨迹，它是圆锥曲线的一种。

（7）利用_____工具可以按设置的方向，间隔一定的距离复制出对象的副本。

（8）使用_____工具可将现有草图或实体模型某一表面的边线投影到草绘平面上，其投影方向垂直于绘图平面，在绘图平面上生成新的草图实体。

（9）双曲线的绘制与抛物线类似，抛物线需要确定 4 个点（焦点、顶点、起点和终止点）完成绘制，而双曲线需要确定 5 个点（依次为_____、_____、_____、起点和终止点）。

（10）使用_____工具，可以将直线、圆弧或自由曲线的端点进行修剪或延伸。

（11）共有 3 种草图求解状态，分别为_____、_____和_____。

（12）标注尺寸约束就是为截面图形标注长度、直径、弧度等尺寸，通过标注尺寸，可以_____。

二、问答题

（1）CATIA 中，有哪 3 种进入"草图编辑器"空间的方法？试简述其操作。

（2）应使用哪个命令绘制"平行四边形"？试简述其操作。

（3）解释"投影 3D 轮廓曲线"功能的作用？

（4）阵列图线时应使用哪个命令？具体如何操作？

（5）什么是几何约束？为什么要使用几何约束？

三、操作题

（1）尝试绘制一个五角星（推荐先绘制"多边形"，然后使用"直线"工具绘制）。

（2）试绘制图 2-185 所示的草绘图形，并为其标注尺寸。

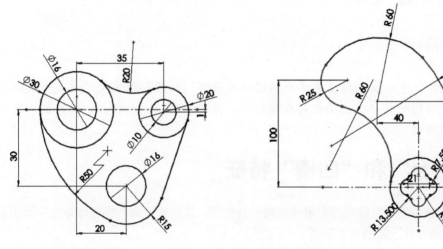

图 2-185　需绘制的草绘图形

第 3 章 基于草图的特征

 本章要点

- 📖 "凸台"和"凹槽"特征
- 📖 "旋转体"和"旋转槽"特征
- 📖 "孔"特征
- 📖 "肋"和"开槽"特征
- 📖 "实体混合"和"筋"特征
- 📖 "多截面实体"特征

 学习目标

在零件的特征中，我们将首先需要草绘截面图形，然后按照一定的方式生成的三维模型称为基于草图的特征，主要包括凸台特征、旋转体特征、孔特征、肋特征、筋特征和多截面实体特征。

3.1 "凸台"和"凹槽"特征

"凸台"特征是生成三维模型时最常用的一种特征，其原理是将一个二维草绘平面图形拉伸一段距离形成特征，如图 3-1 所示。

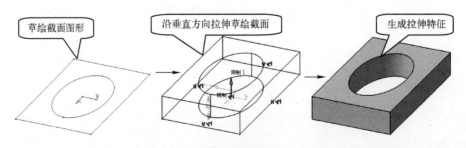

图 3-1　拉伸特征生成过程示意图

"凸台"特征主要包括拉伸凸台、拉伸薄壁、切除拉伸和拉伸曲面四种类型（见图 3-2），其中拉伸凸台、薄壁可通过"凸台"按钮🗗创建，切除拉伸可通过"凹槽"按钮⊡创建，拉伸曲面可通过曲面中的"拉伸"按钮⬓创建。

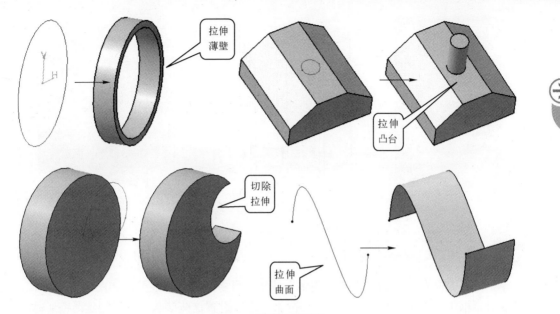

图 3-2　四种拉伸类型

本章仅讲述使用"凸台"按钮和"凹槽"按钮创建"凸台"特征的方法，对于"拉伸"曲面操作，将在后面第 6 章讲述其操作。

3.1.1 "凸台"的操作过程

步骤 1 首先选择"开始">"机械设计">"零件设计"菜单，并在打开的"新建零件"对话框中取消勾选"创建几何图形集"和"创建有序几何图形集"复选框，如图 3-3 所示，单击"确定"按钮，进入"零件设计"操作空间。

步骤 2 单击"草图编辑器"工具栏中的"草图"按钮，在左侧模型树中选择"xy 平面"选项，进入"草图编辑器"空间，然后按照第 2 章的讲解，绘制图 3-4 所示的草绘图形（六角星，尺寸此处不做要求），并退出"草图编辑器"空间。

图 3-3　"新建零件"对话框

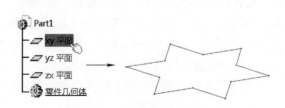

图 3-4　进入草图并绘制六角星

步骤 3 单击"基于草图的特征"工具栏中的"凸台"按钮（或选择"插入">"基于草图的特征">"凸台"菜单），选择刚绘制的草图，在打开的"定义凸台"对话框中，为凸台设置适当的长度，然后单击"确定"按钮，即可创建凸台，如图 3-5 所示。

"定义凸台"对话框中的选项较多，可详见下一小节的解释。

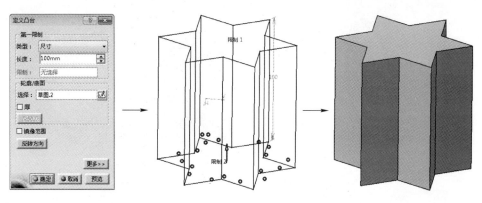

图 3-5　创建"凸台"特征

3.1.2 "凸台"的参数设置

单击"定义凸台"对话框中的"更多"按钮，可将此对话框展开，如图 3-6 所示，可以发现此对话框中有很多参数可以设置。实际上，通过设置这些参数，可以创建薄壁（薄凸台）等凸台特征，并可按要求设置拉伸方向、距离和拉伸的终止方式等，下面分别介绍。

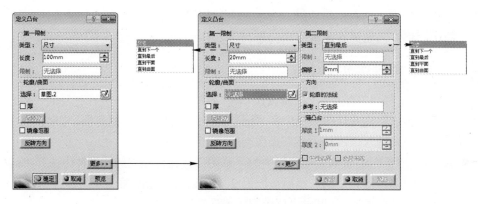

图 3-6　"定义凸台"对话框的展开效果

1. "第一限制"选项组和"第二限制"选项组

此选项组可使用多种方式定义轮廓线在垂直于轮廓曲线（垂直于轮廓所在草图的平面）方向上的拉伸深度。其中"第一限制"定义轮廓线拉伸的正方向，"第二限制"定义轮廓线拉伸的反方向，即轮廓线可向两个方向拉伸。

➢ "类型"下拉列表框：用于选择凸台的拉伸类型，共有 5 种类型，如图 3-6 右图所示，下面解释一下各种类型的意义如图 3-7 所示。

- "尺寸"选项：表示定义拉伸长度定义凸台。
- "直到下一个"选项：表示拉伸到第一个相接触的实体零件。
- "直到最后"选项：表示拉伸到最后一个相接触的实体零件。
- "直到平面"选项：表示拉伸到选定的平面为止（所选平面可以是坐标平面，也可以是实体零件的平面）。
- "直到曲面"选项：表示拉伸到曲面，可以是曲面，也可以是实体零件的曲面。

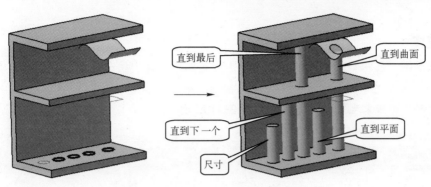

图 3-7 不同凸台"类型"的作用

- ➤ "长度"微调框：定义凸台拉伸的长度，仅在拉伸"类型"为"尺寸"时可用。
- ➤ "限制"文本框：当拉伸类型为"直到平面"和"直到曲面"时可用，用于选择定义要拉伸到的平面或曲面。
- ➤ "偏移"微调框：当拉伸类型为"直到下一个"和"直到最后"时可用，用于定义拉伸凸台超出指定位置的长度。

知识库

如果选择设置了"直到平面"和"直到曲面"类型，那么可右击"限制"文本框，在弹出的快捷菜单中选择已有的基准面为要使用的面，或选择"创建平面"菜单，创建新的平面供选择使用。

2. "轮廓/曲面"选项组

"轮廓/曲面"选项组用于定义要拉伸的轮廓、拉伸方式和定义拉伸侧等，下面看一下各选项的意义。

- ➤ "选择"选择框：用于选择要拉伸的轮廓线（或面）。如果选择的轮廓线闭合，那么可以拉伸出凸台或薄壁，如图 3-8 所示；如果轮廓线不闭合，那么将只能拉伸出薄壁，如图 3-9 所示。此外，所选的轮廓线不能自相交，否则无法拉伸，如图 3-10 所示。

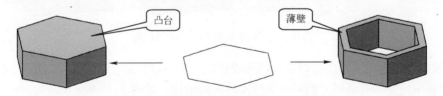

图 3-8 使用闭合轮廓拉伸出凸台或薄壁

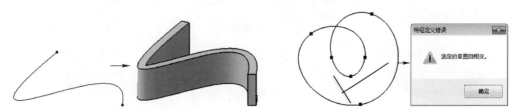

图 3-9 使用不闭合的轮廓拉伸出薄壁 　　　　图 3-10 自相交轮廓无法拉伸

右键单击"选择"选择框，在弹出的快捷菜单中选择"转至轮廓定义"菜单项，打开"定义轮廓"对话框，选择"子元素"单选按钮，然后在草图中选择草图图线，可以定义选用草图的部分图线来生成拉伸特征，如图 3-11 所示。

图 3-11　选用草图的部分图线来生成拉伸特征

在如图 3-11 左图所示的"选择"选择框右键菜单中，部分选项的意义如下。

"重新构造"选项：重新生成当前草图的显示。

"其他选择..."选项：打开"其他选择"对话框，可从对话框的模型树中查看所选草图的路径信息。

"编辑草图"选项：用于对选择的草图进行编辑。

"创建草图"选项：选择此项后，可选择平面创建草图。

"创建填充"和"创建接合"选项：是指使用曲面中的这两个命令创建曲面，然后对曲面进行拉伸，如图 3-12 所示；

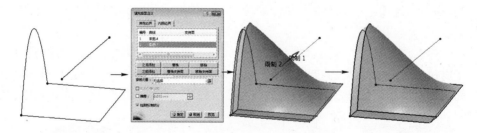

图 3-12　"创建填充"菜单项的作用

"创建提取"选项：是指提取实体的面或边线，然后对其执行拉伸操作。选择该选项后，将弹出"提取定义"对话框，然后可选择实体面或边线，如图 3-13 所示。

图 3-13　"创建提取"菜单项的作用

➢ "厚"复选框：勾选此复选框后，通过"薄凸台"选项组设置薄壁的内外厚度，可创建薄壁实体特征，如图3-14所示。

图3-14　"厚"复选框的作用

➢ "反转边"按钮：适用于开放性轮廓曲线，用于设置在轮廓的哪一侧执行拉伸操作，如图3-15所示。

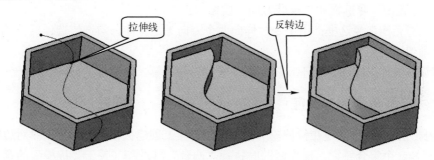

图3-15　单击"反转边"按钮的效果

3. "方向"选项组

用于定义拉伸的方向。

➢ "轮廓的法线"复选框：勾选该复选框，表示以草图的法线方向作为草图的拉伸方向，系统默认勾选该复选框。

➢ "参考"选择框：用于选择参照来定义拉伸的方向，所选参照可以是直线、边线、轴线和平面等，如图3-16所示。此外，右击此选择框，可通过右键菜单选择系统轴向，以及创建直线、平面等来定义拉伸的方向，如图3-17所示。

图3-16　拉伸方向"参考"的作用

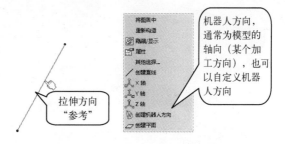

图3-17　"参考"选择框的右键菜单

4．"薄凸台"选项组

当在"选择/轮廓"选项组中勾选"厚"复选框时，该选项组可用。用于设置薄壁拉伸的方式和厚度等信息。

➢ "厚度1"和"厚度2"文本框：用于定义拉伸薄壁两侧的厚度，如图3-18所示。

➢ "中性边界"复选框：用于设置在轮廓两侧等厚度拉伸，从而形成薄壁。

➢ "合并末端"复选框：将拉伸薄壁，修剪到现有材料，如图3-19所示。

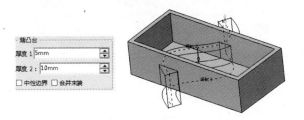 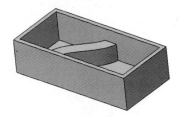

图 3-18　设置厚度的薄壁特征操作和预览　　　　图 3-19　勾选"合并末端"复选框的效果

5．"镜像范围"复选框和"反转方向"按钮

➢ "镜像范围"复选框：用于令拉伸向两个方向等距延伸。勾选该选项后，"第二限制"选项组不可用。

➢ "反转方向"按钮：用于反转"第一限制"和"第二限制"的方向。

3.1.3 "拔模圆角凸台"特征

"拔模圆角凸台"特征是在拉伸轮廓时，在拉伸面上创建拔模特征，且同时对边线执行圆角特征。它是一个集合特征，操作时同时执行"凸台""拔模"（关于"拔模"的意义可参考下一章的讲述）和"圆角"操作，并且在完成特征后，在模型树中同时生成这三类特征。CATIA提供此类特征的主要目的是为了提高设计速度。

"拔模圆角凸台"特征通常在已有的实体平面上创建。如图3-20所示，首先在实体平面上绘制闭合曲线，然后单击"基于草图的特征"工具栏中的"拔模圆角凸台"按钮（或选择"插入" > "基于草图的特征" > "拔模圆角凸台"菜单），打开"定义拔模圆角凸台"对话框，按照图中所示定义对话框中的各个参数，即可执行"拔模圆角凸台"操作。

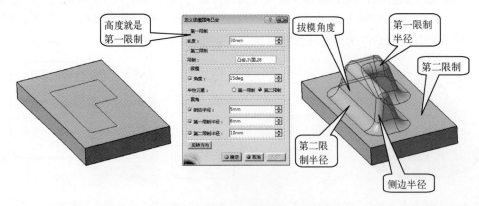

图 3-20　创建"拔模圆角凸台"特征

下面解释一下"定义拔模圆角凸台"对话框中各个选项的意义：

➢ "第一限制"选项组中的"长度"文本框：定义拉伸的高度。

➢ "第二限制"选项组中的"限制"选择框：定义第二限制的位置。通常选择实体面（当然也可以自定义一个面）作为拉伸的"第二限制"面。当"第二限制"面不与实体接触时，"第二限制"半径的设置无效，即不会在"第二限制"面处生成圆角，如图3-21所示。

➢ "拔模"选项组中的"角度"文本框：用于设置拔模的角度，拔模角度是拉伸体的侧边与"第二限制"面垂线的角度。

➢ "中性元素"选择框：选择"第一限制"单选按钮则以第一限制面为中性面，选择"第二限制"单选按钮则以"第二限制"为中性面（关于中性面，请参考第4章关于"拔模"特征的解释）。

➢ "圆角"选项组：用于设置"侧边半径""第一限制半径"和"第二限制半径"的大小。

➢ "反转方向"按钮：单击后，凸台将向相反的方向拉伸。

　　"拔模圆角凸台"特征并不是一定要在实体面上创建，当没有实体时，选择创建草图的面，也可以生成"拔模圆角凸台"特征，如图3-22所示。

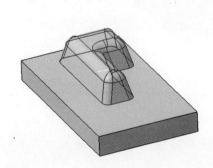 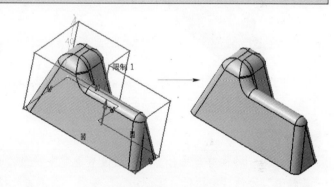

图3-21　"第二限制"面不为实体面效果　　　图3-22　不在实体面上创建"拔模圆角凸台"特征的效果

3.1.4　"多凸台"特征

当一个草图中有多个闭合的曲线时，使用此特征可以一次创建多个不同高度的"凸台"特征。

绘制好了草图后，选中草图，单击"基于草图的特征"工具栏中的"多凸台"按钮（或选择"插入">"基于草图的特征">"多凸台"菜单），打开"定义多凸台"对话框，在"域"列表中选中闭合轮廓（此处称作"拉伸域"），在"长度"文本框中分别为其设置拉伸草度即可，如图3-23所示。

图 3-23 "多凸台"操作

3.1.5 "凹槽"特征

"凹槽"特征 用于创建切除拉伸特征,即以拉伸体作为"刀具"在原有实体上去除材料,如图 3-24 所示。"凹槽"特征的操作过程与 3.1.1 节中讲述的"凸台"特征的操作一致,此处不再赘述。

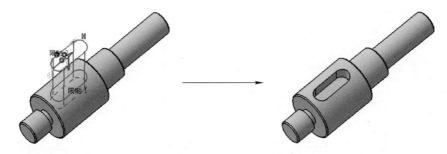

图 3-24 "凹槽"特征的作用

提示

"凹槽"特征与"凸台"的参数设置也完全一致,如图 3-25 左图所示,只是此时单击"反转边"按钮后将执行"反侧切除"操作,即单击此按钮后可以切除封闭草图以外的部分(或切换回正常的拉伸切除状态),如图 3-25 右图所示。

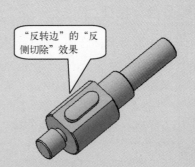

"反转边"的"反侧切除"效果

图 3-25 "定义凹槽"对话框和"反转边"效果

3.1.6 "拔模圆角凹槽"特征

"拔模圆角凹槽"特征是在创建"凹槽"时，在凹槽面上创建拔模特征，且同时对凹槽边执行圆角的特征。

"拔模圆角凹槽"特征的创建操作与"拔模圆角凸台"特征基本相同，单击"基于草图的特征"工具栏中的"拔模圆角凹槽"按钮 （或选择"插入" > "基于草图的特征" > "拔模圆角凹槽"菜单），打开"定义拔模圆角凹槽"对话框，选择凹槽曲线，然后定义对话框中的其他参数，即可执行"拔模圆角凹槽"操作，如图 3-26 所示。

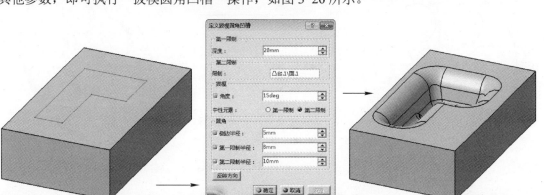

图 3-26 创建"拔模圆角凹槽"特征

"定义拔模圆角凹槽"对话框中的参数设置与"定义拔模圆角凸台"对话框中的参数意义相同，此处不再赘述。

3.1.7 "多凹槽"特征

"多凹槽"特征即使用一个草图中的多个闭合曲线，在实体面上创建多个高度不同的"凹槽"。其操作和参数可参照 3.1.4 节中的"多凸台"特征。

实例精讲——"链轮"设计

下面绘制一个"链轮"（见图 3-27），以熟悉"凸台"特征和"凹槽"特征的操作。

制作分析

本实例主要使用"凸台"操作创建"链轮"，在操作过程中，草图绘制是难点，"凸台"操作是重点，除此之外还用到了"圆周阵列"工具，对于此工具的使用方法，本章并不要求全面掌握（将在后面第 5 章中详细叙述其使用方法）。

图 3-27 "链轮"模型

制作步骤

步骤 1 新建一个零件文件，进入草绘空间模式，绘制图 3-28 所示的草绘图形，然后退出草图环境。

步骤 2 单击"基于草图的特征"工具栏中的"凸台"按钮 ，选择草图，并设置拉伸"长度"为 8，如图 3-29 左图所示，单击"确定"按钮，创建"链轮"的主体轮廓，效果如图 3-29 右图所示。

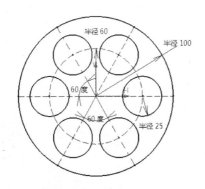

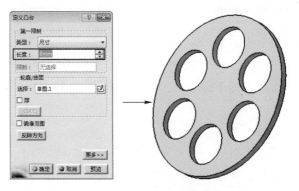

图 3-28　草绘图形　　　　　　　图 3-29　"定义凸台"对话框以及"链轮"模型

步骤 3 如图 3-30 所示，选择"链轮"主体模型的某个面，进入草绘空间模式，在"链轮"的中央绘制一半径为 25 的圆，并退出草绘空间。

步骤 4 单击"基于草图的特征"工具栏中的"凸台"按钮 ，选择刚才绘制的圆，并设置拉伸"长度"为 28，如图 3-31 左图所示，完成主轴拉伸体的创建，效果如图 3-31 右图所示。

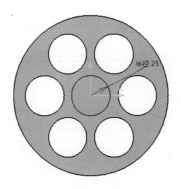

图 3-30　创建圆　　　　　　　　图 3-31　创建主轴拉伸体

步骤 5 进入"链轮"背面的草绘空间环境，并在图 3-32 所示位置绘制一个半径为 7 的圆。

步骤 6 单击"基于草图的特征"工具栏中的"凹槽"按钮 ，选择刚才绘制的小圆，并设置拉伸"深度"为 8，如图 3-33 左图所示，进行切除拉伸，效果如图 3-33 右图所示。

步骤 7 在左侧模型树中选中刚创建的"凹槽"特征，然后选择"插入"＞"变换特征"＞"圆周阵列"菜单，弹出"定义圆形阵列"对话框，如图 3-34 左图所示。在"参数"下拉列表中选择"实例和总角度"，设置"实例"为 30，"总角度"为 360，选择"链轮"内侧圆柱面为"参考元素"，单击"确定"按钮，对"切除拉伸"特征进行阵列，效果如图 3-34 右图所示。

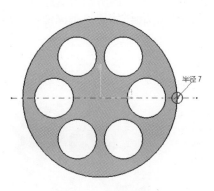

图 3-32 绘制小圆

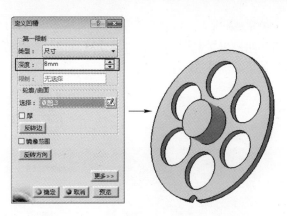

图 3-33 "定义凹槽"对话框和切除效果

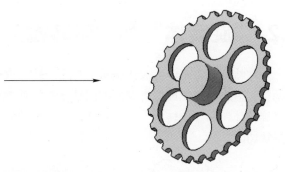

图 3-34 阵列"切除拉伸"特征

步骤 8 进入"链轮"背面的草绘环境，绘制图 3-35 所示的草绘图形（注意此图形为闭合图形，最右侧需绘制一条相连边线，并且上下两侧直线"水平"）。

步骤 9 单击"基于草图的特征"工具栏中的"凸台"按钮 ，选择刚绘制的草绘模型，设置拉伸长度为 8，创建齿轮的外齿，效果如图 3-36 所示。

步骤 10 同**步骤 7** 中的操作，选择"插入">"变换特征">"圆周阵列"菜单，对齿轮外齿进行圆周阵列，效果如图 3-37 所示。

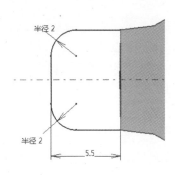

图 3-35 创建齿轮外齿轮廓

图 3-36 拉伸出齿轮外齿

图 3-37 阵列齿轮外齿

步骤 11 进入"链轮"前轴平面的草绘空间环境，绘制图 3-38 左图所示的草绘模型，并使用"凹槽"工具 对模型进行切除拉伸（参数设置图 3-38 中图所示），完成"链轮"的绘制，效果如图 3-38 右图所示。

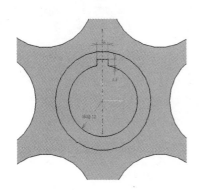  

图 3-38　创建"链轮"的中轴空腔

3.2　"旋转体"和"旋转槽"特征

旋转特征是将草绘截面绕旋转中心线旋转一定角度而生成的特征。如图 3-39 所示，常见的轴类、盘类、球类或含有球面的回转体类零件都可用旋转命令进行造型。旋转特征主要包括"旋转体"和"旋转槽"两类特征，可以创建实体、薄壁，可以设置旋转角度，还可以进行旋转切除。

图 3-39　常见的轴类、盘类和球类旋转特征

3.2.1　"旋转体"的操作过程

"旋转体"特征的操作过程是这样的：首先绘制一条轴线，并在中心线的一侧绘制出轮廓草图，退出草绘空间环境后，单击"基于草图的特征"工具栏中的"旋转体"按钮 ，打开"定义旋转体"对话框，选择轮廓草图，设置截面绕轴线旋转的角度（0°～360°），即可创建旋转体，如图 3-40 所示。

旋转特征的轮廓草图可以是开环也可以是闭环，当是开环时，只能生成薄壁旋转特征（见图 3-41）。注意轮廓草图不能与轴线交叉。

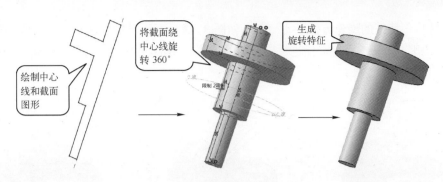

图3-40 "旋转体"的操作过程

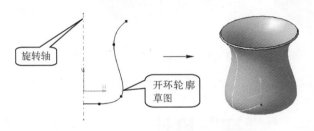

图3-41 薄壁旋转特征的生成过程

3.2.2 "旋转体"的参数设置

通过"定义旋转体"对话框（见图 3-42 左图），可设置旋转轴、旋转方向、旋转角度和设置薄壁特征等参数。旋转轴默认为草图中的轴线，也可是实体边线；此外，可右击"选择"选择框，选择系统"X、Y、Z 轴"、"创建机器人方向"或"创建直线"作为旋转轴。也可根据需要设置旋转角度以生成部分旋转体，如图 3-42 右图所示。

图3-42 "定义旋转体"对话框和薄壁角度旋转效果

提示

"定义旋转体"对话框中，各参数的意义可参考 3.1.2 节中对"凸台"参数的解释。

3.2.3 "旋转槽"特征

"旋转槽"特征是通过旋转草绘图形，从而在原有模型上去除材料的特征。"旋转槽"特征与"旋转体"特征的操作方法基本一致，如图 3-43 所示，单击"基于草图的特征"工具栏中的"旋转槽"按钮后，选择进行旋转切除的草绘图形，并设置旋转轴，草绘图形旋转经过的区域将被切除。

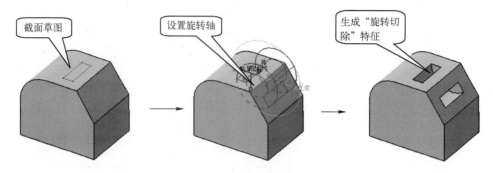

图 3-43　旋转切除特征的操作过程

"旋转槽"特征的参数设置，可参考"旋转体"特征。

实例精讲——"活塞"设计

下面通过创建一个"活塞"模型来全面熟悉一下建立旋转特征的方法，实例最终效果如图 3-44 所示。

制作分析

该"活塞"模型的设计过程如图 3-45 所示，由图可知，本模型在创建过程中主要用到"旋转体"操作、"凹槽"操作和"旋转槽"操作。

图 3-44　"活塞"模型

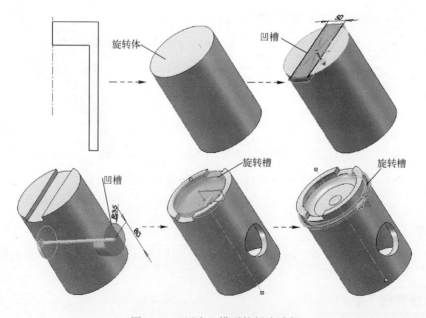

图 3-45　"活塞"模型的创建过程

制作步骤

步骤 1 新建一个零件文件，然后在"xy 平面"中绘制图 3-46 左图所示的截面草图，单击"基于草图的特征"工具栏中的"旋转体"按钮 ，并选择轮廓草图，保持系统默认设置，单击"确定"按钮，完成活塞主体绘制，如图 3-46 中图和右图所示。

图 3-46 绘制"活塞"主体

步骤 2 进入"活塞"顶面的草绘模式，并绘制图 3-47 左图所示的矩形，单击"凹槽"按钮 ，设置"深度"为 10，进行拉伸切除，如图 3-47 中图和右图所示。

图 3-47 切出"活塞"上部沟槽

步骤 3 选择"yz 平面"，进入其草绘环境，绘制图 3-48 所示的草图。

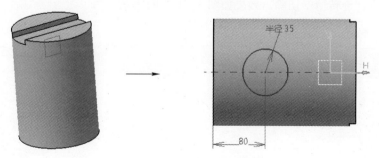

图 3-48 选择面绘制草图

步骤 4 单击"基于草图的特征"工具栏中的"旋转槽"按钮后 ，选择**步骤 3** 绘制的草图，设置向两侧都拉伸 100，单击"确定"按钮，拉伸切除出"活塞"的通气孔，效果如

图 3-49 所示。

图 3-49 使用"凹槽"特征创建"活塞"的通气孔

步骤 5 进入"xy 平面"的草绘空间，绘制图 3-50 左图所示的图形，再使用"旋转槽"工具 旋转切除出"活塞"的顶面，如图 3-50 中图和右图所示。

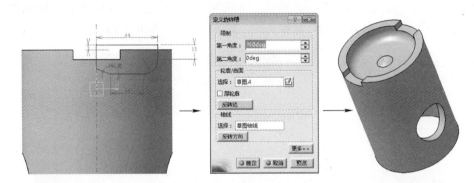

图 3-50 "旋转槽"特征创建"活塞"的顶面

步骤 6 再次进入"xy 平面"的草绘模式，绘制图 3-51 左图所示的图形；单击"旋转槽"按钮 ，并使用"转至轮廓定义"功能，选择轮廓线上部的草绘图形，勾选"厚轮廓"复选框，然后设置薄壁厚度为 2（并勾选"中性边界"复选框），如图 3-51b 所示；选择旋转体的轴为旋转轴，进行旋转薄壁切除，效果如图 3-51 右图所示。

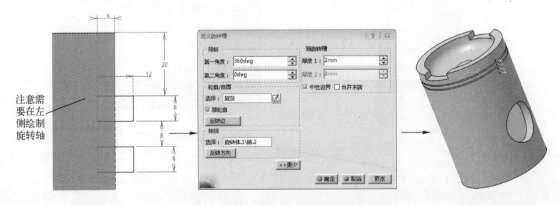

图 3-51 "旋转槽"特征创建出"活塞"的弹簧沟

提示

关于"转至轮廓定义"功能的使用，可参见前面对图 3-11 中该选项的解释。

步骤 7 通过与**步骤 6** 中相同的旋转切除操作，选择草绘图形下部的轮廓线进行旋转薄壁切除，完成"活塞"的绘制。然后右击"模型树"中最后一个草绘图形，如图 3-52 中图所示，在弹出的快捷菜单中选择"隐藏/显示"菜单项，令此草绘图形隐藏，完成所有操作，最终模型效果如图 3-52 右图所示。

图 3-52　利用"旋转槽"特征创建"活塞"的另外一条弹簧沟并隐藏草图

3.3 "孔"特征

"孔"特征是比较常用的一种特征，它通过在实体特征之上去除材料而生成孔，如图 3-53 所示。使用"孔"特征可以创建多种类型的孔，包括"简单""锥形孔""沉头孔""埋头孔"和"倒钻孔"等。下边首先来看一下"孔"的创建过程。

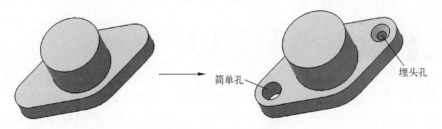

图 3-53　钻孔的实体零件

3.3.1 "孔"的操作过程

绘制一个具有平面的实体后，单击"基于草图的特征"工具栏中的"孔"按钮 （或选择"插入">"基于草图的特征">"孔"菜单），选择放置孔的面（单击的位置即孔放置的位置），打开"定义孔"对话框，设置好"直径"和"深度"后，单击"确定"按钮，即可生成简单直孔，如图 3-54 所示。

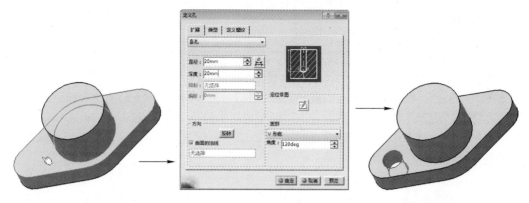

图 3-54　创建简单直孔的操作

通过上述操作创建孔后，其位置并不固定，此时可在"定义孔"对话框中单击"定位草图"选项组的"草图"按钮 ，在打开的草图空间中使用相关"约束"定位孔的位置即可（草图空间中，使用一个点代表空的中心位置，定位此点即可），如图 3-55 所示。

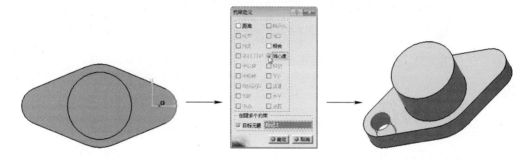

图 3-55　编辑孔草图操作

3.3.2 "孔"的参数设置

下面解释一下图 3-54 所示的"定义孔"对话框中各选项的意义。

1. "扩展"选项卡

此选项卡中的相关项用于定义孔的各项参数，如孔的直径和深度等，具体如下。

➢ "扩展"下拉列表框：用于定义孔的延伸距离，共有"盲孔""直到下一个""直到最后""直到平面"和"直到曲面"5 种类型，其意义与"凸台"特征下的选项相同（"盲孔"相当于"凸台"中的"尺寸"）。

➢ "直径"文本框：用于设置孔直径的大小。

➢ "深度"文本框：用于设置孔延伸的深度，仅用于盲孔。

➢ "限制"文本框：用于选择限制平面和曲面，当选择"直到平面"和"直到曲面"这两种"扩展"类型时，该选项可用。

➢ "偏移"文本框：用于定义孔的深度超过限制位置的大小，当选择"直到下一个""直到最后""直到平面"和"直到曲面"时，该选项可用。

➢ "定位草图"选项组：如前面 3.4.1 节中操作，用于定义孔的位置。

➢ "方向"选项组：用于定义孔的拉伸方向。其中单击"反转"按钮后，将向相反方向创建孔；若勾选"曲面的法线"复选框，孔方向将与孔面垂直，若取消勾选此复选框，选择参考元素，可令孔方向与参考元素的方向一致。

> "底部"选项组：用于顶部孔的底部形状。其中"平底"选项表示令孔底部为平底；"V 形底"选项表示令孔的底部为尖底（可在"角度"文本框中设置尖底的角度值）；"已修剪"选项（非"盲孔"时可用），用于设置令孔的非尖角部分延伸到所选择的限制面。

2. "类型"选项卡

如图 3-56 所示，此选项卡用于设置"孔"类型，并对孔的其余参数进行设置。

> "类型"下拉列表框：共"简单""锥形孔""沉头孔""埋头孔""倒钻孔" 5 个选项，用于选择相应的孔类型。

> "孔标准"下拉列表框：用于选择规范的孔标准，或者使用默认的"非标准螺纹"标准（目前只有在"沉头孔"时才可选择更多的选项，其余类型仅可使用"非标准螺纹"类型）。

> "参数"选项组：用于设置各类型孔的剩余参数（此处的参数主要用于设置孔端头处的形状，如"锥形孔"的开孔角度、"沉头孔"的沉头深度和半径大小、"埋头孔"的角度和直径等）。

> "定位点"选项组：用于确定用于定位孔的定位点处于孔的什么位置。

3. "定义螺纹"选项卡

如图 3-57 所示，此选项卡用于定义螺纹孔的螺纹参数。

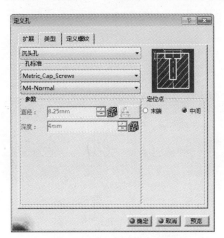

图 3-56 "类型"选项卡

图 3-57 "定义螺纹"选项卡

> "螺纹孔"复选框：勾选此项后，此选项卡的其余选项可用。

> "底部类型"选项组：用于设置螺纹长度，即螺纹自操作面开始在孔中延伸的距离。本选项组共有 3 个选项，选择"尺寸"选项，可直接设置螺纹长度；选择"支持面深度"选项，表示螺纹延伸到孔的底面为止；选择"直到平面"选项，可选择一个面，表示螺纹延伸到此面。

> "定义螺纹"选项组：用于设置螺纹参数。其中"类型"下拉列表框包含"非标准螺纹""公制细牙螺纹"和"公制粗牙螺纹" 3 个选项，其他选项根据需要进行设置即可。

提示

此处设置的螺纹在"零件设计"工作空间中并不可见,而是将在创建的工程图中,根据所设置的参数,在孔标注中显示出来。

实例精讲——设计"泵盖"

下边制作一个"泵盖"(见图3-58),以熟悉使用"简单直孔"和"异型孔向导"特征创建孔的操作过程。

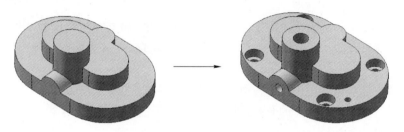

图3-58 需在"泵盖"上绘制的孔

制作分析

如图3-59所示,由泵盖的工程图可以看出,本实例需要在"泵盖"上绘制4个简单孔、1个简单尖头孔和4个柱状"沉头孔",以及1个"倒钻孔"。在绘制时,按照工程图上标注的尺寸进行设置即可,详见下面操作步骤。

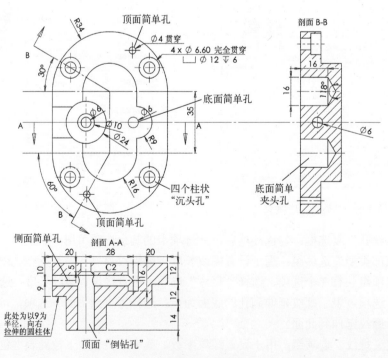

图3-59 "泵盖"工程图

制作步骤

步骤 1 打开本书提供的素材文件"BG-SC.CATPart"。单击"基于草图的特征"工具栏中的"孔"按钮 🔲，选择泵盖的侧面作为放置孔的面，并在弹出的"定义孔"对话框中设置"深度"为48，"直径"为6，如图3-60所示。

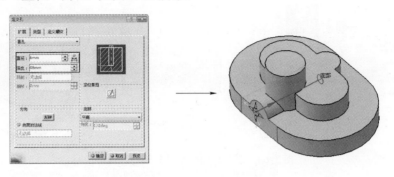

图3-60 绘制"泵盖"侧面的盲孔

步骤 2 单击"定义孔"对话框中的"草图"按钮 ⬚，打开草图空间，单击"约束"工具栏中的"对话框中定义的约束"按钮，为代表空的定位点定义与外圆弧同圆心约束，如图3-61所示，以定义孔的位置。退出"草图空间"，再在"定义孔"对话框中单击"确定"按钮，完成第一个孔的添加。

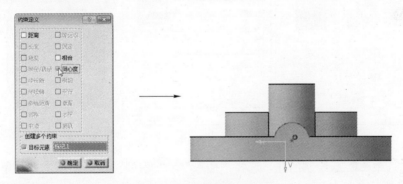

图3-61 定义侧孔的位置

步骤 3 如图 3-62 所示，以与上面步骤相同的操作添加一个"深度"为 16、"直径"为 6 的盲孔，并添加相应的位置约束。

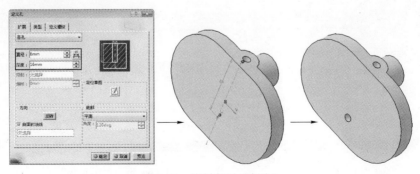

图3-62 绘制底面"盲孔"

步骤 4 如图 3-63 所示，以"直到最后"方式在泵盖的顶面绘制两个"盲孔"，"直径"为 4，并定义孔的位置。

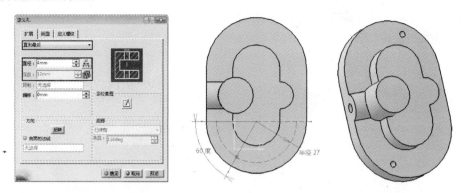

图 3-63　绘制顶面完全贯穿的"盲孔"

步骤 5 单击"基于草图的特征"工具栏中的"孔"按钮，打开"定义孔"对话框，如图 3-64 所示。设置"类型"为"沉头孔"，"直径"为 6.6，柱孔"直径"为 12，柱孔"深度"为 6，并定义和孔位置（效果如图 3-65 所示）。

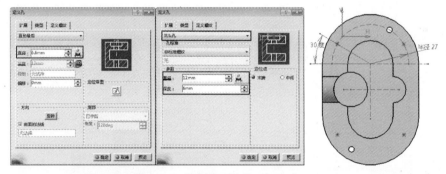

图 3-64　绘制底面柱状"沉头孔"

步骤 6 选中**步骤 5** 绘制的孔，选择"插入">"变换特征">"镜像"菜单，选择"zx平面"为"镜像元素"，如图 3-66 所示，镜像**步骤 5** 绘制的孔；然后右击镜像的孔，选择"镜像*.对象">"分解"菜单，将镜像对象转换为孔对象；最后选择"yz平面"为"镜像元素"，为要镜像的对象再次执行镜像操作即可，效果如图 3-66 所示。

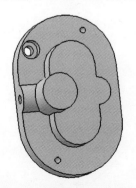

图 3-65　绘制的"沉头孔"

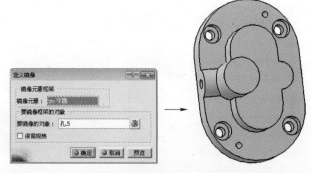

图 3-66　镜像"沉头孔"

步骤7 单击"基于草图的特征"工具栏中的"孔"按钮 ⊙，打开"定义孔"对话框，如图 3-67 所示，设置孔"类型"为"倒钻孔"，按图中所示设置孔的尺寸，并定义孔与顶面圆柱同圆心。

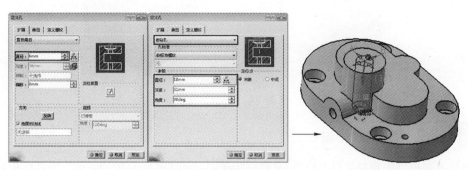

图 3-67　绘制顶面"倒钻孔"

步骤8 最后单击"基于草图的特征"工具栏中的"孔"按钮 ⊙，其参数设置如图 3-68 左图所示（设置"V 形底"，"角度"为 118），并设置孔与外边的圆弧同圆心，再执行镜像操作，完成泵盖的创建，效果如图 3-68 中图和右图所示。

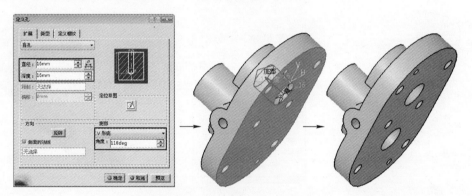

图 3-68　绘制底面尖角"盲孔"

3.4 "肋"和"开槽"特征

"肋"特征，在其他软件中也称作"扫描"特征，是指草图轮廓沿一条路径移动（扫描）获得实体或薄壁的特征，如图 3-69 所示。而"开槽"特征是使用肋扫描获得的实体切除实体的特征，如图 3-70 所示。本节讲述这两个特征的创建操作。

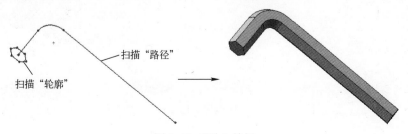

图 3-69　"肋"特征

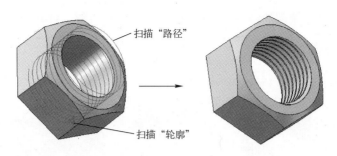

图 3-70　"开槽"特征

3.4.1 "肋"特征的操作过程

打开本书提供的素材文件"LEI-SC.CATPart"，单击"基于草图的特征"工具栏中的"肋"按钮（或选择"插入">"基于草图的特征">"肋"菜单），打开"定义肋"对话框，依次选择"轮廓"和"中心曲线"曲线，并单击"确定"按钮，即可用"肋"特征绘制"内六角扳手"模型，如图 3-71 所示。

图 3-71　使用"肋"特征创建"内六角扳手"模型

如果中心线为 3D 曲线，则曲线必须连续相切；如果中心曲线为平面内的曲线，那么曲线可以连续不相切（如可扫描出图 3-72 所示的实体）；中心曲线不能是断开的多段几何元素。

图 3-72　"中心曲线"不相切时的"肋"效果

此外，建议使轮廓位于垂直于中心曲线的平面上（如果为闭合轮廓，应包含中心曲线；

如果轮廓不闭合，也应尽量靠近中心曲线），否则，产生的肋造型是不可预知的。

3.4.2　"肋"特征的参数设置

通过"定义肋"对话框（见图 3-71 中图），可设置扫描"路径"、扫描"轮廓"、扫描轮廓的路径对齐方式，以及生成的薄壁扫描特征等，具体如下。

1."轮廓"文本框

用于定义扫描轮廓对象。单击"草图"按钮，选择面后，可进入草图编辑空间绘制（或编辑）轮廓曲线。

2."中心曲线"文本框

用于定义中心曲线对象。单击"草图"按钮，选择面后，可进入草图编辑空间绘制（或编辑）中心曲线。

3."控制轮廓"选项组

用于定义轮廓与扫描路径之间的关系，各选项的意义如下。

➤ "保持角度"选项：选中此选项后，表示扫描过程中轮廓与中心曲线切线之间的夹角保持不变（即跟随曲线的变化而发生变化），效果如图 3-73 所示。

➤ "拔模方向"选项：选中此选项后，表示扫描轮廓的法线方向始终保持一个指定的方向（而与中心曲线的方向无关），如图 3-74 所示。

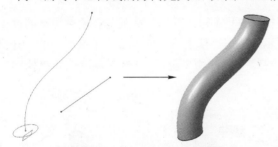

图 3-73　"保持角度"方式肋效果　　　　图 3-74　选择直线为"拔模方向"效果

➤ "参考曲面"选项：选中此选项后，表示扫描轮廓与指定的参考曲面之间的夹角始终保持不变（此时"中心曲线"应位于"参考曲面"上），如图 3-75 所示。

➤ "选择"选择框：用于选择"拔模方向"或"参考曲面"的参照。

➤ "将轮廓移动到路径"复选框：根据所选择的"拔模方向"或"参考曲面"，设置移动轮廓面的位置与"拔模方向"平行，或与"参考曲面"垂直（包括起始面的位置），如图 3-76 所示。

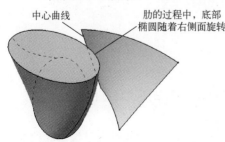
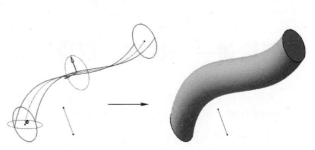

图 3-75　"参考曲面"方式肋效果　　　　图 3-76　"将轮廓移动到路径"肋效果

4. "合并肋的末端"复选框

选中该选项可将肋的每个末端修剪到现有图形对象（从轮廓位置开始一直到在现有材料的每个方向上遇到的第一限制），如图 3-77 所示（注意此处"轮廓"线的位置，如果轮廓线处于中心曲线的一端，那么勾选此复选框无效）。

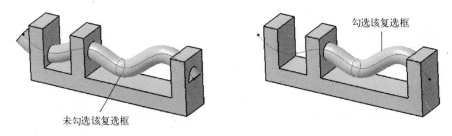

图 3-77 "合并肋的末端"复选框的作用

5. "厚轮廓"复选框和"薄肋"选项组

勾选"厚轮廓"复选框时"薄肋"选项组可用，用于设置创建薄壁类型的"肋"特征（其中各选型的意义可参照前面对"凸台"特征的讲解）。

3.4.3 "开槽"特征

"开槽"特征与"扫描"特征的机理相同，只不过"开槽"特征是在轮廓运动的过程中切除轮廓所形成的实体部分。如图 3-78 所示，单击"基于草图的特征"工具栏中的"开槽"按钮 （或选择"插入" > "基于草图的特征" > "开槽"菜单），然后顺序选择"轮廓"线和"中心曲线"进行扫描切除即可。

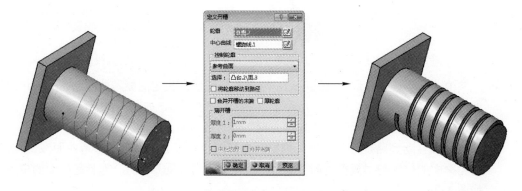

图 3-78 使用"开槽"特征切除出螺纹效果

实例精讲——创建"螺母"

下面讲一个使用"开槽"特征创建螺母的例子，以加深对本节所讲特征的理解。

制作分析

本实例主要用到"旋转槽"和"开槽"两个特征操作，其中操作的重点是螺母螺纹的创建，难点是螺纹引导线的创建，详见下面操作。

制作步骤

步骤 1 新建零件类型的文件后，在"零件设计"空间中，首先在"xy 平面"中绘制出螺母的截面图形，然后使用"凸台"命令拉伸出螺母的主体（拉伸"长度"为 19），如图 3-79 所示。

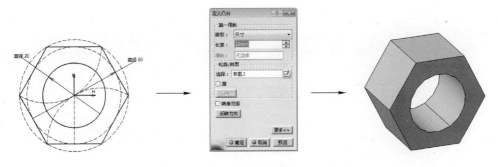

图 3-79　绘制螺丝帽的主体

步骤 2 选择"螺母"的一个底面，进入其草图空间，并绘制一个点（令点位于水平轴线，并位于螺母中心圆上），如图 3-80 所示；退出草绘模式，进入"zx 面"的草图空间，绘制一竖直经过草图中心点的直线，如图 3-81 所示。

图 3-80　创建点　　　　　　　　　　图 3-81　创建直线

步骤 3 选择"开始">"机械设计">"线框和曲面设计"菜单，进入"线框和曲面设计"空间，单击"线框"工具栏中的"螺旋线"按钮，选中**步骤 2**绘制的点和直线作为"起点"和"轴"，设置"螺距"为 2，"转数"为 16，绘制螺旋线，如图 3-82 所示。

步骤 4 进入"zx 面"的草图空间，绘制图 3-83 所示的曲线，作为下面将要执行的开槽操作的轮廓线。

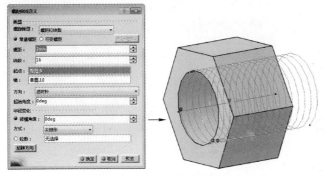

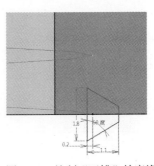

图 3-82　绘制螺旋线　　　　　　　　图 3-83　绘制"开槽"轮廓线

步骤 5 选择"开始">"机械设计">"零件设计"菜单，返回"零件设计"空间，单击"基于草图的特征"工具栏中的"开槽"按钮 🔧，选择 步骤 4 绘制的曲线作为轮廓线，选择 步骤 3 绘制的螺旋线作为中心曲线，如图 3-84 所示，设置"控制轮廓"类型为"参考曲面"，并选择螺母内孔面为参照面，切除出螺母的内螺纹。

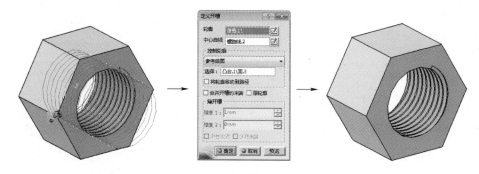

图 3-84 执行"开槽"特征操作

步骤 6 进入"zx 面"的草图空间，绘制图 3-85 左图所示的矩形图线，然后执行"凹槽"操作，操作时单击"反转边"按钮，对模型执行拉伸切除操作，效果如图 3-85 右图所示（通过拉伸切除操作，可令螺母的螺纹更加精确）。

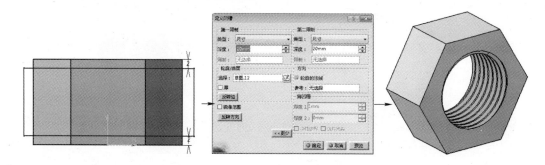

图 3-85 执行"凹槽"操作

步骤 7 在"zx 面"中绘制出图 3-86 左图所示的截面图形作为"旋转槽"的轮廓曲线，单击"基于草图的特征"工具栏中的"旋转槽"按钮后 🔩，选择绘制的草绘图形为轮廓，选择前面 步骤 2 绘制的直线为旋转轴，如图 3-86 中图所示，执行旋转切除操作，完成螺母的绘制。效果如图 3-86 右图所示。

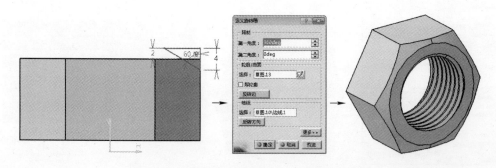

图 3-86 绘制截面曲线并执行"旋转槽"操作

3.5 "实体混合"和"筋"特征

"实体混合"和"筋"特征都是较特殊的"凸台"(拉伸)特征，本节将其放在一起，介绍其意义和操作方法。

3.5.1 "实体混合"特征

"实体混合"特征是将两个异面草图无限长拉伸，然后取其相交部分的实体，即为特征生成的实体，如图 3-87 所示。

在两个不平行的面中绘制好草图后，单击"基于草图的特征"工具栏中的"实体混合"按钮 （或选择"插入">"基于草图的特征">"实体混合"菜单），然后依次选择第一轮廓和第二轮廓，即可生成"实体混合"特征，如图 3-87 所示。

图 3-87 "实体混合"特征操作

"实体混合"特征在生成一些在两个方向上边线或造型较为清晰的零件时较为好用，如可用于生成图 3-88 所示的零件。

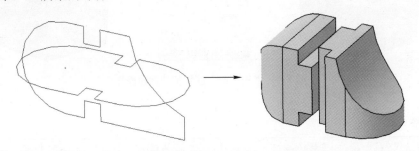

图 3-88 使用"实体混合"特征一步生成零件

3.5.2 "筋"特征

筋特征是用来增加零件强度的结构，它是由开环的草图轮廓生成的特殊类型的拉伸特征，可以在轮廓与现有零件之间添加指定方向和厚度的材料，如图 3-89 所示。

单击"基于草图的特征"工具栏中的"筋"按钮 （或选择"插入">"基于草图的特征">"筋"菜单），选择绘制好的筋特征横断面曲线（或单击"定义加强筋"对话框中的"草图"按钮，选择一个面绘制筋特征横断面曲线），设置筋特征的宽度和拉伸方向，如图 3-89 所示，单击"确定"按钮，即可生成筋特征。

图 3-89　筋特征的创建过程

　　筋的横断面曲线可以超过实体，但是需要注意的是一定要与实体相交，否则无法生成筋特征。

　　创建筋的方式包括"从侧面"和"从顶部"两种，下面解释一下各自的意义。

> "从侧面"方式：表示从侧面，在实体的角部位置执行拉伸，如图 3-89 所示，这也是最常见的筋添加方式。

> "从顶部"方式：表示从模型顶部，使用绘制的筋轮廓线，向模型拉伸生成筋（筋轮廓线可以跨多个角），如图 3-90 所示。

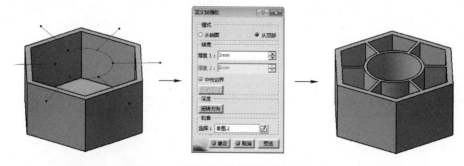

图 3-90　"从顶部"筋特征的创建操作

　　"定义加强筋"对话框中的选项主要用于设置筋的厚度、朝向、选择草图等，较易理解，此处不再一一解释。这里只说明一项，"线宽"选项组中的"反转方向"按钮在"从侧面"模式下，取消勾选"中性边界"复选框时可用，单击该按钮可交换筋两侧的厚度。

实例精讲——给"螺母"创建补强筋

　　筋操作虽然简单，但是也有一些难点。下面是一个给"螺母"创建补强筋的例子，如图 3-91 所示，熟悉此实例有助于完全掌握"筋"特征。

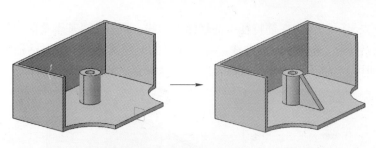

图 3-91 需创建的筋特征

制作分析

本实例操作的关键是，筋特征的草绘截面具有两个延伸端，应深切体会为什么要绘制这两个延伸端；在操作过程中还要进行"旋转槽"操作，此操作是对筋特征的必要补充，读者也应领会并掌握其操作。

制作步骤

步骤 1 打开随书提供的素材文件 JIN-SC.CATPart，如图 3-91 左图所示，在"平面.1"中绘制图 3-92 所示的草绘图形，并添加相应的尺寸和约束。

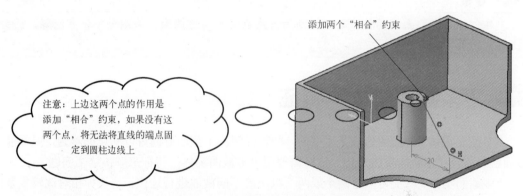

注意：上边这两个点的作用是添加"相合"约束，如果没有这两个点，将无法将直线的端点固定到圆柱边线上

添加两个"相合"约束

图 3-92 绘制筋特征的横断面曲线

步骤 2 单击"基于草图的特征"工具栏中的"筋"按钮，选择 步骤 1 中绘制的草绘图形，并在弹出的"筋"属性管理器中设置相关参数，单击"确定"按钮完成筋的添加，如图 3-93 左图和中图所示（此时创建的筋特征具有两个突出部分，未与孔的外部圆面对齐，如图 3-93 右图所示，此时可以切除未对齐的部分）。

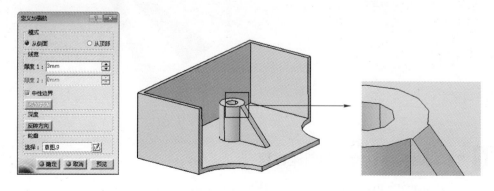

图 3-93 创建筋特征

步骤 3 首先显示已包含在筋特征中的横断面曲线，再单击"基于草图的特征"工具栏中的"旋转槽"按钮 ，选择横断面曲线，并在弹出的"定义旋转槽"对话框中设置相应的参数（部分旋转即可），单击"确定"按钮，完成切除操作，如图 3-94 所示。

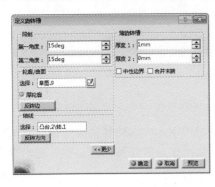
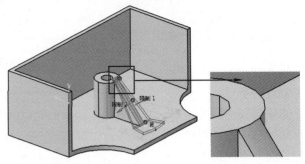

图 3-94　旋转切除筋特征不需要的部分

提示

在创建具有圆面的筋特征时，横断面曲线应延长超过圆面，否则筋特征有空隙，将会出现无法正常生成的错误。

3.6　"多截面实体"特征

"多截面实体"特征的形状是多变的，肋特征解决了截面方向可以变化的难题，但不能让截面形状和尺寸也随之发生变化，这时需要用"多截面实体"特征来解决这个问题。

"多截面实体"特征可以将两个或两个以上的不同截面进行连接，是一种相对比较复杂的实体特征（其他软件中多称为"放样"），如图 3-95 所示。

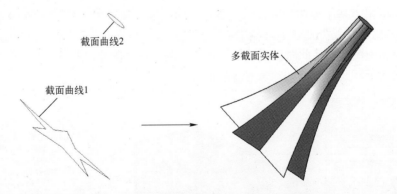

图 3-95　"多截面实体"特征

3.6.1　"多截面实体"特征的创建过程

下面介绍创建图 3-95 所示"多截面实体"特征的操作过程。

步骤 1 在"xy 平面"中绘制一个五角星（可首先绘制一个圆，然后在圆上绘制等距点，再绘制中间的连线，然后删除无用的线），如图 3-96 所示，作为"多截面实体"特征的一个轮廓。

步骤 2 单击"参考元素（拓展）"工具栏中的"创建平面"按钮，弹出"平面定义"对话框，如图 3-97 左图所示，以"xy 平面"为参考，创建一距 xy 平面 150 的新的基准面，如图 3-97 右图所示。

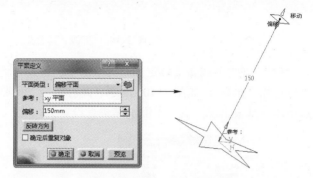

图 3-96 创建"五角星"　　　　　　　　　图 3-97 创建一个新的基准面

步骤 3 在新创建的基准面中绘制一小于五角星的圆，如图 3-98 所示，作为"多截面实体"特征的另外一个轮廓。

步骤 4 单击"基于草图的特征"工具栏中的"多截面实体"按钮（或选择"插入" > "基于草图的特征" > "多截面实体"菜单），打开"多截面实体定义"对话框，如图 3-99 所示，在操作区中依次选择"五角星"和"圆"。

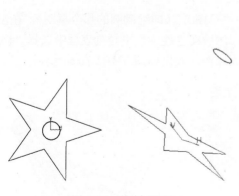

图 3-98 绘制"圆"　　　　　　　　　图 3-99 "多截面实体"操作

步骤 5 由于此时两个截面轮廓的闭合点并未对齐，所以右击五角星上的"闭合点 2"，在打开的下拉菜单中选择"替换"选项，然后单击五角星与圆闭合点对应的一个角点，更改闭合点的位置，如图 3-100 所示。

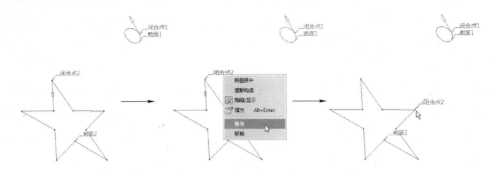

图 3-100　更改"闭合点"位置操作

步骤 6 在"多截面实体定义"对话框中切换到"耦合"选项卡，在"截面耦合"下拉列表框中选择"比率"，如图 3-101 所示（此时单击"预览"按钮，可见到"多截面实体"的预览效果，只是未出现圆弧，下面继续进行设置）。

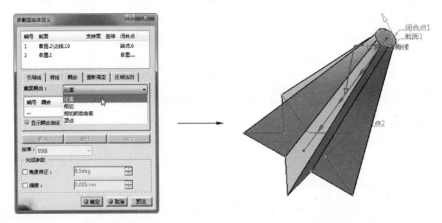

图 3-101　设置"耦合"方式和多截面实体预览效果

步骤 7 选中"多截面实体定义"对话框中"草图.2"（即绘制圆的那个草图），在左侧模型树中选中"平面 1"（即**步骤 2**创建的平面），然后在"连续"下拉列表框中选择"切线"，如图 3-102 左图所示，单击"确定"按钮，完成操作，效果如图 3-102 右图所示。

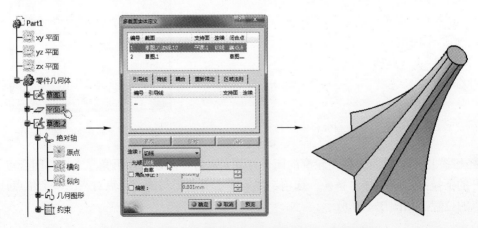

图 3-102　设置支持面操作和"多截面实体"最终效果

在上面 **步骤 5** 中，我们调整了闭合点的位置，"闭合点"的位置可看作截面轮廓线起始点的位置，而且多个轮廓的闭合点位置是对应的，如果在 **步骤 5** 中不更改闭合点的位置，所创建的模型将为图 3-103 所示的效果。

此外，截面轮廓"闭合点"的方向（相当于向左转或向右转），也要一致，否则很可能无法生成模型（图 3-104 为方向不一致时，无法生成模型的提示信息）。

图 3-103 "闭合点"位置错误时的模型效果

图 3-104 闭合点方向错误时的提示

"多截面实体定义"对话框中各选项的意义，详见下一小节的解释。

3.6.2 "多截面实体"特征的参数设置

"多截面实体"特征的参数（主要在图 3-102 所示的"多截面实体定义"对话框中进行设置）较多，下面逐一解释一下其意义。

1. "截面"列表框、"连续"下拉列表框和"光顺参数"选项组

"截面"列表框用于列表显示所选择的截面，并可为截面设置支持面（支持面通常可设置为界面草图所在的面）。设置支持面后"连续"下拉列表框可用，此下拉列表框用于设置耦合线在经过支持面位置处，耦合线的连续方式分别为"切线"连续和"曲率"连续（可参考上面 **步骤 7** 的操作）。

"光顺参数"选项组用于在脊线或引导曲线，存在轻微不连续时，自动调整移动平面的位置，以生成质量更好的多截面实体。

2. "引导线"选项卡

此选项卡用于选择"引导线"。引导线在"多截面实体"生成过程中用于控制截面草图的变化，从而达到控制"多截面实体"实体模型的目的，如图 3-105 和图 3-106 所示（使用引导线和不使用引导线的区别）。

采用"引导线"创建"多截面实体"时，引导线必须穿过轮廓线，即引导线节点应与轮廓线在引导线面的投影点间建立"相合"几何关系，否则无法创建"引导线"引导的多截面实体。

 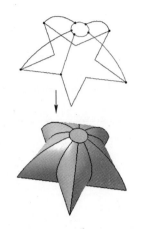 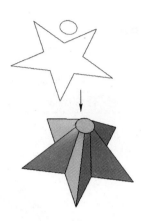

图 3-105　使用引导线的"多截面实体"效果　　　图 3-106　不使用引导线的"多截面实体"效果

3."脊线"选项卡和"重新限定"选项卡

"脊线"用于控制"多截面实体"操作扫描截面的方向，如果为"多截面实体"特征设置了"脊线"，那么所有中间截面的草图基准面都与"脊线"垂直，如图 3-107 所示。

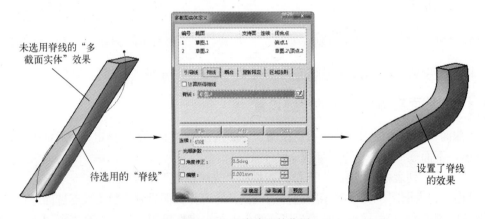

图 3-107　"脊线"的作用

在"脊线"选项卡中勾选"计算所得脊线"复选框，系统将使用自动计算的脊线，而取消选中的脊线（实际上，无论是否在"脊线"选项卡中进行设置，系统都将计算出一个"脊线"作为"多截面实体"截面扫描的参照，而且这条"脊线"通常垂直于"多截面实体"的起始面，终止于结束面）。

"重新限定"选项卡用于设置是否重新限定起始或结束面的位置。因为"脊线"无须与截面对齐（既可以超过截至面或起始面，也可以在截至面和起始面之间），所以当勾选"起始截面重新限定"复选框时，"多截面实体"将在起始面位置处重新限定截面的位置（否则"多截面实体"与"脊线"的开始点位置处对齐）；当勾选"最终截面重新限定"复选框时，"多截面实体"将在截至面位置处重新限定截面的位置（否则"多截面实体"与"脊线"的结束点位置处对齐）。不重新限定截面的结果如图 3-108 所示。

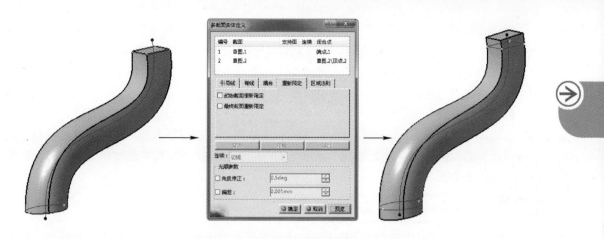

图 3-108　不重新限定截面的效果

4."截面耦合"下拉列表框和"截面耦合"列表框

"耦合"选项卡的"截面耦合"下拉列表框用于设置自动生成"耦合点"的方式，共有 4 个列表项，各列表项的作用如下。

➤ "比率"耦合方式：等比例划分截面线，生成"耦合点"，然后连接对应的耦合点，生成耦合线（进而生成多截面实体）。

➤ "相切"耦合方式：以截面线上斜率不连续（即不相切位置处）的点为"耦合点"，要求各截面轮廓曲线上的曲率不连续耦合顶点数相同，然后连接对应耦合点生成耦合线，最终生成多截面实体（见图 3-109）。

图 3-109　"相切"截面耦合方式生成多截面实体操作

➤ "相切然后曲率"耦合方式：以截面线上相切连续但是曲率不连续的点为"耦合点"，要求各截面轮廓曲线上的相切连续但是曲率不连续耦合顶点数相同，然后连接对应耦合点生成耦合线，最终生成多截面实体。

➤ "顶点"耦合方式：以截面线上的顶点（即不相切连续也不曲率连续）为"耦合点"，然后连接对应耦合点生成耦合线，最终生成多截面实体。

"截面耦合"列表框用于手动添加耦合线。假设开始截面线有 8 个点，结束截面线有 16 个点，系统自动选用了 4 个耦合点，如果耦合线不能完全定义"多截面实体"，那么可以单击此处的"添加"按钮，然后先单击起始截面上的点作为起始耦合点，再单击结束截面上的点作为结束耦合点，从而手动定义一条耦合线。

5. "区域法则"选项卡

该选项卡用于指定用于控制截面区域的长度法则；该法则在内部将被转为区域法则，其中长度作为圆盘的半径（此处涉及"区域法则"的添加，属于方程式添加部分的内容，详见本书后续版本中的讲述）。

3.6.3 "已移除的多截面实体"特征

"已移除的多截面实体"特征是使用创建的多截面实体对已存在的实体执行移除操作的特征。其创建过程和所有参数都与"多截面实体"特征相同，所以关于此特征的操作方法，此处不再赘述。

实例精讲——"挂钩"设计

"多截面实体"特征在创建具有多个横截面的不规则模型时非常好用，下面讲述使用"多截面实体"特征制作"挂钩"的操作，其最终效果如图 3-110 所示。

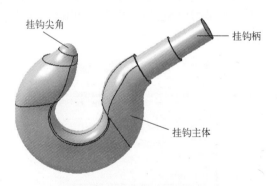

图 3-110 挂钩模型

制作分析

可将"挂钩"模型拆为几个几何体：挂钩柄、挂钩体和挂钩尖角。"挂钩柄"可通过"拉伸"操作创建，"挂钩主体"通过"多截面实体"操作创建，"挂钩夹角"通过"旋转体"操作创建。

本实例的难点是创建"挂钩体""多截面实体"引导线和轮廓的操作，应注意草图中"投影"特征的使用。

制作步骤

步骤 1 首先创建"挂钩体"，在"yz 平面"中，以草绘中心为中心绘制图 3-111 所示的草绘模型，并添加相应的约束，作为"挂钩体"的一条引导线。

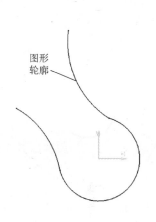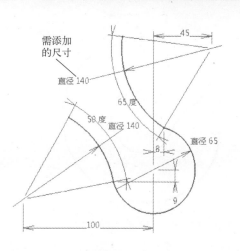

图 3-111 绘制"挂钩"的一条引导线

步骤 2 在"yz 平面"中，以草绘中心为中心绘制图 3-112 所示的草绘模型，并添加相应的尺寸约束和几何约束，作为"挂钩体"的另外一条引导线。

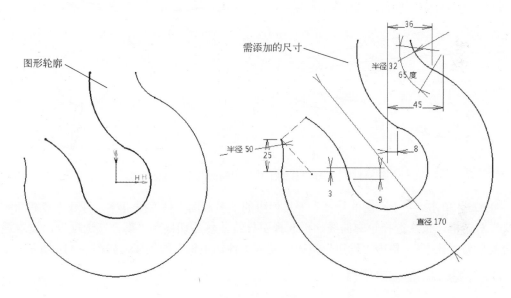

图 3-112 绘制"挂钩"的另一条引导线

步骤 3 在"yz 平面"中，创建两条与**步骤 2**中创建的构造线相同的非构造线（注意将其约束到角点位置处）。

步骤 4 单击"参考元素（拓展）"工具栏中的"创建平面"按钮，以"平行通过点"方式创建通过 xy 平面和最上边一个点的参照平面；再以"曲线的法线"方式，以垂直于**步骤 3**中创建的直线为参照创建另外一个参照平面，如图 3-113 所示。

步骤 5 在新创建的两个参照平面中，分别以两条引导线的中点为圆心，创建通过两条引导线的"圆"，作为"挂钩体"两端的多截面实体"轮廓"线，如图 3-114 所示。

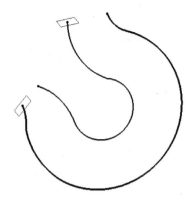

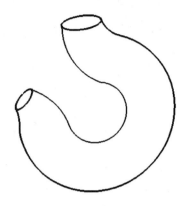

图 3-113 新创建的两个参照平面   图 3-114 参照平面上的草绘图形

步骤 6 在 "xy 平面" 中创建图 3-115 左图所示的与两条引导线相交的草绘图形, 并添加相应的约束, 作为此处的挂钩体 "轮廓" 线, 再在 "zx 平面" 中创建图 3-115 中图所示同样要求的草绘图形, 作为 "轮廓" 线, 效果如图 3-115 右图所示。

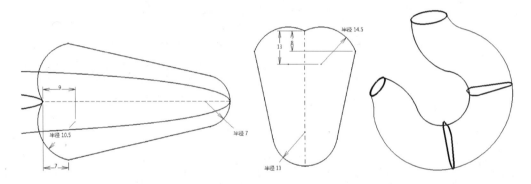

图 3-115 创建 "挂钩主体" 中间的两个 "截面" 线

步骤 7 单击 "基于草图的特征" 工具栏中的 "多截面实体" 按钮，打开 "多截面实体定义" 对话框, 依次选择轮廓曲线, 再选择引导线; 然后切换到 "耦合" 选项卡, 设置截面耦合类型为 "比率", 单击 "确定" 按钮, 完成 "挂钩主体" 的创建, 如图 3-116 所示。

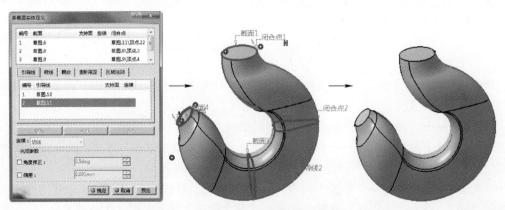

图 3-116 "多截面实体" 创建 "挂钩体"

步骤 8 在"yz平面"中绘制半径为 16，且与实体边线相切的圆弧以及其他边线，如图 3-117 中图所示，然后选择"插入">"基于草图的特征">"旋转体"菜单，选择绘制的草图，创建旋转体，再使用凸台操作创建"挂钩柄"，效果如图 3-117 右图所示。

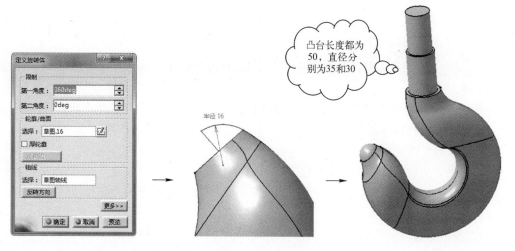

图 3-117 创建"挂钩夹角"和"挂钩柄"

3.7 本章小结

本章主要介绍了凸台、旋转体、肋和多截面实体等 CATIA 基于草图特征的创建方法。基于草图特征的共同点是通常都需要草绘截面图形，然后再依照一定方式生成三维模型。

在这几种基础特征中，凸台特征和旋转体特征最容易理解，也最常用；而肋特征除了草绘截面图形外还要定义扫描轨迹，将凸台特征和旋转体特征作为肋特征的特例有助于认识肋特征。多截面实体特征则通过定义截面草绘图形之间的关系来生成模型。

此外，这几种特征的共同点还有：都具有对应的用其作为移除操作的特征，如凹槽与凸台对应，开槽和肋特征对应等；对应的特征操作方式与原特征基本相同，只是所创建的实体可用于移除其他实体。

3.8 思考与练习

一、填空题

（1）凸台特征是生成三维模型时最常用的一种方法，其原理是将一个_____形成特征。

（2）_____特征是在拉伸轮廓时，在拉伸面上创建拔模特征，且同时对边线执行倒圆角的特征。

（3）当一个草图中有多个闭合的曲线时，使用_____特征可以一次创建多个不同高度的"凸台"特征。

（4）"拔模圆角凹槽"特征是在创建"凹槽"时，在凹槽面上创建拔模特征，且同时对凹槽边执行_____的特征。

（5）旋转特征的轮廓草图可以是开环也可以是闭环，当是开环时，只能生成_____旋转特征。

（6）_____特征，在其他软件中也称作"扫描"特征，是指草图轮廓沿一条路径移动（扫描）获得实体或薄壁的特征。

（7）_____特征是将两个异面草图无限长拉伸，然后取其相交部分的实体，即为特征生成的实体。

（8）_____特征与"肋"特征的机理相同，只不过"开槽"特征是在轮廓运动的过程中切除轮廓所形成的实体部分。

二、问答题

（1）简述"凸台"特征中"反转边"按钮的作用。

（2）创建"肋"特征时，如何设置"截面"图形在扫描过程中的方向和扭转方式？

（3）什么是"筋"特征？创建"筋"特征时，"从侧面"和"从顶部"方式有何不同？

（4）"多截面实体"特征中，脊线的作用是什么，脊线和引导线的区别是什么？

三、操作题

（1）使用本章所学的知识，试绘制图 3-118 所示的"轴"模型。

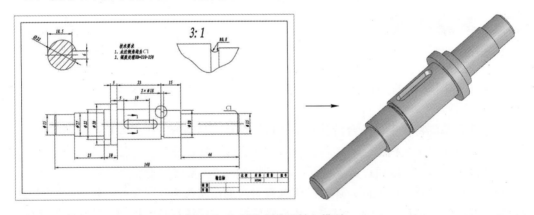

图 3-118　需绘制的"轴"模型

　　轴的结构大多以圆柱为主，所以在设计时，首先绘制一个草绘图形，然后进行旋转得到轴的主体，再在轴上切除出用于固定轴上零件的键槽即可。

（2）使用本章所学的知识，试绘制图 3-119 所示的"手轮"模型。

　　通常使用"肋"特征或"多截面实体"特征来创建手转轮盘的波形实体和手轮的辐条，使用旋转体和凹槽特征来创建手轮的台体，使用凸台操作创建手轮外圈的标志。

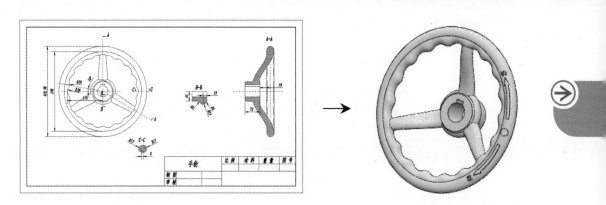

图 3-119 需绘制的"手轮"模型

第4章 修饰特征

 本章要点

- 圆角
- 倒角
- 拔模
- 盒体（抽壳）
- 厚度（加厚）
- 移除面和替换面
- 内螺纹/外螺纹
- 基于曲面的特征
- 高级修饰特征

 学习目标

上章介绍的基于草图的特征，是需要使用草图来创建模型实体的特征，本章介绍对实体进行修饰的特征，此时无须创建草图，直接使用这些实体对模型进行修改即可，如圆角、倒角、拔模和抽壳等特征。

4.1 圆角

在边界线或顶点处创建的平滑过渡特征称作圆角特征。对产品模型进行圆角处理，不仅可以去处模型棱角，还能满足造型设计美学要求，增加模型造型变化。圆角特征包括"圆角"（等半径圆角）、"可变半径圆角""弦圆角""面圆角"和"三切线内圆角"5 种类型，本节介绍这些圆角的特点和操作方法。

4.1.1 圆角

单击"修饰特征"工具栏中的"圆角"按钮（或选择"插入" > "修饰特征" > "倒圆角"菜单），打开"圆角定义"对话框（截图中为"倒圆角定义"对话框，余同），在"半径"文本框中输入圆角半径 5，依次单击模型文件最外侧的四条边（可使用"凸台"和"拔模"命令等创建此处模型文件实体，"拔模"操作可参考 4.3 节的讲述进行操作），单击"确定"按钮，即可进行"等半径"圆角处理，效果如图 4-1 所示。

图 4-1 "圆角"操作

4.1.2 "圆角"的参数设置

单击"圆角定义"对话框中的"更多"按钮，展开"圆角定义"对话框，如图 4-2 所示，此对话框中有很多参数可以设置，实际上，通过设置这些参数，可以对圆角边线的选择、圆角形式、范围和桥接方式等进行设置，下面分别介绍。

图 4-2 "定义凸台"对话框的展开效果

> "弦长"按钮 🖉 和"半径"按钮 🖾：设置用"弦长"的值还是"半径"的值来定义圆角的大小（此处未介绍的按钮，可见下一小节"可变半径圆角"的讲述）。

> "变量"按钮 🖉 和"常量"按钮 🖾：用于切换"可变半径圆角"和常量圆角的圆角方式，可变半径圆角的操作方法，见下一小节的讲述。

> "要圆角化的对象"选择框：用于选择边线或面，作为圆角化的对象（再次单击选择的对象或边线，可取消对象的选择）；单击"圆角对象"按钮，可打开"圆角对象"对话框，通过此对话框可删除、添加或替换圆角边线。

> "传播"下拉列表框：此下拉列表共有 4 个选项，分别为"相切""最小""相交"和"与选定特征相交"，用于设置选择圆角边线的方式。

其中，选择"相切"选项，表示将选择所选边线以及所选边线的相切线，作为圆角边线，进行圆角操作，如图 4-3 所示。

图 4-3 "相切"创建圆角方式

"最小"选项表示对所选边线和所选边线的切线进行"最小"的圆角化处理（如果无法进行最小化圆角处理，那么此选项与"相切"选项的操作效果相同），如图 4-4 所示。

图 4-4 "最小"创建圆角方式

"相交"选项表示选择其他特征与所选特征（即"要圆角化的对象"）相交的相交线作为圆角边线，进行圆角处理，如图 4-5 所示。

图 4-5 "相交"创建圆角方式

"与选定特征相交"选项表示选择一个或多个特征（即"要圆角化的对象"），再在下面出现的"所选特征"选择框中选择相交特征，然后以它们之间的相交边线为圆角线，进行圆角处理（即表示创建两个或多个特征之间的相交线的圆角线），如图 4-6 所示。

图 4-6 "与选定特征相交"创建圆角方式

➢ "二次曲线参数"复选框：勾选此复选框，表示以二次曲线作为圆角的截面线来创建圆角，如图 4-7 所示（系统默认是以圆弧线作为圆角的截面线来创建圆角的）。

图 4-7 "二次曲线参数" 复选框的作用

➢ "修剪带" 复选框：当生成的圆角存在重叠时，若勾选此复选框，将自动修剪重叠的圆角，如图 4-8 所示。

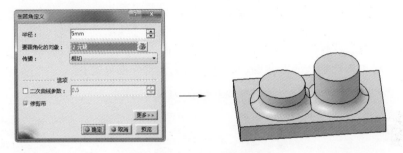

图 4-8 "修建带" 复选框的作用

➢ "要保留的边线" 选择框：圆角化时，使用指定的半径值，圆角化操作可能会影响不希望圆角化的其他零部件边线，此时可勾选此复选框，避免此种情况的方法，如图 4-9 和图 4-10 所示。

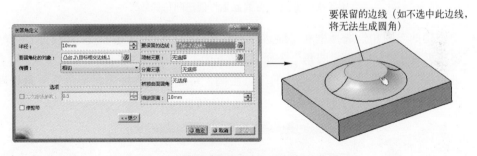

图 4-9 "要保留的边线" 选择框的作用

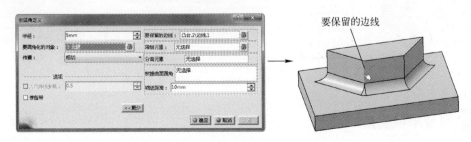

图 4-10 "要保留的边线" 选择框的作用 2

➢ "限制元素"选择框：选择一个或多个面作为"限制元素"，可令圆角自"限制元素"位置处截止圆角，如图 4-11 所示（选中"限制元素"面后，所选面上会有一个箭头，单击箭头，可反转所要保留的圆角侧）。

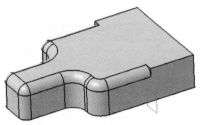

图 4-11　选择"限制元素"创建圆角的效果

➢ "分离元素"选择框：自所选"分离元素"面处，将圆角面分割为两个面，如图 4-12 所示（对于相切延长的圆角面，将在"分离元素"面处截止）。

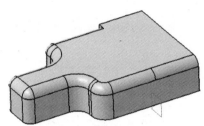

图 4-12　选择"分离元素"创建圆角的效果

➢ "桥接曲面圆角"选择框和"缩进距离"文本框：在对 3 条相交边进行圆角操作时，将光标置于"桥接曲面圆角"选择框，在操作区中单击 3 条圆角线的顶点，再在"缩进距离"文本框中设置 3 条边的缩进距离，可进行"桥接曲面圆角"圆角处理，如图 4-13 所示。

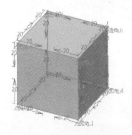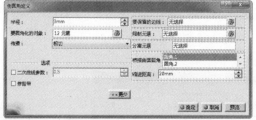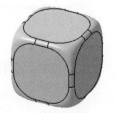

图 4-13　"桥接曲面圆角"选择框的圆角效果

4.1.3　可变半径圆角

"可变半径圆角"是指半径在不同位置处大小不同的圆角。下面看一下执行可变半径圆角的操作（新版之前与圆角为两个按钮，之后与"圆角"按钮合并为一个，此处为照顾老用户学习需要，仍分开讲解）。

步骤 1 单击"修饰特征"工具栏中的"圆角"按钮，打开"圆角定义"对话框，单击模型的一条边为圆角边（可使用"凸台"特征创建此处的模型文件实体），并单击"变量"按钮如图4-14所示。

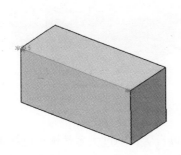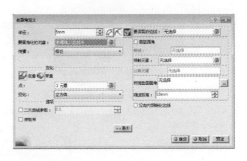

图4-14 选择圆角边线操作

步骤 2 系统默认选择所选边线两端的点为"变化点"，如图4-14左图所示，在"可变半径圆角定义"对话框中单击"点"选择框，在操作区中模型所选边线上单击3次，再添加3个变化点，如图4-15所示。

图4-15 设置"变化点"操作

步骤 3 在"可变半径圆角定义"对话框中单击"圆角值"按钮，打开"圆角值"对话框，然后在"点"列表中选中要设置值的点，在"当前值"文本框中更改此"变化点"的半径值，并单击下部的"应用于选定项"按钮，设置此"变化点"的半径值，然后依次选择要设置的"变化点"，并通过相同操作设置其半径值，如图4-16所示。

图4-16 设置"变化点"半径操作

步骤 4 完成 步骤 3 的操作后，单击"确定"按钮，回到"可变半径圆角定义"对话框操作界面，然后在"可变半径圆角定义"对话框中单击"确定"按钮，完成可变半径圆角操作，效果如图 4-17 所示。

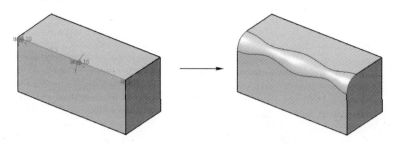

图 4-17 "变化点"预览和模型圆角效果

在"可变半径圆角定义"对话框中，有很多选项可以设置，不过大多数选项已在 4.1.2 节中"圆角"的参数设置中进行了解释，所以此处不再赘述。其中有几个选项与"圆角"对话框不同，下面进行说明。

➢ "立方体"和"线性"半径变化方式：在"可变半径圆角定义"对话框"变化"栏的"变化"下拉列表框中，有两个选项可以选择：一个为"立方体"，表示不同半径值之间的圆角半径是渐变过渡，如图 4-18 所示；一个为"线性"，表示不同半径值之间的圆角半径是直线过渡，如图 4-19 所示。

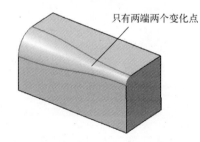

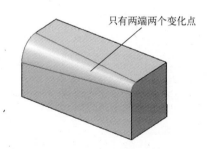

图 4-18 "立方体"半径变化方式圆角效果 　　　图 4-19 "线性"半径变化方式圆角效果

➢ "没有内部锐化边线"复选框：当计算可变半径圆角时，如果要连接的曲面是相切连续而不是曲率连续，则应用程序可能会生成意外的锐化边线。若要改进设计，可勾选此复选框，移除所有可能生成的锐化边线，如图 4-20 所示。

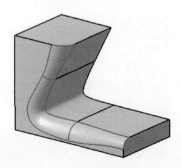

图 4-20 勾选"没有内部锐化边线"复选框生产的圆角（左）和取消勾选此复选框出现的错误提示（右）

➤ "脊线"：同"肋"特征，脊线的作用是令圆角的截面与脊线始终垂直，如图 4-21 和图 4-22 所示。操作时，在"可变半径圆角定义"对话框中勾选"圆弧圆角"复选框后，即可在"脊线"选择框中选择作为可变圆角的脊线（脊线为草绘线，可为直线，也可是曲线）。

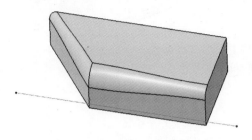

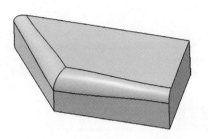

图 4-21 选用"脊线"的圆角效果 　　　　 图 4-22 不选用"脊线"的圆角效果

4.1.4 弦圆角

单击"修饰特征"工具栏中的"弦圆角"按钮 （或选择"插入">"修饰特征">"弦圆角"菜单），可打开"弦圆角定义"对话框，执行"弦圆角"操作，如图 4-23 所示。

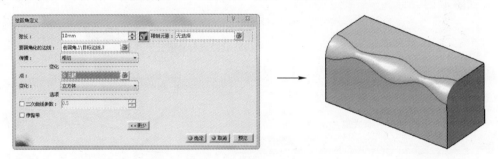

图 4-23 "弦圆角"操作

"弦圆角"是使用弦长来定义可变半径圆角的方式，其操作和各个选项的意义实际上与上一小节介绍的"可变半径圆角"相同，此处不再赘述（不过"弦圆角"中所设置的参数为圆角的"弦长"，而"可变半径圆角"设置的是"半径"）。

4.1.5 面与面的圆角

"面与面的圆角"，顾名思义，就是在两个面的交汇处创建圆角。

单击"修饰特征"工具栏中的"面与面的圆角"按钮 （或选择"插入">"修饰特征">"面与面的圆角"菜单），打开"定义面与面的圆角"对话框，然后选择两个面，并设置圆角的半径值，即可执行"面与面的圆角"操作，如图 4-24 所示。

提示

图 4-24 左图所示的"定义面与面的圆角"对话框中各选项的意义，可参见本章前面几个小节的讲述。

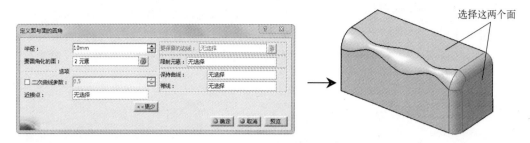

图 4-24 "面与面的圆角"操作

4.1.6 三切线内圆角

"三切线内圆角"用于创建与 3 个面都相切的圆角，由 3 个面间的角度值可以确定圆角的半径值，所以"三切线内圆角"无须定义圆角半径。

单击"修饰特征"工具栏中的"三切线内圆角"按钮 （或选择"插入">"修饰特征">"三切线内圆角"菜单），可打开"定义三切线内圆角"对话框，选择 3 个面中两侧的面，再选择中间那个面（即"要移除的面"），然后单击"确定"按钮，即可执行"三切线内圆角"操作，如图 4-25 所示。

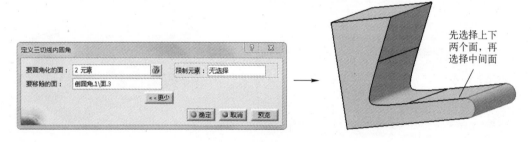

图 4-25 "三切线内圆角"操作

> **提示**
>
> 图 4-25 左图所示的"定义三切线内圆角"对话框中的"限制元素"选择框的意义，可参见 4.1.2 节中的解释。

4.2 倒角

倒角又称"倒斜角"或"去角"，可在实体所选边线上生成一个倒角。

单击"修饰特征"工具栏中的"倒角"按钮（或选择"插入">"修饰特征">"倒角"菜单），可打开"定义倒角"对话框，选择实体中要倒角的边线，然后单击"确定"按钮，即可执行"倒角"操作，如图 4-26 所示。

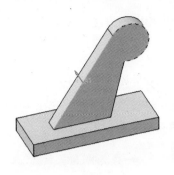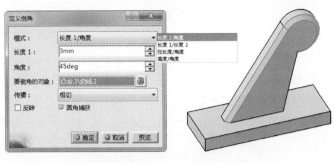

图 4-26 "倒角"操作

在"定义倒角"对话框的"模式"下拉列表框中，有 4 种倒角方式可以选择，其中"长度 1/角度"和"长度 1/长度 2"倒角方式可参照第 2 章中所讲的草图中倒角的两种方式进行理解；"弦长度/角度"倒角方式中两个参数的作用如图 4-27 所示；"高度/角度"倒角方式中两个参数的作用如图 4-28 所示。

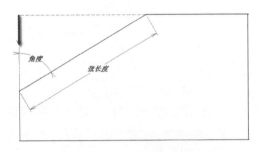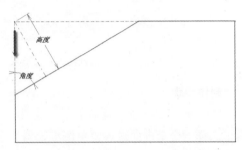

图 4-27 "弦长度/角度"倒角方式　　　　　图 4-28 "高度/角度"倒角方式

勾选"定义倒角"对话框中的"反转"复选框，可"反转"倒角模式中"两个参数"的参照边线；勾选"圆角捕获"复选框，可在倒角交汇处（同时对多条边执行倒角操作）对倒角进行适当的圆角处理，如图 4-29 所示。

图 4-29 "圆角捕获"复选框的作用

实例精讲——绘制"烟灰缸"

本实例将讲解"烟灰缸"实体（见图 4-30）的绘制，以熟悉前面所学的圆角、可变半径圆角和倒角等方面的知识（本实例中"移除面"操作的具体参数和操作方法可参考 4.6.1 节中的讲述）。

制作分析

本实例将利用前面所学的绘图工具，绘制一个图 4-30 所示的"烟灰缸"实体模型。"烟灰缸"模型的特征树如图 4-31 所示，由特征树可以看出，绘制烟灰缸的主要操作是：由凸台得到实体，由凹槽得到烟灰缸的容量空间，通过倒角处理令烟灰缸四角平滑。

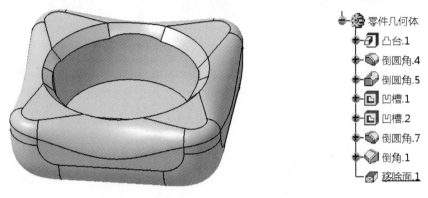

图 4-30 "烟灰缸"模型效果　　　　　　图 4-31 "烟灰缸"特征树

制作步骤

步骤 1 新建一个"零件设计"文件，然后单击"草图编辑器"工具栏中的"草图"按钮 ，选择一个基准面进入"草图编辑器"空间模式，然会绘制图 4-32 左图所示的草绘图形，并对草图执行"凸台"操作，凸台长度为 35，如图 4-32 右图所示。

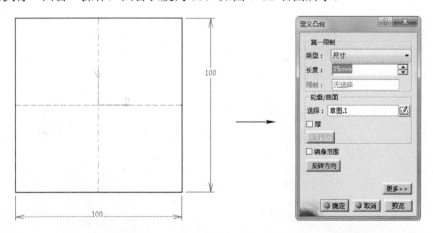

图 4-32 绘制草图并进行拉伸处理

步骤 2 图 4-33 左图所示为**步骤 1** 拉伸得到的实体，单击"修饰特征"工具栏中的"圆角"按钮，打开"圆角定义"对话框，然后选择实体底部的 4 条边线以及竖向的 4 条边线作为"要圆角化的对象"，再选择"要圆角化的对象"的交点为"桥接曲面圆角"点，如图 4-33 右图所示，设置"缩进距离"为 25，执行圆角操作，效果如图 4-34 左图所示。

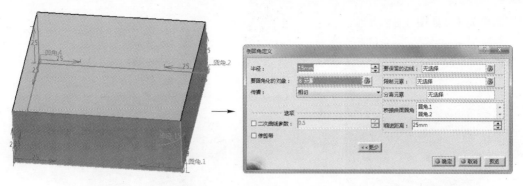

图 4-33 进行"圆角"处理操作

步骤 3 单击"修饰特征"工具栏中的"圆角"按钮,打开"圆角定义"对话框,然后选择模型上部边线作为要圆角化的边线,并设置边线的 8 个中点为"变化点",然后单击"圆角值"按钮,打开"圆角值"对话框,如图 4-34 右图所示,为每个变化点设置相应的圆角值,执行"可变半径圆角"操作,效果如图 4-35 左图所示。

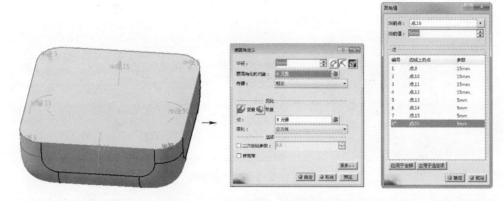

图 4-34 进行"可变半径圆角"操作

步骤 4 在模型上部面中绘制图 4-35 左图所示的草绘图形(直径为 69),再执行凹槽操作,凹槽深度为 25,效果如图 4-35 右图所示。

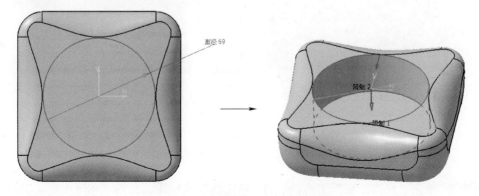

图 4-35 绘制圆并执行"凹槽"操作

步骤 5 继续在 **步骤 4** 中绘制的凹槽底部绘制圆(直径为 62),并执行向下的凹槽操作,凹槽深度为 1，如图 4-36 所示。

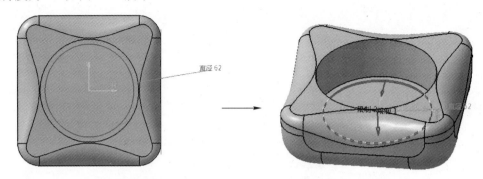

图 4-36　继续绘制圆并执行"凹槽"操作

步骤 6　单击"修饰特征"工具栏中的"圆角"按钮，打开"圆角定义"对话框，然后选择**步骤 4**所绘制的凹槽的底部外边线为"要圆角化的对象"，选择凹槽顶部边线和**步骤 5**创建的凹槽的顶部边线为"要保留的边线"，如图 4-37 所示，执行保留边线的"圆角"操作（圆角半径为 70），效果如图 4-38 左图所示。

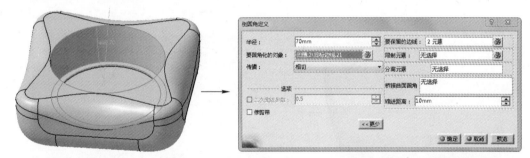

图 4-37　执行保留边线的"倒圆角"操作

步骤 7　单击"修饰特征"工具栏中的"倒角"按钮，然后选择**步骤 4**所绘制的凹槽的顶部边线为"要倒角的对象"，倒角"模式"为"长度 1/角度"，倒角"长度 1"为 5，倒角"角度"为 45，如图 4-38 右图所示，执行倒角操作，效果如图 4-39 左图所示。

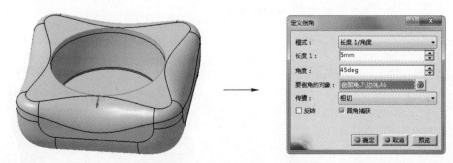

图 4-38　执行"倒角"操作

步骤 8　单击"修饰特征"工具栏中的"移除面"按钮，打开"移除面定义"对话框，然后选择**步骤 5**所创建的凹槽的侧面为要移除的面，如图 4-39 右图所示，单击"确定"按钮，执行移除面操作，完成所有操作，烟灰缸的最后效果如图 4-30 所示。

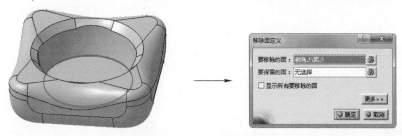

图 4-39 执行"删除面"操作

4.3 拔模

在工业生产中，为了能够让注塑件和铸件顺利从模具腔中脱离出来，需要在模型上设计出一些斜面，如图 4-40 所示，这样在模型和模具之间就会形成 1°～5° 甚至更大的斜角（具体视产品的类型和制造材质而定），这就是拔模处理。本节将介绍与拔模特征的有关知识。

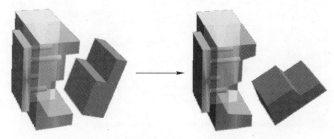

图 4-40 拔模的作用是为了方便零件脱模

4.3.1 拔模斜度

单击"修饰特征"工具栏中的"拔模斜度"按钮（或选择"插入">"修饰特征">"拔模斜度"菜单），可打开"定义拔模"对话框，如图 4-41 所示。在"角度"文本框中设置好拔模角度，然后设置"要拔模的面"和"中性元素"（为一个平面或曲面），单击"确定"按钮即可执行拔模操作（拔模参数详见下一节解释）。

图 4-41 拔模操作

提示

中性元素为一个平面或曲面，通过选择中性元素，可确定中性曲线（即中性面与拔模面的交界线），然后拔模面将自交界线处进行倾斜，从而执行拔模操作。

4.3.2 "拔模"的参数设置

单击"定义拔模"对话框中的"更多"按钮，可展开"定义拔模"对话框，如图 4-42 所示，可以发现此对话框中有很多参数可以设置。实际上，通过设置这些参数，可以执行多种拔模，如两侧拔模、圆锥面拔模、正方形拔模等，下面分别介绍。

图 4-42 "定义拔模"对话框的展开效果

➢ "通过中性面选择"复选框：在打开"定义拔模"对话框后，若先勾选此复选框，然后选择中性元素（一个面），如图 4-43 所示，就可通过中性元素来确定要执行拔模的面（即无须单独选择要拔模的面）。

图 4-43 勾选"通过中性面选择"复选框进行面拔模操作

➢ "拓展"下拉列表框：如图 4-44 左图所示，若选择"无"选项，将以中性面（与"相切面"无关）所确定的"中性曲线"执行"拔模"操作，如图 4-44 中图所示；在此下拉列表框中选择"光顺"选项，可将与中性面相切的面集成到中性面上，然后执行"拔模"操作，如图 4-44 右图所示。

➢ "由参考控制"复选框：若勾选此复选框，然后选择一条草绘线作为拔模方向的"参考线"，则可由选择的参考线确定拔模方向，如图 4-45 所示。

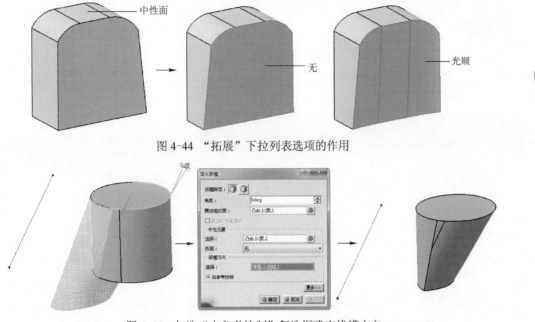

图 4-44 "拓展"下拉列表选项的作用

图 4-45 勾选"由参考控制"复选框确定拔模方向

提示

如果取消勾选"由参考控制"复选框，系统将默认以所选中性面的垂线为拔模方向，单击"蓝色箭头"（由于图书为黑白印刷，具体可结合光盘视频学习），可翻转拔模方向。

➤ "分离=中性"复选框：如果勾选此复选框，可以以"中性面"为分离面，然后只对"分离面"一侧的模型执行拔模操作（可单击"蓝色箭头"调整拔模面的侧），如图 4-46 所示。

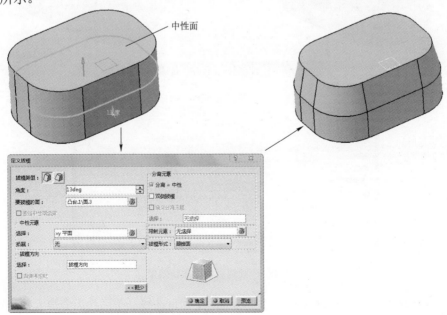

图 4-46 以"中性面"为分离面进行拔模的效果

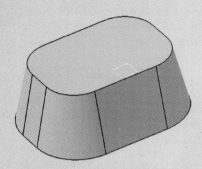

提示

在执行图 4-46 所示的拔模操作的过程中，如果取消勾选"分离=中性"复选框，虽然"中性面"并未位于要拔模的面的底部，但是，此时执行拔模操作仍将对所有拔模面执行拔模操作，如图 4-47 所示。

图 4-47 不"分离"拔模面效果

➢ "双侧拔模"复选框：如果勾选"分离=中性"复选框，再勾选"双侧拔模"复选框，则可用中性面将拔模面分离，并在分离中性面后，在中性面的两侧对模型执行对称的拔模操作，如图 4-48 所示。

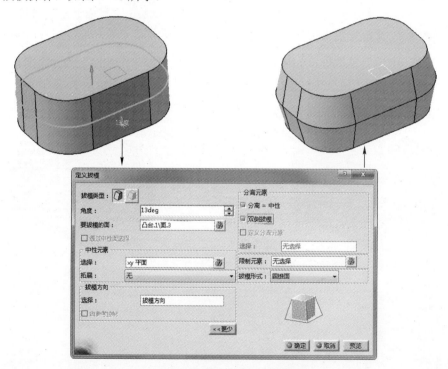

图 4-48 "双侧拔模"操作效果

➢ "定义分离元素"复选框：若勾选此复选框，则可选择一个面作为分离元素（分离面），然后以此面为界，只保留此面一侧（由拔模方向决定）的拔模效果（即此时不再是以中性面为分离面了），如图 4-49 所示。

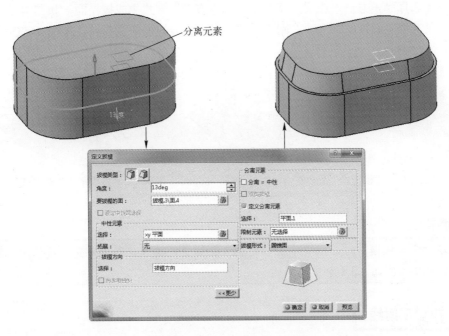

图 4-49 "定义分离元素"效果

> "限制元素"选择框：可通过此选择框选择一个面，然后仅生成此面一侧的部分拔模效果，如图 4-50 所示（此复选框与"定义分离元素"复选框的不同之处在于，此复选框可以自定义保留的拔模侧）。

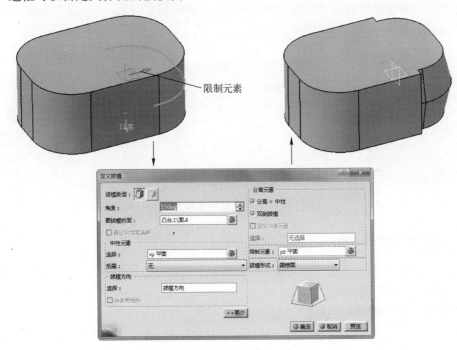

图 4-50 设置"限制元素"拔模效果

➤ "拔模形式"下拉列表框：以所选"中性面"作为圆弧面为例，在此下拉列表框中，如果选择"正方形"选项，那么将以"正方形"方式生成拔模面，如图 4-51 所示；如果选择"圆锥面"选项，则将以"圆锥面"方式生成拔模面，如图 4-52 所示。

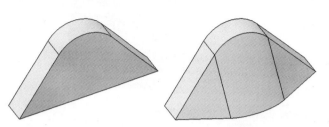

图 4-51 "拔模形式"为"正方形"效果　　　　图 4-52 "拔模形式"为"圆锥面"效果

提示

　　如在"定义拔模"对话框中单击"变量"按钮🔲，则可执行"可变角度拔模"操作，具体操作可参考下面 4.3.4 节中的讲述。

4.3.3 拔模反射线

　　"拔模反射线"拔模特征用于对面和与其相切的圆角面执行拔模操作，拔模后的面依然与原拔模面相切。

　　单击"修饰特征"工具栏中的"拔模反射线"按钮🔲（或选择"插入" > "修饰特征" > "拔模反射线"菜单），可打开"定义拔模反射线"对话框，然后选择拔模面和与其相连的圆角面为拔模面（通常系统会自动设置拔模方向，也可根据需要设置），单击"确定"按钮，即可执行"拔模反射线"操作，如图 4-53 所示。

图 4-53 "拔模反射线"拔模操作

4.3.4 可变角度拔模

　　"可变角度拔模"与"可变半径圆角"有点类似，是指可在不同的位置处指定不同的拔模角度，从而进行可变角度拔模。

　　下面介绍一个"可变角度拔模"的操作实例

步骤 1 打开本文提供的素材文件"kbjdba-sc.CATpart"文件，单击"修饰特征"工具栏中的"可变角度拔模"按钮🔲（或选择"插入" > "修饰特征" > "可变角度拔模"菜单），然后选择一个面作为要拔模的面（并选择中性元素面），如图 4-54 所示。

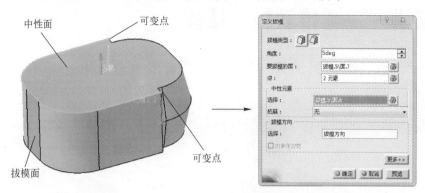

图 4-54　选择拔模面操作

此处选择拔模面和中性面后，系统将自动添加所生成的中性线的两个端点，作为定义不同拔模角度的点。

步骤 2 在系统打开的"定义拔模"对话框中，将光标置于"点"选择框，然后在中性线上要添加变化点的位置处单击，添加变化点，如图 4-55 所示；然后双击变化点，打开"参数定义"对话框，定义此处变化点的拔模角度（并定义每个拔模点处的拔模角度值）。

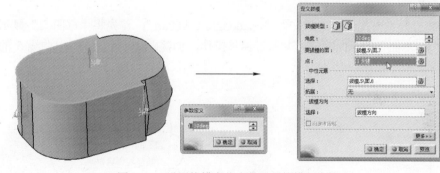

图 4-55　设置拔模变化点并设置拔模角度值

步骤 3 完成上述操作后，单击"确定"按钮，执行"可变角度拔模"操作，效果如图 4-56 所示。

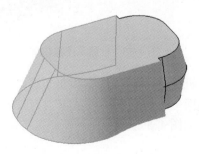

图 4-56　"可变角度拔模"操作效果

实例精讲——"传动轴"拔模

下面介绍一个"传动轴"拔模实例，产品模型如图 4-57 左图所示，最终完成结果如图 4-57 右图所示。

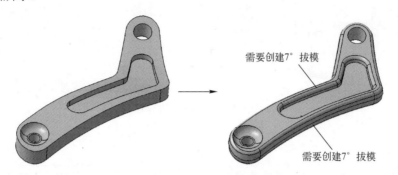

图 4-57 "传动轴"拔模模型和效果

制作分析

本实例操作的关键是如何创建用于拔模参照的中性面，以及进行双侧拔模的操作方法。另外，有兴趣的读者可以尝试创建本实例中提供的素材，以熟悉前面章节讲述的几类特征。此外，本实例用到了部分曲面操作，相关知识详见后面第 6 章的讲解。

制作步骤

步骤 1 打开本书提供的素材文件"chudongsc.CATPart"，首先将"草图 2"显示出来，然后进入"yz 平面"的草绘模式，并通过偏移操作，创建距离"草图 2"中曲线 5 的线，如图 4-58 所示。

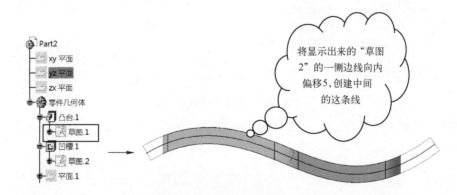

图 4-58 创建草图操作

步骤 2 选择"开始">"机械设计">"线框和曲面设计"菜单，切换到"线框和曲面设计"空间模式，然后单击"曲面"工具栏中的"拉伸"按钮，选择**步骤 1**绘制的曲线，执行拉伸操作，拉伸出一个面，如图 4-59 所示。

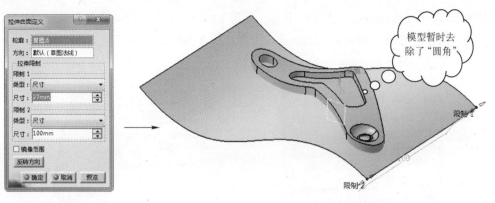

图 4-59　拉伸曲面操作

选择"开始">"机械设计">"零件设计"菜单，回到"零件设计"操作界面，单击"修饰特征"工具栏中的"拔模斜度"按钮，打开"定义拔模"对话框，选择模型外立面为"要拔模的面"，设置拔模"角度"为7，选择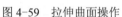创建的面为"中性元素"，并勾选"分离=中性"和"双侧拔模"复选框，如图 4-60 所示，单击"确定"按钮，执行双侧拔模操作。

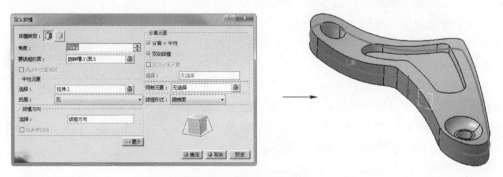

图 4-60　创建双侧拔模操作

再次单击"修饰特征"工具栏中的"拔模斜度"按钮，打开"定义拔模"对话框。选择"传动轴"凹陷处底面为"中性元素"，以侧面为要拔模的面，执行向外角度为7的拔模操作，如图 4-61 所示。

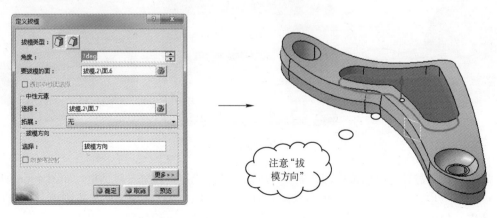

图 4-61　定义另外一个"拔模"操作

步骤 5 单击"修饰特征"工具栏中的"圆角"按钮,对"传动轴"的外侧棱角执行半径为 2 的圆角操作,完成"传动轴"的创建,效果如图 4-62 所示。

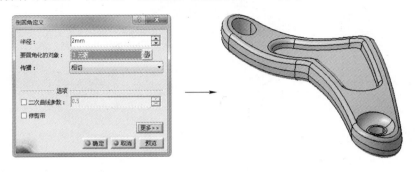

图 4-62 "圆角"操作

4.4 盒体(抽壳)

抽壳特征常见于塑料或铸造零件,用于挖空实体的内部,留下有指定壁厚度的壳。利用抽壳特征可设置多个抽壳厚度,并指定想要从壳中移除的一个或多个曲面,如图 4-63 所示。

单击"修饰特征"工具栏中的"抽壳"按钮 ,然后设置抽壳厚度(如设置"默认内侧壳厚度"为 3,"默认外侧壳厚度"为 0),并选择"要移除的面"以及"其他厚度面",即可生成"抽壳"特征,如图 4-64 所示。

图 4-63 抽壳特征

> 在定义"其他厚度面"时,可在选择面后双击面上的尺寸,通过打开的"参数定义"对话框(见图 4-65),为其设置一个不同的壳厚度

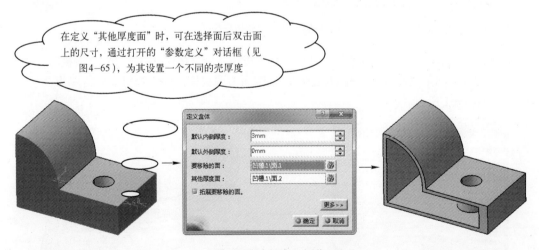

图 4-64 "抽壳"操作

单击"定义盒体"对话框中的"更多"按钮,展开"定义盒体"对话框,如图 4-66 所示。通过展开的选项,可以对抽壳的偏差参数进行一定设置,令软件偏差在此范围内,仍然可以进行抽壳,如图 4-66 所示。其中"光顺模式"共有 3 种,下面解释一下其意义。

图 4-65 "参数定义"对话框　　　　图 4-66 "定义盒体"对话框展开效果

> "无"：选中此选项，表示在无抽壳时无偏差（此时"最大偏差"和"规则化"等选项不可用）。

> "手动"：选中此选项，表示可手动设置允许的偏差值。此时，"最大偏差"文本框可用，可以输入一个允许的最大偏差值。

> "自动"：选中此选项，表示有系统自动设置允许的最大偏差值。此时，"最大偏差"文本框不可设置。

此外，"规则化"方式有两种："本地"（即"局部"）表示通过创建一些新的内部面、边或顶点，将偏差尽量控制在局部范围内，即令局部偏差最小化；"全局"表示在全局范围内应用最大偏差，此时抽壳结果可能产生较大失真。

勾选"固定厚度"复选框，表示令抽壳厚度在最大偏差范围内调整，但抽壳后壳体各处的厚度相同；否则，壳体不同部分可能具有不同的厚度。

勾选"拓展要移除的面"复选框（对话框左侧），表示操作时移除与所选的"要移除的面"相切的面。

4.5　厚度（加厚）

厚度（加厚）特征主要用于加厚模型的某个面，或者将片体（曲面）加厚生成实体（可同时对多个面执行加厚操作）。

单击"修饰特征"工具栏中的"厚度"按钮，打开"定义厚度"对话框，选择一个面，并设置好加厚的方向和加厚厚度（如对实体面进行加厚，加厚方向默认朝外，即不存在实体的一侧），并定义"其他厚度面"，单击"确定"按钮即可对面执行加厚操作，如图 4-67 所示。

图 4-67 "厚度"（加厚）操作

提示

> 单击"定义厚度"对话框中的"更多"按钮，也可以在打开的扩展界面中对"厚度"的偏差参数进行设置，不过其选项和意义与 4.4 节中"盒体"的相关部分相同，此处不再赘述。

4.6 移除面和替换面

为了简化模型，操作时可以将模型的某些面移除，并用其他面替换移除的面；此外，也可以直接使用某个面来替换相应的面，以创建能够满足机械要求的模型曲面。本节将对这两个功能进行介绍。

4.6.1 移除面

如图 4-68 所示，单击"删除面"工具栏上的"移除面"按钮，然后选择一个"要移除的面"（此处选择模型凹面中间的一个面即可），再选择"要保留的面"（此处选择模型左侧面和底部平面作为保留面，保留面用于定义移除面的移除边界），单击"确定"按钮，即可将"要移除的面"和"要保留的面"间的空隙的面移除（并生成新面）。

图 4-68 "移除面"操作

提示

> 简单操作时，也可以不定义保留面（不定义保留面的前提是，删除面后系统可自己确定需要延伸的面），此时，移除面后，与移除面相邻的面将自动延伸，并创建新的实体外边界面。

单击"移除面定义"对话框中的"更多"按钮，展开"移除面定义"对话框，右击展开的选项可创建限制面（或直接选择某个面作为限制面），通过限制面可以定义删除面的影响区域，如图 4-69 所示。

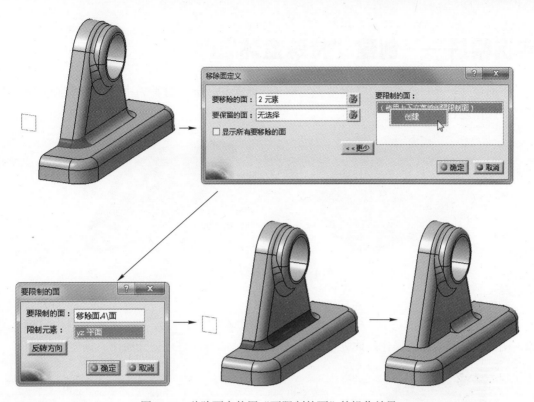

图 4-69 移除面中使用"要限制的面"的操作效果

4.6.2 替换面

使用"替换面"工具可以使用新的面替换实体上的原有面，用来替换的实体面不必与原有实体面具有相同的边界，面被替换后，实体上原面的相连面将自动延伸，并裁剪到替换面，如图 4-70 所示。

图 4-70 "替换面"操作

单击"修饰特征"工具栏中的"替换面"按钮，打开"定义替换面"对话框，如图 4-70 中图所示，然后分别选择"替换曲面"和"替换的目标面"，单击"确定"按钮，即可执行曲面替换操作。

实例精讲——创建"特殊盘体"

下面讲述一个"特殊盘体"的抽壳实例（其要求和效果如图 4-71 所示），以熟悉"抽壳"特征的操作过程。

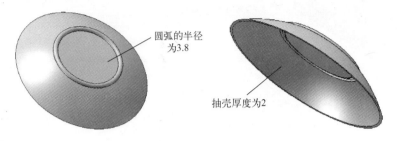

圆弧的半径为3.8

抽壳厚度为2

图 4-71　抽壳要求和效果

制作分析

本实例操作的难点是当"抽壳"厚度等于 2 时（见图 4-72），抽壳界面将产生自相交现象，因此无法完成抽壳操作，此处使用创建辅助特征的方法进行抽壳操作，具体步骤如下。

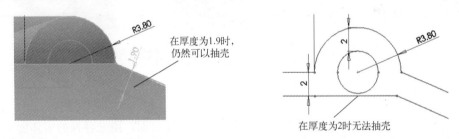

在厚度为1.9时，仍然可以抽壳

在厚度为2时无法抽壳

图 4-72　抽壳时会遇到的问题

制作步骤

步骤 1 打开本书提供的素材文件"teshupanti-sc.CATPart"，单击"修饰特征"工具栏中的"圆角"按钮 ，创建"盘体"顶部的两个夹角间半径为 0.5 的圆角，如图 4-73 所示。

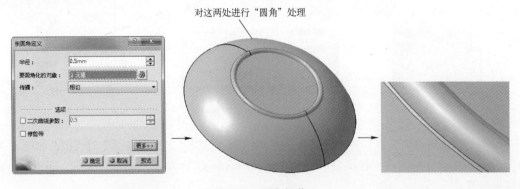

对这两处进行"圆角"处理

图 4-73　圆角操作

步骤 2 单击"修饰特征"工具栏中的"盒体"按钮 （或选择"插入">"修饰特征">

"盒体"菜单），打开"定义盒体"对话框，设置"默认内侧厚度"为2，并选择盘体底面作为要移除的面，单击"确定"按钮进行抽壳操作，如图4-74所示。

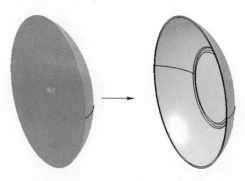

图4-74　抽壳操作

步骤 3 单击"修饰特征"工具栏中的"移除面"按钮 （或选择"插入">"修饰特征">"移除面"菜单），打开"移除面定义"对话框，如图4-75左图所示；选择两个圆角面，进行删除面操作，如图4-75中图所示；单击"确定"按钮，完成整个实例操作，效果如图4-75右图所示。

图4-75　删除面操作

知识库

　　建模过程中有时由于外型面的需要，会不可避免地出现单点收敛或者扭曲现象，这时可以尝试将实体进行分割，将大部分实体先行抽壳，再对剩下的小部分具有特殊面的实体进行单独处理，然后将两部分壳体进行合并，即可达到抽壳的目的。

4.7 外螺纹/内螺纹

　　单击"修饰特征"工具栏中的"外螺纹/内螺纹"按钮 ，打开"定义外螺纹/内螺纹"对话框，如图4-76所示，然后选择螺纹的"侧面"（即螺纹位置）和"限制面"（即螺纹的起始位置），并根据实际情况定义螺纹类型和螺纹参数等，单击"确定"按钮，即可为模型添加螺纹（在"零件设计"空间，螺纹不显示，而"螺纹分析"时显示）。

　　"外螺纹/内螺纹"工具是在已有的圆柱表面生成内外螺纹的工具，但在"零件设计"空间中（以及其他三维空间中），内外螺纹并不会显示出来，而只会在特征树上显示相应操作，不过在工程图中，在实体模型上所添加的内外螺纹将被投影出来，并会按照工程图的制图规范显示相应的螺纹线（见图 4-77）。

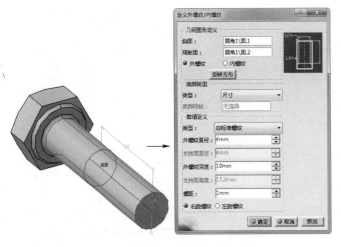

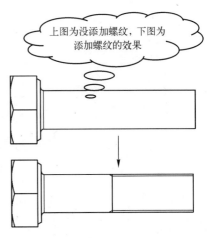

图 4-76 "定义螺纹"操作

图 4-77 螺纹在工程图中的显示

 提示

由于螺纹线过于烦琐、精细，所以在实体设计时，多数情况下无须将其绘制出来，而只需添加这样的一个修饰特征即可。当装配模型较大、零件较多时，简化的螺纹构造有利于降低计算机的负荷，提高设计速度。

实例精讲——创建"六角盖形螺母"

本实例将讲解如何在 CATIA 中设计图 4-78 所示的符号（GB/T 924-2009 标准、M12 规格的六角盖形螺母）。在设计的过程中将主要用到凸台、旋转和螺纹等操作。

图 4-78 需设计的六角盖形螺母

制作分析

本实例将以图 4-79 所示的工程图为参照，在 SolidWorks 中完成"六角盖形螺母"的绘制。螺纹紧固件本身结构较为简单，通常使用拉伸和旋转操作即可完成绘制。此外本实例还将为其添加螺纹，如图 4-80 所示。

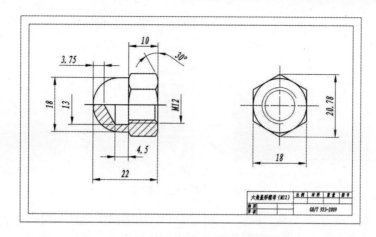

图 4-79 "六角盖形螺母"图纸

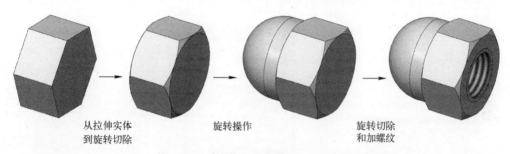

从拉伸实体   旋转操作   旋转切除
到旋转切除   和加螺纹

图 4-80 绘制六角盖形螺母的主要流程

制作步骤

步骤 1 新建一个"零件设计"类型的文件后，选择"xy 平面"，绘制图 4-81 左图所示的草绘图形（令六角形内切圆的圆心约束于草图原点），并执行"长度"为 10 的"凸台"操作，效果如图 4-81 右图所示。

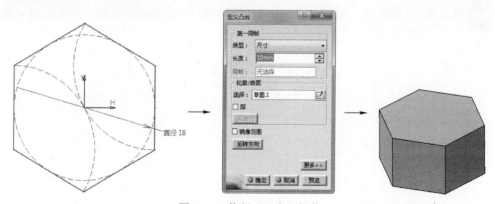

图 4-81 执行"凸台"操作

步骤 2 进入"yz 平面"草绘模式，绘制图 4-82 左图所示的草绘图形（令竖向中心线经过草图原点），单击"基于草图的特征"工具栏中的"旋转槽"按钮，弹出"定义旋转槽"对话框，如图 4-82 中图所示，选择绘制的图形，对模型执行旋转切除操作，效果如图 4-82 右图所示。

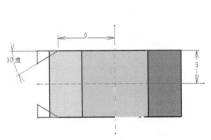

图 4-82　执行"旋转槽"操作

步骤 3 进入"zx 平面"草绘模式，绘制图 4-83 左图所示的草绘图形（令竖向中心线经过草图原点），单击"基于草图的特征"工具栏中的"旋转体"按钮，弹出"定义旋转体"对话框，如图 4-83 中图所示，选择绘制的图形，创建旋转体，效果如图 4-83 右图所示。

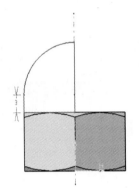

图 4-83　"旋转体"操作 2

步骤 4 进入"yz 平面"草绘模式，绘制图 4-84 左图所示的草绘图形（令竖向中心线经过草图原点），单击"基于草图的特征"工具栏中的"旋转槽"按钮，弹出"定义旋转槽"对话框，如图 4-84 中图所示，选择绘制的图形，对模型执行旋转切除操作，效果如图 4-84 右图所示。

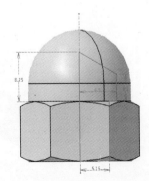

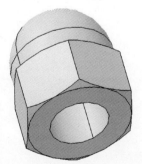

图 4-84　执行"旋转槽"操作 3

步骤 5 选择"插入">"修饰特征">"内螺纹/外螺纹"菜单，选择 **步骤 4** 旋转切除的口部面为螺纹"侧面"，端口面为"限制面"，选择"内螺纹"单选按钮，"类型"选择"公制粗牙螺纹"，"外螺纹描述"选择"M12"，生成螺纹线，如图 4-85 所示。

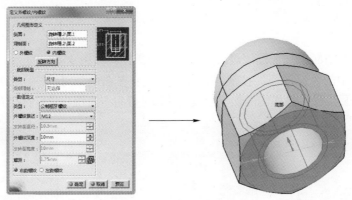

图 4-85 生成螺纹线操作

4.8 基于曲面的特征

所谓基于曲面的特征是指使用曲面对实体进行操作，或使用曲面来生产实体，如使用曲面分割实体，通过加厚曲面、封闭曲面和缝合曲面等来生成实体。本节中所涉及的曲面可在后面第 6 章中学习其创建方法。

4.8.1 分割

可以使用曲面来分割实体。如图 4-86 所示，单击"基于曲面的特征"工具栏中的"分割"按钮，打开"定义分割"对话框，然后选择用于分割实体的曲面，并通过单击实体面一侧的箭头设置保留实体的部分（箭头指向的部分为保留的部分），单击"确定"按钮，即可分割实体。

图 4-86 "分割"实体操作

使用曲面来分割实体时，在曲面未全部切割实体时，如仍要对实体进行分割，可在操作时勾选"定义分割"对话框中的"自动外插延伸"复选框，执行"分割"操作，如图 4-87 所示，此时同样可对实体进行分割。

图 4-87 "自动外插延伸"分割实体操作

4.8.2　厚曲面

厚曲面是指对曲面进行加厚，进而生成实体的操作。如图 4-88 所示，单击"基于曲面的特征"工具栏中的"厚曲面"按钮 ，打开"定义厚曲面"对话框，然后选择要加厚的曲面，再设置曲面在每个偏移侧的加厚厚度，单击"确定"按钮，即可执行"厚曲面"操作。

图 4-88　"厚曲面"操作

 提示

"定义厚曲面"对话框扩展选项中的"偏差参数"部分的意义，可参考前面 4.5 节中对于"盒体"扩展选项的介绍。

4.8.3　封闭曲面

"封闭曲面"是指对曲面进行自动封闭，从而生成实体的特征（所选曲面可以是开口曲面，也可以是封闭曲面）。

如图 4-89 所示，单击"基于曲面的特征"工具栏中的"封闭曲面"按钮 ，打开"定义封闭曲面"对话框，然后选择要封闭的曲面，单击"确定"按钮，即可执行"封闭曲面"操作。

图 4-89　"封闭曲面"操作

执行封闭曲面操作后，曲面内将生成实体，原曲面并未被删除，操作时可将其隐藏。

4.8.4 缝合曲面

"缝合曲面"是指将曲面包裹的空间缝合到实体上，并生成实体的操作。用于缝合的曲面多搭接在实体上，并与原实体面间形成密闭的空间。

如图 4-90 所示，单击"基于曲面的特征"工具栏中的"缝合曲面"按钮，打开"定义缝合曲面"对话框，然后选择要缝合的曲面，单击"确定"按钮，即可执行"缝合曲面"操作。

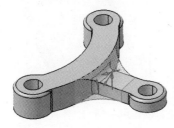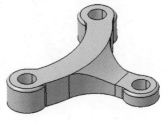

图 4-90 "缝合曲面"操作

在执行"缝合曲面"操作的过程中，当某个面完全位于曲面的一侧时，可将其设置为"要移除的面"，如图 4-91 所示，此时执行的缝合曲面操作，实际上与"替换面"操作的效果是相同的。

图 4-91 缝合曲面中"要移除的面"的作用

"定义缝合曲面"对话框中"相交几何体"复选框的作用为，当曲面直接穿过实体但不相切时（且未完全穿过），应用程序将计算曲面和实体之间的相交，并最终移除具有"自由边线"的曲面部分，如图 4-92 所示（此时若取消勾选"相交几何体"复选框，将无法使用"缝合曲面"操作生成实体）。

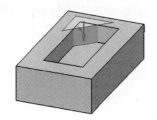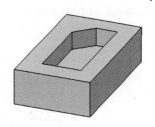

图 4-92 缝合曲面中"相交几何体"复选框的作用

"定义缝合曲面"对话框中"简化几何图形"复选框的作用为，当曲面与原来的实体边界相切时，在生成"缝合曲面"后，将自动消除相切面处的曲线边界，如图 4-93 所示（否则将保留曲面边界）。

要缝合的曲面　　缝合时未勾选"简化几何图形"复选框　　缝合时勾选"简化几何图形"复选框

图 4-93　缝合曲面中"简化几何模型"复选框的作用

实例精讲——绘制"电话机"

下面介绍一个绘制"电话机"机身的实例，产品模型如图 4-94 所示。由于现实中此电话机身为一盒状的塑料件，所以会用到一些基于曲面的特征。

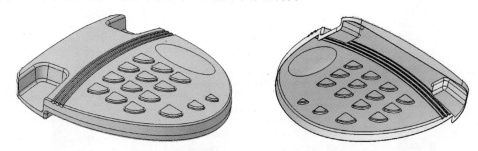

图 4-94　"电话机"机身和要创建的上盖模型

制作分析

本实例操作主要用到上面所学的知识创建，如分割、厚曲面、封闭曲面和缝合曲面等，由于实例中的草图、曲面等部分内容涉及后面第 6 章要学的知识，所以都在素材中一并提供，实例中"阵列特征"的详细操作方法可参考第 5 章的讲解。

制作步骤

步骤 1　打开本书提供的素材文件"dianhuaji-sc.CATPart"，如图 4-95 左图所示，首先隐藏除"修剪 2"和"修剪 3"外的所有曲面，然后分别选择"修剪 2"和"修剪 3"，执行"分割"操作，效果如图 4-95 右图所示。

步骤 2　单击"基于曲面的特征"工具栏中的"厚曲面"按钮 ，选中"修剪 2"和"修剪 3"曲面，执行"第一偏移"为 6 的厚曲面操作，如图 4-96 所示（完成操作后，将"修剪 2"和"修剪 3"曲面隐藏，下面操作相同，此操作不再重复叙述）。

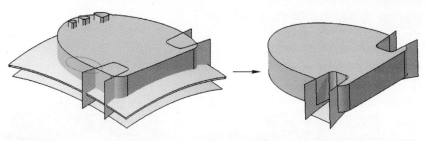

图 4-95 执行"分割"操作

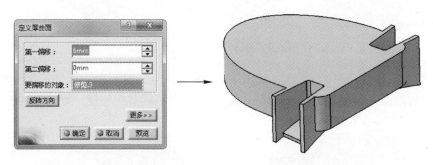

图 4-96 执行"厚曲面"操作

步骤 3 显示出"偏移 2"曲面，然后单击"基于曲面的特征"工具栏中的"分割"按钮
，对模型执行分割操作，如图 4-97 所示。

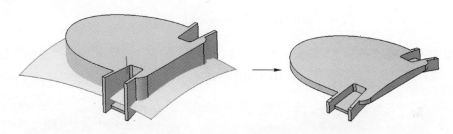

图 4-97 执行"分割"操作 2

步骤 4 显示出"草图 4"，执行"凸台"操作（向上拉伸 40），创建电话机的其中一个键
盘，如图 4-98 所示。

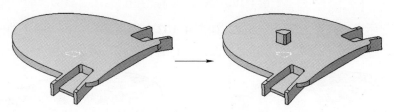

图 4-98 执行"凸台"操作

步骤 5 选择"插入" > "变换特征" > "矩形阵列"菜单，选择 步骤 4 创建的"凸台"
特征，以 27 的间隔距离，设置横向 3 个实例，纵向 4 个实例，阵列出电话机的主按键，如
图 4-99 所示。

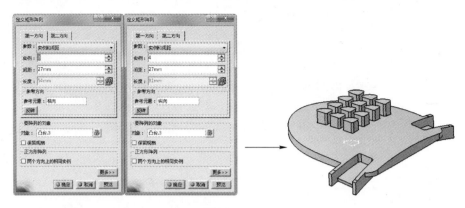

图 4-99　执行"矩形阵列"操作

步骤 6 显示出"拉伸 1"曲面，如图 4-100 左图所示，然后单击"基于曲面的特征"工具栏中的"封闭曲面"按钮，选择此曲面，创建电话机的其余按键，如图 4-100 右图所示。

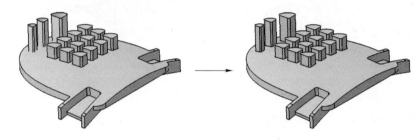

图 4-100　执行"封闭曲面"操作

步骤 7 显示出"偏移 1"曲面，单击"基于曲面的特征"工具栏中的"分割"按钮，使用此曲面对模型执行分割操作，如图 4-101 所示。

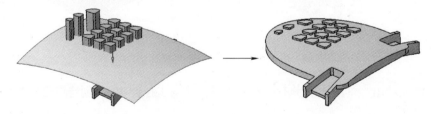

图 4-101　执行"分割"操作

步骤 8 显示出"外形渐变 9"曲面，如图 4-102 左图所示，单击"基于曲面的特征"工具栏中的"缝合曲面"按钮，选择此曲面，执行缝合操作，效果如图 4-102 右图所示。

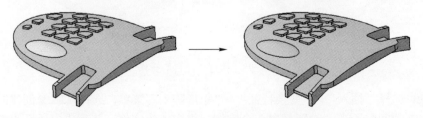

图 4-102　执行"缝合曲面"操作

步骤 9 显示出"草图 1",如图 4-103 左图所示,对其执行向外剪切的"凹槽"操作,效果如图 4-103 右图所示。

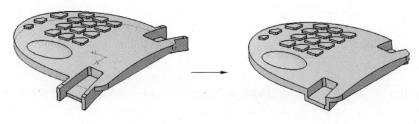

图 4-103 执行"凹槽"操作

步骤 10 显示出"草图 11",如图 4-104 左图所示,对其执行"直到曲面"方式的、向下偏移 3 的"凹槽"操作,创建装饰横线,效果如图 4-104 右图所示。

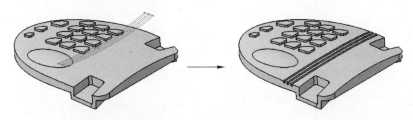

图 4-104 执行"凹槽"操作

步骤 11 完成上述操作后,对模型键盘、模型外边线、模型底部凸出线和电话机装饰横线边线分别执行半径为 1.5、3、5 和 1 的圆角操作,效果如图 4-105 左图所示,在对模型执行移除底部面、厚度为 0.5 的抽壳操作,即可完成电话机模型上盖的创建,效果如图 4-105 右图所示。

图 4-105 执行"圆角"和"盒体"操作

4.9 高级修饰特征

上面介绍的常用模型特征多用于创建一些琐碎细节的非重复操作,当模型需要整体创建某个特征,如需要对模型进行整体拔模、整体圆角时,反复使用这些特征不利于提高工作效率,为此,CATIA 提供了高级修饰特征,以对模型进行整体修改。

本节介绍双侧拔模、高级拔模、自动圆角和自动拔模的操作方法。

4.9.1 双侧拔模

由于大多数注塑模具都是凹模和凸模（又称型腔和型芯，或动模和定模）的构造，即在脱模时，通过凹模和凸模的开合来保证注塑件的顺利脱模。此种情况下，通常需要在分模线的两侧同时进行拔模处理，"双侧拔模"特征即是专门针对这个需要进行设计的，它可一次完成这个操作。下面看一下"双侧拔模"的详细操作过程。

如图 4-106 所示，单击"高级修饰特征"工具栏中的"双侧拔模"按钮 🖰，打开"双侧拔模"对话框，然后选择"分离元素""中性元素第一侧""中性元素第二侧"和"要拔模的面"及拔模角度，单击"确定"按钮，即可执行"双侧拔模"操作。

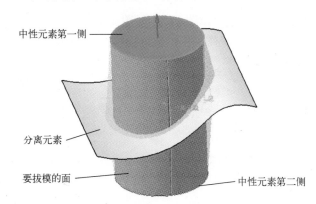

图 4-106 执行"双侧拔模"操作

"双侧拔模"特征实际上包括两种模式，一种是"中性/中性"模式，另外一种为"反射/反射"模式。其中，"中性/中性"模式是指中性面无圆角的模式，而"反射/反射"是指中性面为圆角的模式（如图 4-107 所示，此种模式下，操作时直接选择圆角面为中性面即可）。在"反射/反射"模式下，拔模操作后，可令拔模面仍然与圆角相切。

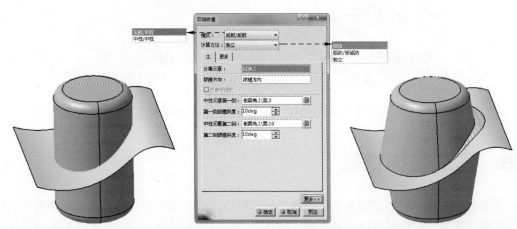

图 4-107 "反射/反射"双侧拔模操作

此外，"双侧拔模"特征还有 3 种"计算方法"，如图 4-108 所示，分别为拟合、驱动/受驱动、独立。下面解释一下这 3 种计算方法。

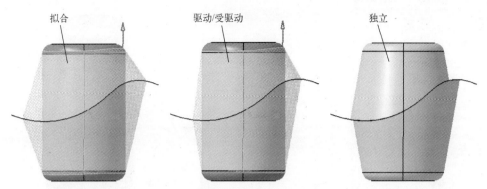

图 4-108 "双侧拔模"操作的 3 种计算方法

➤ "拟合"计算方法是指分离元素的两侧拔模角度相同，且拔模后的面在分离元素位置处拟合。

➤ "驱动/受驱动"是指定义一个拔模角度，并指定某一侧为驱动侧（此侧的拔模角度为定义的拔模角度），另一侧为被驱动侧，拔模面同样在分离元素位置处拟合。

➤ "独立"是指对两侧拔模分别定义不同的拔模角度，然后对两侧分别执行拔模操作，此操作下拔模面在分离元素位置处不拟合。

在"双侧拔模"对话框中切换到"更多"选项卡（见图 4-109），在此选项卡中可为拔模特征设置限制元素（限制元素箭头指向的侧为拔模特征保留的部分）。

图 4-109 为"双侧拔模"设置限制元素操作

提示

> 此外，为了正确执行拔模操作，在"双侧拔模"对话框的"更多"选项卡中（在"拟合"计算方法下），还可为拔模指定"调整分离元素"及"调整分离线"的公差值；当无须进行调整即可正常拔模时，此处无须设置。

4.9.2 高级拔模

"高级拔模"可看作"双侧拔模"的详细设置模式。实际上，在"定义拔模（高级）"对话框中，当双侧都设置了拔模时，高级拔模将自动变为双侧拔模（此时，在对创建的高级拔模进行编辑时，打开的将是"高级拔模"对话框）。

如图 4-110 所示，单击"高级修饰特征"工具栏中的"高级拔模"按钮 ，打开"定义拔模（高级）"对话框，然后设置拔模方式为"标准拔模（第一侧）" ，接下来设置"要拔模的面""中性元素""分离元素"及"拔模角度"，单击"确定"按钮，执行高级拔模操作。

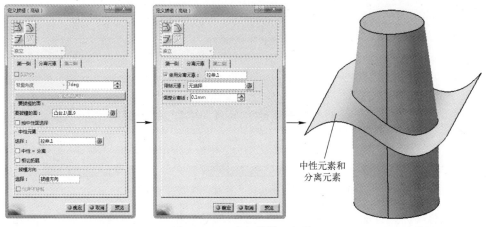

图 4-110 "高级拔模"操作

"高级拔模"有 4 种方式,其中"标准拔模(第一侧)" 、"标准拔模(第二侧)" 相当于双侧拔模中的"中性/中性"模式;"拔模反射线(第一侧)" 、"拔模反射线(第二侧)" 相当于双侧拔模中的"反射/反射"模式。但"高级拔模"可以进行更细致的设置。

此外,"高级拔模"也可以设置"拟合""独立"等计算方法,以及"中性=分离"等参数,关于这些参数的意义,可参照前面 4.3 节和 4.9.1 节中的解释。

提示

> "高级拔模"与"双侧拔模"有一点不同,就是"双侧拔模"是自分离面开始向两个中性面拔模,而"高级拔模"则多是自中性面(可设置为同时也是分离面)开始向两侧拔模。

4.9.3 自动圆角

"自动圆角"是指对模型中除功能面(相当于排除的面)外的所有面一次性进行圆角处理的方式。

如图 4-111 所示,单击"高级修饰特征"工具栏中的"自动圆角"按钮 ,打开"定义自动圆角化"对话框,然后设置功能面,并根据需要设置圆角半径和圆半径的值,单击"确定"按钮,即可执行自动圆角操作。

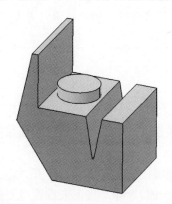

图 4-111 "自动圆角"操作

"定义自动圆角化"对话框中，"圆角半径"是指在模型内角处生成的圆角的半径值，"圆半径"是指在模型外角处圆角的半径值（如不设置"圆半径"，则在模型外圆角处，使用圆角半径值），"显示小于以下值的曲率半径"值，是指当生成的圆角的曲率半径小于所设定的值时，显示图 4-112 所示的"警告"对话框。

图 4-112 "警告"对话框

"定义自动圆角化"对话框中，"薄片和裂缝"选择框用于选择形成薄片和裂缝的面区域，如图 4-113 所示，对此区域中的薄片和裂缝，将删除顶部面，而使用规定的圆角半径和圆半径进行相应圆角处理（如不选择"薄片和裂缝"的面，在薄片和裂缝处的圆角将自动调整圆角的半径值，以保持"薄片"的高度或"裂缝"的深度）。

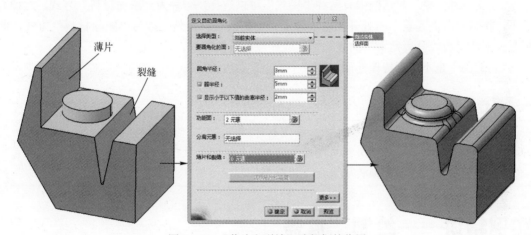

图 4-113 "薄片和裂缝"选择框的作用

 提示

此外，当在"定义自动圆角化"对话框的"选择类型"下拉列表框中选择"选择面"类型时，下面"要圆角化的面"选择框可用，此时，可手工选择要进行圆角处理的面，所选面之间的角将被执行圆角处理。

4.9.4 自动拔模

"自动拔模"是指对模型中除功能面（相当于排除的面）和与拔模方向垂直的面外的所有面，自分离元素位置处一次性进行拔模处理操作。

如图 4-114 所示，单击"高级修饰特征"工具栏中的"自动拔模"按钮，打开"定义自动拔模"对话框，然后设置"功能面""拔模方向"的参照面，以及"分离元素"和拔模"角度"，单击"确定"按钮，即可执行"自动拔模"操作。

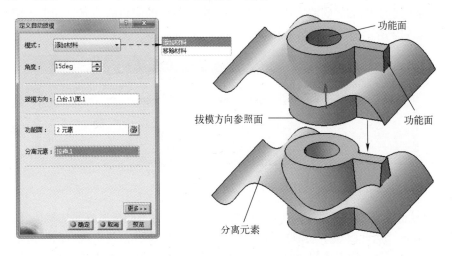

图 4-114 "自动拔模"操作

"定义自动拔模"对话框中有两种"模式"可供选择，一种为"添加材料"方式，此种方式下，将自"分离元素"面处开始生成添加材料的拔模；另外一种为"删除材料"方式，此种方式下，将自"分离元素"面处开始生成删除材料的拔模。

"功能面"是不进行拔模的面。

> "分离元素"并不一定为特定的曲面，也可以将其定义为模型的某个端面，如底面等，此时将对整个模型（除功能面和与拔模方向垂直的面外）执行拔模操作；此外"分离元素"的另外一侧将不进行拔模操作（更改拔模方向，可对另一侧拔模）。

实例精讲——绘制"盘盖"

下面讲述一个"盘盖"的创建实例（见图 4-115），以熟悉高级修饰特征的使用和操作过程。

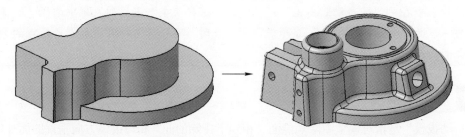

图 4-115 要创建的"盘盖"

制作分析

观察图 4-115 所示模型，可以发现模型中要进行拔模和圆角处理的位置非常多，为了加快建模速度，本实例将使用前面讲述的"自动圆角"和"自动拔模"特征来一次性创建这些特征。对于模型中其他需要执行的凸台和孔操作，此处未做详细叙述，有需要的读者，可查看本书附带的素材文件。

制作步骤

步骤 1 打开本书提供的素材文件"pangai-sc.CATPart"，如图 4-116 右上图所示，单击"高级修饰特征"工具栏中的"自动拔模"按钮，选择模型侧面为"功能面"，选择模型底面为"分离元素"，拔模"角度"设置为 4，拔模参照面为顶部面，拔模"模式"为"添加材料"，执行自动拔模操作，如图 4-116 所示。

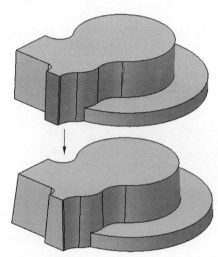

图 4-116 "自动拔模"操作

步骤 2 单击"高级修饰特征"工具栏中的"自动圆角"按钮，选择模型底部面为"功能面"，"圆角半径"设置为 3，执行自动圆角操作，如图 4-117 所示。

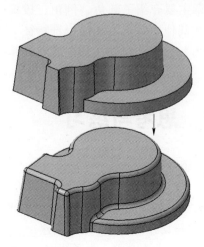

图 4-117 "自动圆角"操作

步骤 3 在模型的顶部位置处和右侧位置处执行"凸台"操作，再执行半径同样为 3 的"圆角"操作，如图 4-118 所示。

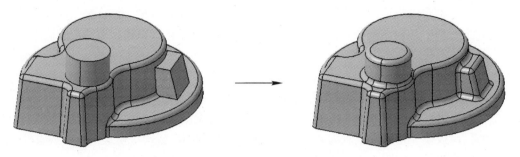

图 4-118 创建凸台并进行圆角处理操作

步骤 4 最后创建多个"凹槽"，并在多处创建孔等，完成"盘盖"的创建，效果如图 4-119 所示。

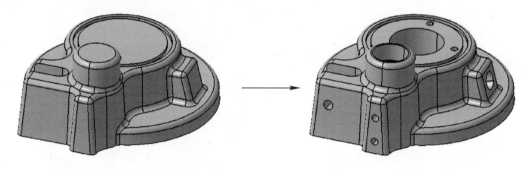

图 4-119 创建凹槽及多个孔

4.10 本章小结

本章主要介绍了圆角、倒角、拔模、盒体、厚度、分割、厚曲面、双侧拔模和高级拔模等在其他实体上附加的修饰特征（是无须创建草图的特征）。其中基础常用特征是圆角、倒角、拔模和盒体特征，应首先掌握，其余特征可随着学习的深入及工作需要逐步掌握。

4.11 思考与练习

一、填空题

（1）_____是指半径在不同位置处大小不同的圆角。

（2）"弦圆角"是使用_____来定义可变半径圆角的方式。

（3）"三切线内圆角"用于创建_____的圆角。

（4）在工业生产中，为了能够让注塑件和铸件顺利从模具腔中脱离出来，需要在模型上设计出一些斜面，这样在模型和模具之间就会形成 1°～5°甚至更大的斜角，这就是_____处理。

（5）"拔模斜度"特征中的_____为一个平面或曲面，通过选择_____，可确定中性曲线，然后拔模面将自交界线处进行倾斜，从而执行拔模操作。

（6）_____拔模特征，用于对面和与其相切的圆角面执行拔模操作，拔模后的面依然与原拔模面相切。

（7）_____特征常见于塑料或铸造零件，用于挖空实体的内部，留下有指定壁厚度的壳。

（8）_____是指将曲面包裹的空间缝合到实体上，并生成实体的操作。用于_____的曲面，多搭接在实体上，并与原实体面间形成密闭的空间。

二、问答题

（1）简述"圆角"特征中"要保留的边线"选择框的作用。

（2）简述一下什么是基于曲面的特征，本章共讲了哪几个基于曲面的特征？

（3）什么是"双侧拔模"特征？它与"拔模斜度"特征的区别是什么？什么情况下会使用此特征执行拔模操作？

（4）什么是"自动圆角"特征？它有哪些优点？

三、操作题

（1）使用本章所学的知识，试绘制图 4-120 所示的"拔叉"模型。

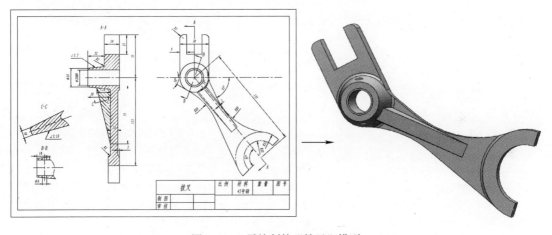

图 4-120　需绘制的"拔叉"模型

提示

> "拔叉"零件稍显复杂，在使用 CATIA 对其进行建模的过程中，除了应用到凸台、凹槽、孔等基于草图的特征外，还应用到拔模、筋和圆角等修饰特征。

（2）使用本章所学的知识，试绘制图 4-121 所示的"蜗轮箱"模型。

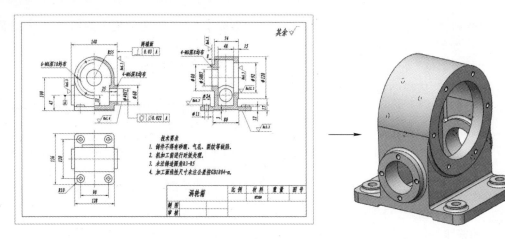

图 4-121　需绘制的"蜗轮箱"模型

提示

　　在涡轮箱的创建过程中，主要用到凸台、凹槽、盒体、圆角和孔等特征，操作时应注重对本章内容的学习。

第5章 参考、变换和布尔特征

本章要点

- 📖 参考几何体
- 📖 变换特征
- 📖 布尔操作
- 📖 形状分析特征

学习目标

可以使用参考几何体辅助创建特征和定义零件的空间位置；对于相同或相似的特征，还可以使用镜像与阵列特征进行创建，从而提高产品设计的效率，另外可以对模型的曲率、拔模、螺纹和厚度等进行分析，以确定创建产品的合理性。

本章将讲解上述内容。

5.1 参考几何体

在建模的过程中我们经常会用到基准面、基准轴（直线）以及点等参考几何体（也被称为基准特征），如图 5-1 左图所示，通过这些参考几何体可以确定实体的位置和方向。使用"参考元素（扩展）"工具栏中的按钮可以创建参考几何体，如图 5-1 右图所示。

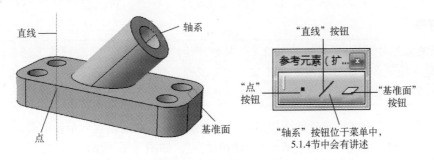

图 5-1 参考特征和"参考元素（扩展）"工具栏

5.1.1 点

在 CATIA 中，基准"点"可用于创建其他参考几何体，如直线、轴系的参照，此外，也可以使用基准"点"创建优秀的空间曲线，如图 5-2 所示。

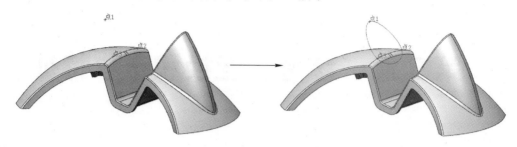

图 5-2　使用"点"创建空间曲线

单击"参考元素（扩展）"工具栏中的"点"按钮 ，打开"点"对话框，如图 5-3 左图所示，然后在"点"类型下拉列表框中选择"圆/球面/椭圆中心"选项，再在操作区中选择一段圆弧边线（或选择球面、椭圆线）作为创建点的参照，单击"确定"按钮，即可以圆弧的原点（或球面中心，椭圆中心点）创建一个基准点，如图 5-3 中图和右图所示。

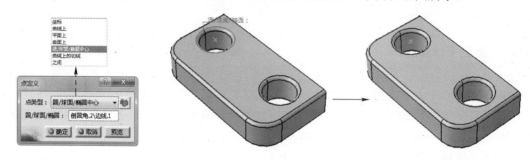

图 5-3　创建"点"

如图 5-3 左图所示，除了上面介绍的通过"圆/球面/椭圆中心"方式创建基准点外，还有如下几种创建基准点的方式。

> "坐标"方式：以坐标原点（或点、轴系）为参照创建点的方式。操作时，如以坐标原点为参照，直接输入要创建点的坐标值即可；如以点、轴系为参照，需要选择一个点或轴系为参考，然后输入相对坐标创建点，如图 5-4 所示。

提示

　　"点定义"对话框中，"机器人位置"按钮 的作用是，以定义到对象上的罗盘位置为参照创建点的方式（操作之前，需要首先右击罗盘，选择"自动捕捉选定的对象"菜单选项，然后单击对象上的点，将罗盘定义到所选对象的特定位置上），如图 5-5 所示。

> "曲线上"方式：选择此选项后，选择一条曲线，然后设置一个长度值，即可在此曲线上创建距曲线一个端点所设置距离值的点，如图 5-6 所示。其中，"沿着方向的距离"单选按钮是指在某个方向上延伸指定距离，然后将点作为所创建点的投影点，在原曲线上所取得的点；"曲线长度比率"单选按钮是以比值的形式创建点的方法；"测地距离"单选按钮是指沿曲线测量距离，而"直线距离"单选按钮是端点到所创建点的直线距离（当所选线为曲线时，此项起作用，因为所选线可以是曲线的）。

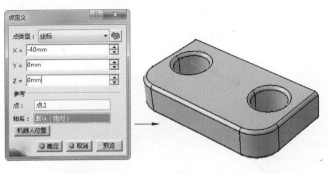

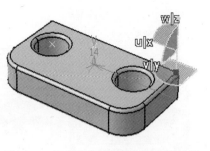

图 5-4 "坐标"方式创建点的方法　　　　　　图 5-5 "机器人位置"按钮的使用效果

"最近端点"按钮是指在所选曲线的最近端点位置处创建点;"中点"按钮是指在所选曲线的中点位置创建点;"参考"下的"点"选择框可以选择参考端点的位置;"反转方向"按钮用于反转长度方向。

> 在"曲线上"方式下,"点定义"对话框中"确定后重复对象"复选框的作用是,在完成点的创建后自动弹出"点面复制"对话框,如图 5-7 所示,可通过此对话框设置要复制的点的个数,可以一次性创建多个点(需要注意的是,要使用此功能,所选的曲线不可以是实体边线,而必须为草绘线等,即所选的线不可以包含子元素,也不可以是其他对象的子元素)。

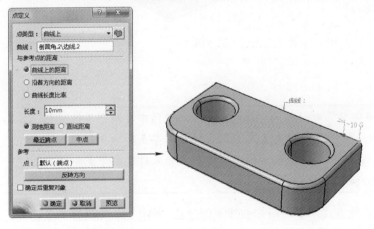

图 5-6 "曲线上"创建点的方式　　　　　　图 5-7 "点面复制"对话框

➢ "平面上"方式:在所选平面上,系统自动选择一点或设置一点为参照点,然后通过设置距此点距离的方式来创建点,如图 5-8 所示。

> 在"平面上"方式下,可在"点定义"对话框"投影"下的"曲面"选择框中选择一个曲面,然后将创建的点投影到曲面上,从而在曲面上创建点,如图 5-9 所示。

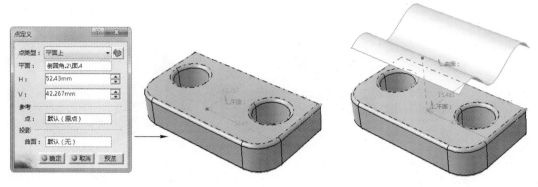

图 5-8 "平面上"创建点的方式   图 5-9 选择投影"曲面"的作用

➢ "曲面上"方式：在所选曲面上，系统自动选择一点（默认为曲面中间点）或设置一点为参照点，然后设置一个参考方向，再设置距离此点的距离，从而在曲面上创建一个点，如图 5-10 所示。

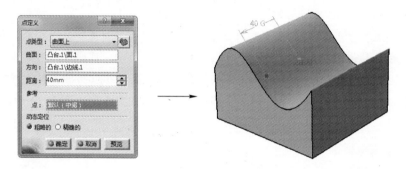

图 5-10 "曲面上"创建点的方式

提示

在"曲面上"方式下，"点定义"对话框的"动态定位"功能区中有两个单选按钮，其中"粗略的"单选按钮的作用是使用直线距离运算法则来计算参考点和所要创建点位置之间的距离；"精确的"单选按钮的作用是使用测地线距离运算法则来计算参考点和所要创建点位置之间的距离（此方式要更精确一些）。

➢ "曲线上的切线"方式：此方式用于在所选曲线上创建点。操作时，先选择一条曲线，再选择一个方向参考线，然后系统即可创建在此方向上与曲线相切的位置处的点，如图 5-11 所示。

提示

在"曲线上的切线"方式下，当在参考线方向上与所选曲线有多个相切点时，在"点定义"对话框中单击"确定"按钮后，系统将弹出"多重结果管理"对话框，如图 5-12 所示，通过此对话框可以选择保留所有点，或保留某个点。

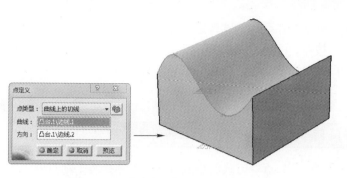

图 5-11 "曲线上的切线"创建点的方式　　　　　图 5-12 "多重结果管理"对话框

> "之间"方式：此方式用于选择两个点，然后在两点之间创建距离其中一个端点一定
距离（两点之间的"比率"）的点，如图 5-13 所示。

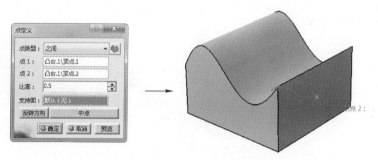

图 5-13 "之间"创建点的方式

提示

在"之间"方式下，"点定义"对话框中出现了"支持面"选择框，当两个参考点位于
同一个曲面上时，可利用此命令在面上创建点（可参考 5.1.2 小节对"支持面"选择框的讲
解的意义），也可以不选择。

5.1.2 直线（基准线）

直线（为了区别草图中的直线，此处也可以将其称为参考直线或基准直线）是创建其他
特征的参照线，主要用于创建旋转体、孔特征等（作为孔等特征的参考方向），以及作为旋转
阵列特征的旋转轴或其他路径线等，如图 5-14 所示。

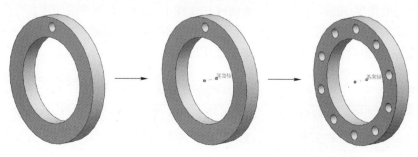

图 5-14 创建的"直线"轴和用"直线"轴创建的圆形阵列

要创建图 5-14 所示的参考直线，可首先在两侧的圆弧原点处创建两个点，然后单击"参考元素（扩展）"工具栏中的"直线"按钮 ／ 打开"直线定义"对话框，如图 5-15 所示，选择创建的两个点（其他选项默认即可），单击"确定"按钮，创建参考直线。

> 将在本章第 5.2.7 节讲述图 5-14 所示的"圆形阵列"特征的创建方法。

如图 5-15 所示，在创建"线型"为"点-点"方式的直线时，除了选择两个端点外，还有其他几个选项可以设置（某些是通用选项），这里集中解释一下其意义。

> "支持面"选择框：当两个端点位于同一个面上时（曲面时起作用），可选择此面作为支持面，可在此曲面上创建距离最短的路径线，如图 5-16 所示。

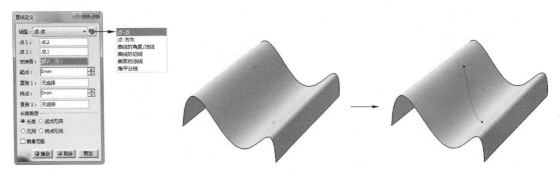

图 5-15 "直线定义"对话框   图 5-16 "支持面"选择框的作用

> "起点""终点""直到 1""直到 2"：这几个选择项用于设置直线在两个端点之外延伸的距离，或延伸到的线或面。

> "长度类型"：共有 4 种类型，其中"长度"表示直线为固定长度；"起点无限"和"终点无限"表示直线在起点或终点位置向外无限延长；"无限"表示直线向两侧无限延长。

> "镜像范围"复选框：勾选此复选框，表示在直线的两侧延长相等的距离。

此外，如图 5-15 所示，除了上面介绍的通过"点-点"方式创建参考直线外，还有如下几种创建参考直线的方式。

> "点-方向"方式：以一个点和通过点的方向（选择一参考线或面）为参照创建线的方式，各参数的意义可参考"点-点"方式。

> "曲线的角度/法线"方式：以一条曲线和曲线上的一个点为参照创建参考直线的方式，所创建的直线在曲线上点的位置处可与曲线切线垂直（即此时创建的为曲线上此点的法线），或为自定义的角度值，如图 5-17 所示。

> 在"直线定义"对话框中，如选择一面作为"支持面"（支持面应经过所选的参考点），并勾选"支持面上的几何图形"复选框，将在支持面上创建参考线，如图 5-18 所示。

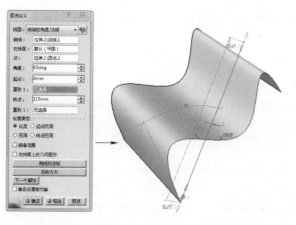

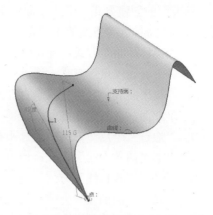

图 5-17 "曲线的角度/法线"方式创建直线　　　图 5-18 "支持面上的几何图形"复选框的作用

> "曲线的切线"方式：将在曲线上的点位置处，以曲线的切线为参照定位并创建参考"直线"的方式。

> "曲面的法线"方式：以曲面上某点处的法线定位并创建参考直线的方式。

> "角平分线"方式：以两条直线的角平分线以及一个起始点为参照，创建经过起始点（起始点默认为直线相交点）并与角平分线平行的直线。

提示

在除"点-点"之外的直线"线型"创建方式下，"直线"对话框中的选项可参考 5.1.1 节和"点-点"方式创建直线中相关选项的解释，由于篇幅限制，此处不再一一解释。

5.1.3 基准面

如前所述，在使用 CATIA 设计零件时，系统默认提供 xy、yz 和 zx 三个互相垂直的基准面作为零件设计和其他操作的参照，但是在很多情况下，仅仅依赖这 3 个基准面是远远不够的，还必须根据需要来创建其他基准平面。

实际上，在 CATIA 中创建基准面更类似于使用草图中的约束定义基准面的位置。如图 5-19 所示，单击"参考元素（扩展）"工具栏中的"平面"按钮，打开"平面定义"对话框，选择一种平面类型（可理解为基准面的定位方式），此处选择"偏移平面"方式，然后选择一个平面，并设置偏移距离，单击"确定"按钮即可完成基准面的创建（在此对话框中，若勾选"确定后重复对象"复选框，可一次创建多个基准面）。

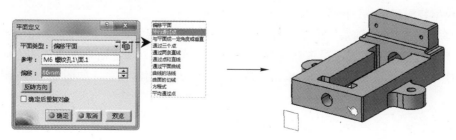

图 5-19 创建"基准面"操作

基准面的创建方式（即"平面定义"对话框中的"平面类型"下拉列表框）有多种，下面解释一下每种创建方式的不同之处。

➢ "偏移平面"方式：通过偏移一个平面一定距离来创建基准面。

➢ "平行通过点"方式：通过一点创建与一个面平行的基准面。

➢ "与平面成一定角度或垂直"方式：通过一条参照直线，与某个面成一定角度或垂直于此面，来创建基准面。

➢ "通过三个点"方式：通过不在一条直线上的 3 个点来创建基准面。

➢ "通过两条直线"方式：通过不共线的两条直线创建基准面。

➢ "通过点和直线"方式：通过一条直线以及不在此直线上的一个点来创建基准面。

➢ "通过平面曲线"方式：通过选择一条位于同一个平面上的曲线（此曲线不为直线）来定位并创建基准面。

➢ "曲线的法线"方式：创建经过曲线上一点并与曲线垂直的基准面。

➢ "曲面的切线"方式：创建经过曲面上一点并与曲面相切的基准面。

➢ "方程式"方式：经过与系统默认坐标原点（或某个轴系）有一定距离（D）的点（点的位置，通过 x、y、z 的值确定，也可选择某个点），创建垂直于此点和坐标原点之间连线的基准面。

提示

> 在"方程式"方式下，当单击"平面定义"对话框中的"垂直于指南针"按钮时，所创建的面将垂直于默认坐标系（或选择的某个轴系）的 z 轴（即通过方程式定位的点位于 z 轴，此时 a 和 b 的值默认为 0，c 的值则无须设置，设置 D 的值即可）。

当单击"与屏幕平行"按钮时，将经过与系统默认坐标系（或选择的某个轴系）原点 D 距离的点，创建与当前屏幕平行的基准面（此时，a、b、c 的值同样无须设置，直接设置 D 的值即可）。

➢ "平均通过点"方式：此方式下可选择多个点，然后创建一曲面，此曲面到所有点的距离的平方和最小（即创建到所有点的距离最小的基准面，所以如果所有点位于同一个平面上，那么此方式与"通过三个点"方式的意义是相同的。实际上，可理解为"通过三个点"方式的扩展）。

5.1.4　轴系

在 CATIA 中，用户创建的坐标系被称为"轴系"，可用于定位创建特征和创建基准面，或用于模型装配和模型分析等。

选择"插入" > "轴系"菜单，打开"轴系定义"对话框，如图 5-20 左图所示，然后选择一点作为轴系的位置，再依次选择几条直线（或边线）确定轴系 3 条轴的方向（也可使用系统默认坐标系的轴方向），单击"确定"按钮即可创建轴系，如图 5-20 中图和右图所示。

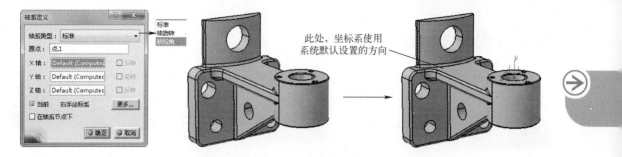

图 5-20 创建"轴系"的操作

 提示

> 创建"轴系"时,若在"轴系定义"对话框中(见图 5-20 左图)勾选"当前"复选框,则在轴系创建成功后,系统自动选用此轴系为当前坐标系。

在左侧模型树中右击创建的轴系,选择"轴系.* 对象">"设置为当前"菜单,可将某轴系设置为当前坐标系;选择"轴系.* 对象">"设置为非当前"菜单,可取消使用此坐标系。当系统没有特定坐标系时,将默认使用系统坐标系。

此外,在"轴系定义"对话框中,勾选"在轴系节点下"复选框后,在左侧模型树中,所创建的轴系将默认置于"轴系"节点下(见图 5-21)。

除了上面讲述的以"标准"方式创建轴系外,系统还提供了另外两种创建"轴系"的方式,下面解释一下这两种创建方式。

> ➤ "轴旋转"方式:如图 5-22 所示,在此方式下,除了需要选择一个点定义轴系坐标原点的位置外,还需要选择一条参考直线定义某一个坐标轴的方向(其余两个坐标轴无须定义,系统使用右手定则并参照系统坐标系,自动确定这两个坐标系的方向),再选择一参考线(此线应与前面定义坐标轴的参考线不平行),然后定义旋转角度,此角度为参考线到非定义的坐标轴所在平面的投影线与其中一条坐标轴的夹角(调整此角度的值,系统将绕着前面定义的坐标轴旋转)。
> ➤ "欧拉角"方式:如图 5-23 所示,在此方式下,仍然需要选择一个点定义轴系坐标原点的位置,此外,需要定义坐标系各个轴关于系统坐标系在 3 个方向上的欧拉角度值。

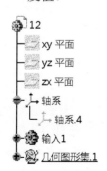

图 5-21 "轴系"节点

图 5-22 "旋转轴"方式操作界面

图 5-23 "欧拉角"方式操作界面

5.2 变换特征

在创建零件模型时，有时需要按照一定的分布规律创建大量相同的特征或对称的特征，这就需要用到复制（平移、旋转等复制）、阵列和对称等特征，本节介绍其操作。

5.2.1 平移

使用"平移"命令，可以平移当前的实体模型。如图 5-24 所示。单击"变换特征"工具栏中的"平移"按钮 🔧，系统弹出"问题"提示框，无须理会，直接单击"是"按钮继续（下面提示将解释此对话框的用意），然后选择一个平面，再设置移动距离，被选择的实体将垂直于所选平面移动设置的距离（要向相反方向移动，将值设置为负数即可）。

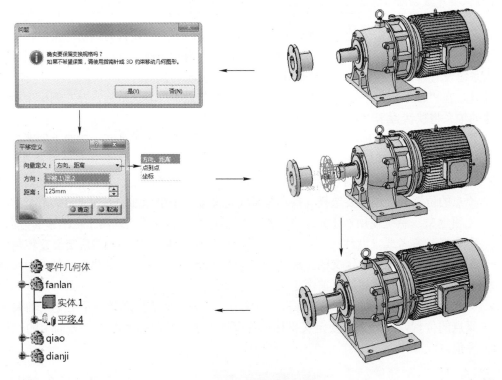

图 5-24 "平移"实体操作

 提示

在单击"平移"按钮执行平移操作时，系统每次都会弹出一个"问题"对话框（下面将要介绍的旋转、对称和定位操作也是如此），其作用实际上是提示用户，使用"平移"操作后，系统将在模型树中包含一个"平移"特征，当要恢复实体位置时，将此特征删除或取消激活即可。

如果不需要保存这个移动操作，可以直接使用指南针（即右上角的罗盘）或通过添加几何体间的约束来定位模型的位置，下面介绍一下相关操作。

先看一下通过罗盘移动模型的操作。如图 5-25 所示，首先选中罗盘原点，将其拖曳到模型的某个平面上，松开鼠标，然后拖曳罗盘的某个轴或某个面，即可以移动模型实体（为了观察模型移动，此处模型内含有多个实体）。

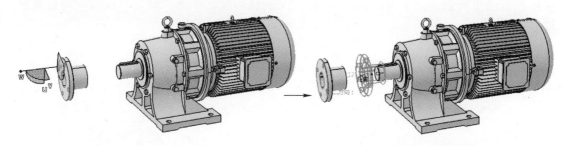

图 5-25　使用"罗盘"移动实体操作

再看一下通过添加"约束"来动模型的操作。如图 5-26 所示，选择"插入"＞"约束"＞"约束"菜单，然后依次单击不同几何体中的两个平面，将添加一个约束，双击此约束，在弹出的"约束定义"对话框中输入新的距离值，即可完成移动实体模型的操作（需要注意的是，先选中的几何体是修改距离值后移动的几何体，后选中的几何体是参照物，即位置固定不变的几何体）。

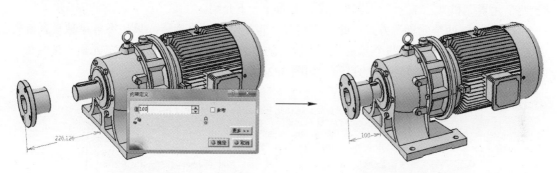

图 5-26　通过创建"约束"移动几何体操作

如图 5-24 左中图所示，除了前面介绍的"方向、距离"移动实体的方式外，"平移"命令还提供了"点到点"和"坐标"两种移动方式，下面简单进行解释。

> "点到点"方式：通过在要移动的几何体上选择参照点（起点），并在目标几何体上选择目标点的方法移动几何体。几何体移动后，其坐标方位不变，但是几何体由起点移动到终点位置处（若需要对多几何体进行此操作，可选择"插入"＞"几何体"菜单插入多个几何体）。

> "坐标"方式：此方式较简单，选中要移动的几何体，并设置在 x、y、z 方向上的移动距离即可（也可设置要使用的轴系）。

5.2.2 旋转

使用“旋转”命令可以旋转当前的实体模型。如图 5-27 所示，单击“变换特征”工具栏中的“旋转”按钮，系统弹出“旋转定义”对话框，选择“轴线-角度”方式，然后在实体上选择一条直线作为旋转轴（如实体上没有直线，也可以使用 5.1.2 节中讲述的直线工具创建一条参照直线），再定义旋转角度，单击“确定”按钮，即可旋转模型。

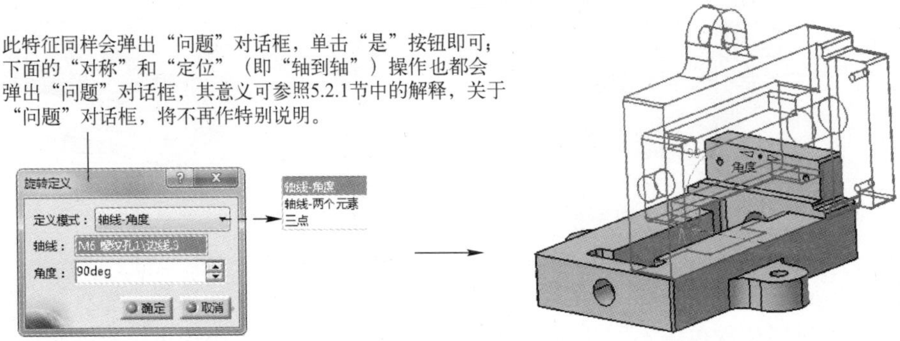

此特征同样会弹出“问题”对话框，单击“是”按钮即可；下面的“对称”和“定位”（即“轴到轴”）操作也都会弹出“问题”对话框，其意义可参照5.2.1节中的解释，关于“问题”对话框，将不再作特别说明。
旋转定义
定义模式：轴线-角度
角度：90deg
确定
取消
轴线-角度
轴线-两个元素
三点

图 5-27 “旋转”实体操作

如图 5-27 左图所示，除了“轴线-角度”移动实体的方式外，“旋转”命令还提供了“轴线-两个元素”和“三点”两种旋转方式，下面作一下介绍。

- “轴线-两个元素”方式：此方式实际上也是绕着轴线旋转，只是不再单独设置旋转角度值，而是通过两个元素，即将旋转的“第一元素”移动到“第二元素”位置处，从而达到定位旋转模型的目的，如图 5-28 所示。

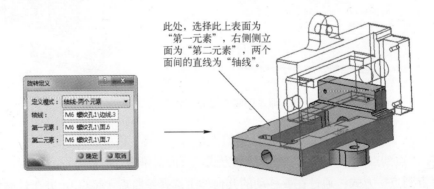

此处，选择此上表面为“第一元素”，右侧侧立面为“第二元素”，两个面间的直线为“轴线”。
旋转定义
定义模式：轴线-两个元素
轴线：M6 螺纹孔1\边线.3
第一元素：M6 螺纹孔1\面.6
第二元素：M6 螺纹孔1\面.7
确定
取消

图 5-28 “轴线-两个元素”旋转实体操作

- “三点”方式：此方式是通过 3 个点来旋转模型的操作，如图 5-29 所示，操作时选择模型上非共线的 3 个点，系统将以垂直于 3 个点确定的平面且通过“第二点”的直线为轴线，将模型从“第一点”位置处移动到“第二点”位置处，从而实现旋转模型的目的。

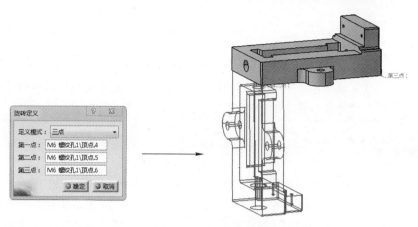

图 5-29 "三点"旋转实体操作

5.2.3 对称

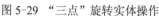

"对称"是指以模型实体的某个面为参考面，镜像移动对象的方法。如图 5-30 所示，单击"变换特征"工具栏中的"对称"按钮🔩，系统弹出"对称定义"对话框，选择模型的一个面作为"参考"面，单击"确定"按钮，即可"对称"移动模型。

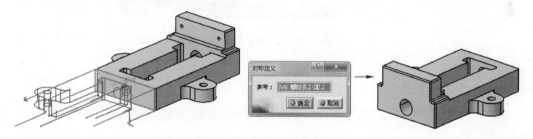

图 5-30 "对称"移动模型操作

5.2.4 轴到轴

"轴到轴"也称为"定位"，是使用轴系移动模型的命令。如图 5-31 所示，单击"变换特征"工具栏中的"定位"按钮🔩（或选择"插入">"变换特征">"轴到轴"菜单），系统弹出"'定位变换'定义"对话框，先选择"参考"坐标系，再选择"目标"坐标系，单击"确定"按钮，即可以"轴到轴"方式移动模型（模型将从参考坐标系位置移动到目标坐标系位置）。

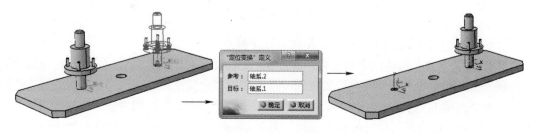

图 5-31 "轴到轴"移动模型操作

"轴到轴"移动模型操作多使用在多几何体模式下，此时，系统如何判断要移动哪个几何体呢？实际上非常简单，在执行"轴到轴"操作之前，右击左侧模型树中的某个几何体，然后选择"定义工作对象"菜单项即可将其设置为目标对象。

5.2.5 镜像

"镜像"指的是沿着某个平面镜像产生原实体副本的操作。如图 5-32 所示，单击"变换特征"工具栏中的"镜像"按钮，系统弹出"定义镜像"对话框，先选择一个面作为"镜像元素"，再选择"要镜像的对象"（如镜像面位于实体上，系统将自动选中此实体），单击"确定"按钮，即可镜像选中的实体。

图 5-32 "镜像"特征操作

5.2.6 矩形阵列

矩形阵列用来沿着一个或两个方向以固定的间距复制出多个新特征（或新的实体），如图 5-33 所示。

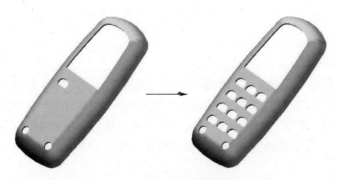

图 5-33 矩形阵列特征

要创建图 5-33 所示的矩形阵列，可执行如下操作。

步骤 1 打开本书提供的素材文件"shoujike-sc.CATpart"，如图 5-33 左图所示。单击"变换特征"工具栏中的"矩形阵列"按钮，系统弹出"定义矩形阵列"对话框，选择左侧模型树中的"凹槽.1"特征作为"要阵列的对象"，选择"凹槽.1"左侧的竖直边线作为矩形阵列"第一方向"的参照，设置阵列"实例"为4，阵列"间距"为15，如图 5-34 所示。

图 5-34 "第一方向"的阵列设置操作

步骤 2 在"定义矩形阵列"对话框中切换到"第二方向"选项卡，选择"凹槽.1"底部的长边线作为矩形阵列"第二方向"的参照，设置阵列"实例"为 3，阵列"间距"为 14，如图 5-35 所示，单击"确定"按钮，完成阵列操作，效果如图 5-33 右图所示。

图 5-35 "第二方向"的阵列设置操作

除了上面介绍的选项外，在"定义矩形阵列"对话框中单击"更多"按钮，还可以打开"矩形阵列"特征的扩展选项，如图 5-36 所示；除了上面讲述的"实例和间距"方式，系统还提供了其他几种定义阵列参数的方式；扩展选项中还包括其他参数等。这里集中解释一下其中某些较烦琐或不易理解的选项的作用。

图 5-36 "定义矩形阵列"对话框的参数面板

> "参数"下拉列表框：其中"实例和间距"是定义实例个数和实例间距的参数定义方式；"实例和长度"是定义实例个数和实例总长度的参数定义方式；"间距和长度"是通过定义阵列间距和阵列总长度来确定阵列个数和间距的方式；"实例和不等间距"是通过定义实例个数和阵列间距的参数定义方式，操作时，可通过双击实例间的约束来定义每个间距的值。

> "保留规格"复选框：可用于制作"随形阵列"类模型，如图 5-37 所示，当勾选此复选框时，阵列的拉伸特征的长度可随曲面而变化（后面实例还会有更加详细的介绍）。

图 5-37 "保留规格"复选框的作用

> "两个方向上相同实例"复选框：即进行相同间距和相同长度的正方形阵列。

> "对象在阵列中的位置"选项组："方向 1 的行"如为 2，表示在方向 1，当前模型位于第 2 行，如图 5-38 所示（"方向 2 的行"意义与此相近），旋转角度，用于定义阵列后的模型（或特征）相对原始模型（或特征）旋转的角度值，其效果如图 5-39 所示。

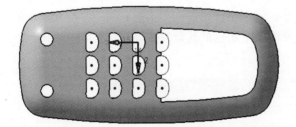

图 5-38 当前特征位于第 2 行

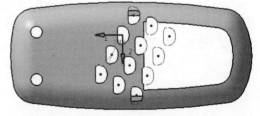

图 5-39 模型整体旋转 60 度效果

> "已简化显示"复选框：勾选此对话框后，即使在横向或竖向上定义再多的阵列个数，系统也将在横竖方向上仅计算和生成 4 行（列）实例。

> "交错阵列定义"选项组：勾选此选项组中的"交错"复选框，将可以设置阵列模型交错显示，如图 5-40 所示（通常交错模型正好位于间距的一半位置处，此外也可以通过"交错步幅"单独设置其间距）；此外选中此按钮 ，表示设置方向 1 中的第 1 行中模型较多（效果如图 5-40 右图所示），而选中此按钮 ，表示设置方向 1 中第 2 行模型较多（效果如图 5-41 所示）。

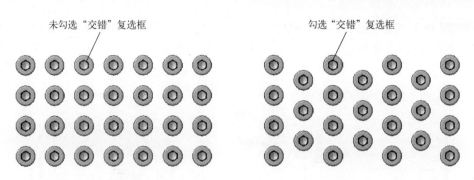

未勾选"交错"复选框　　　　　　　　勾选"交错"复选框

图 5-40　"交错"复选框的作用（并设置"第一个行中参考数较多"）

 提示

　　此外，在"矩形阵列"的预览界面中单击某个阵列出来的实例，可设置不生成此实例，如图 5-42 所示。

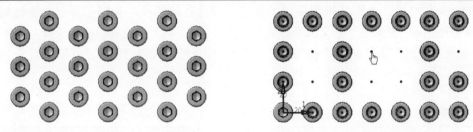

图 5-41　设置"第二行中参考数较多"　　　　图 5-42　不生成某个阵列实例操作

5.2.7　圆形阵列

　　圆形阵列是指绕一轴线生成指定特征的多个副本的操作。创建圆形阵列时必须有一个用来生成阵列的轴，该轴可以是实体边线、基准轴或临时轴等。例如，图 5-43 所示的特征就是通过圆形阵列生成的。

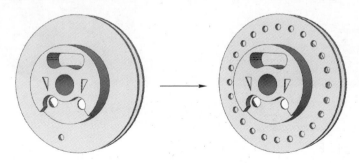

图 5-43　圆形阵列

　　要创建图 5-43 所示的圆形阵列，可执行如下操作。

　　步骤 1　打开本书提供的素材文件"yxzlsc.CATpart"，如图 5-41 左图所示，在左侧模型树中选中要进行阵列的特征"凹槽.1"。

步骤 2 单击"变换特征"工具栏中的"圆形阵列"按钮，系统弹出"定义圆形阵列"对话框，如图 5-44 左图所示。

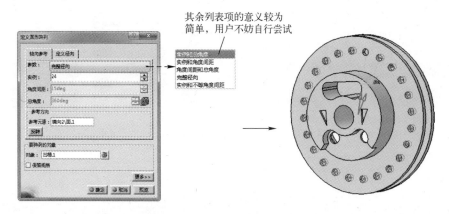

图 5-44 "圆形阵列"对话框和圆形阵列的预览状态

步骤 3 在绘图区中选择模型中间的圆孔，以此孔的轴线作为圆形阵列的旋转轴，如图 5-44 右图所示。然后在"定义圆形阵列"对话框的"参数"下拉列表框中选择"完整径向"选项，设置"实例"数为 24，单击"确定"按钮，完成圆形阵列的创建，效果如图 5-44 右图所示。

提示

　　此外，在"定义圆形阵列"对话框中，切换到"定义径向"标签栏，还可以在圆周径向上对实例进行阵列，如图 5-45 所示（其他参数的意义可参考"矩形阵列"）。

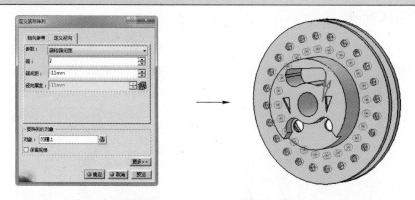

图 5-45 "定义径向"的操作效果

5.2.8 用户阵列

　　用户阵列（在某些软件中也称为"草图驱动的阵列"），是指使用草图中的草图点定义特征阵列，使源特征产生多个副本的阵列，如图 5-46 所示。

　　单击"变换特征"工具栏中的"用户阵列"按钮，系统弹出"定义用户阵列"对话框，先选择一个特征（或几何体，此处选择"凹槽.1"）作为阵列"对象"，然后选择绘制的草图（内含多个点）作为"位置"参考，单击"确定"按钮，即可执行"用户阵列"操作，如图 5-46 所示。

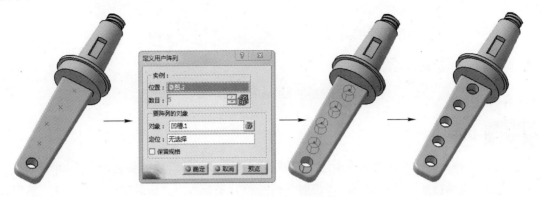

图 5-46　"用户阵列"操作

 提示

> 执行"用户阵列"之前，需要先绘制草图，并在草图中绘制多个点，这样执行用户阵列时，系统将给每个点分配一个实例，以进行阵列。

此外，在"定义用户阵列"对话框的"要阵列的对象"选项组中，还包含一个"定位"选项。此选项用于定位要阵列对象的参考位置，可右击此选择框，选择"创建点"菜单，创建一个参考点，这样将生成参考点到草图距离的"用户阵列"特征，若将参考点再移动到当前要阵列对象的位置，此时所有"用户阵列"特征都跟随移动（此项正常操作时无须设置，而且也不常用）。

5.2.9　缩放

"缩放"特征，顾名思义，是对模型进行缩放操作。单击"变换特征"工具栏中的"缩放"按钮 ，系统弹出"缩放定义"对话框，然后选择模型上的一个点（或面）作为"参考"，再设置缩放"比率"，即可执行缩放操作。

当选择模型上的一个点为参考时，将自参考点位置对模型进行全比例的缩放操作，如图 5-47 所示。

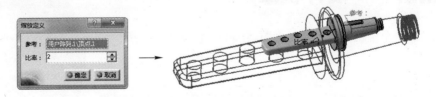

图 5-47　选择模型上的一个点执行"缩放"操作

当选择模型上的一个面为参考时，在参考平面位置以及与参考平面平行的位置上，模型的所有尺寸不变，而在与参考平面垂直位置上，按设置的比例对模型执行缩放操作，如图 5-48 所示。

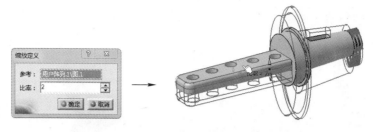

图 5-48　选择模型上的一个面执行"缩放"操作

5.2.10　仿射

　　"仿射"特征的作用也是对模型进行"缩放"，但比"缩放"功能要强一些。如图 5-49 所示，单击"变换特征"工具栏中的"仿射"按钮 ⚙，系统弹出"仿射定义"对话框，然后选择一个点为缩放"原点"，再设置在 x、y 和 z 方向的缩放"比率"即可（"仿射"比"缩放"功能强的地方在于可以执行一个、两个或三个方向上的缩放）。

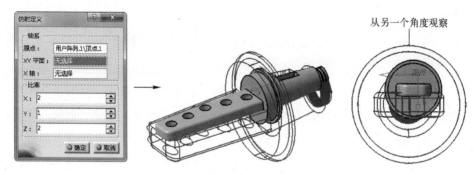

图 5-49　"仿射"操作

 提示

　　在"仿射定义"对话框的"轴系"选项组中，"XY 平面"和"X 轴"用于辅助定义参考轴系的 3 个坐标轴的方向，若不设置，3 个坐标轴的方向与当前轴系相同。

实例精讲——设计机罩

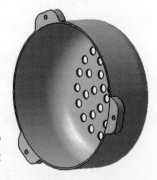

　　下边绘制一个"机罩"模型（见图 5-50），以熟悉前面所学习的知识。

制作分析

　　本实例主要使用"旋转体""凸台""圆形阵列"等特征创建"机罩"模型，在创建的过程中应重点练习和掌握圆形阵列特征的相关操作方法。

图 5-50　"机罩"模型

制作步骤

步骤 1　打开本文提供的素材文件"jizhaosc.CATpart"，如图 5-51 所示，然后单击"变换特征"工具栏中的"圆形阵列"按钮，打开"定义圆形阵列"对话框，设置"参数"为"完整径向"，阵列"实例"为 3，选择"凸台.1"为要阵列的对象，选择"机罩"外表面为阵列"参考元素"，单击"确定"按钮，阵列出机罩的另外两个固定"耳"，如图 5-52 所示。

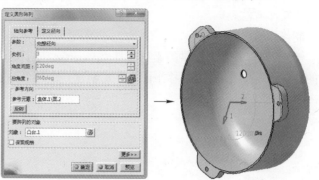

图 5-51　打开的素材文件　　　　　　　图 5-52　执行"圆形阵列"操作

步骤 2 再次单击"圆形阵列"按钮，打开"定义圆形阵列"对话框，如图 5-53 左图所示，"参数"同样设置为"完整径向"，"实例"为 18，选择"凹槽.1"为要阵列的对象，选择"机罩"外表面为阵列"参考元素"，然后切换到"定义径向"选项卡，设置径向个数为 4，间距为-12，并单击镜像实例点，取消部分实例，完成操作，效果如图 5-53 右图所示。

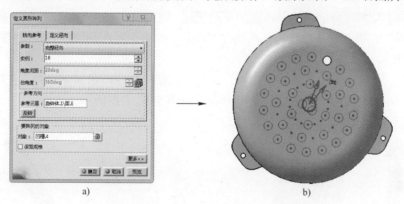

a)　　　　　　　　　　　　　　b)

图 5-53　再次执行"圆形阵列"操作

实例精讲——设计高尔夫杆

下面绘制一个"高尔夫杆"模型（见图 5-54），以熟悉参考几何体和阵列等特征操作。

图 5-54　"高尔夫杆"模型

制作分析

本实例用到"凹槽""基准面"和阵列等多种特征，在学习的过程中应重点掌握"基准面"和几个阵列特征的创建方法，并应注意本实例最后所讲述的"矩形阵列"特征命令阵列随形变化的操作方法。

制作步骤

步骤 1 打开本书提供的素材文件"gaoerfsc.CATpart"，单击"参考元素（扩展）"工具栏中的"平面"按钮，以"偏移平面"方式创建一个与"轴系 1"的 zx 平面距离为 20 的基准面，如图 5-55 所示。

图 5-55　打开素材并创建基准面

步骤 2 进入 步骤 1 创建的基准面的草绘模式，如图 5-56 左图所示，绘制一样条曲线（设置为"构造线"），以此样条曲线为基准执行"偏移"命令，向两侧偏移 0.2，并使用圆弧将偏移后的线封闭。

步骤 3 使用 步骤 2 绘制的截面图形，执行"凹槽"命令，拉伸方式为"直到曲面"，拉伸距离为 1，在皮套上拉伸切除出一条阻力沟，如图 5-56 右图所示。

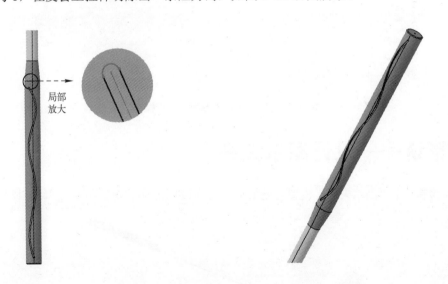

图 5-56　绘制线并拉伸切除出一条阻力沟

步骤 4 执行"圆形阵列"命令，打开"定义圆形阵列"对话框，如图 5-57 左图所示，选择皮套圆面的中心轴作为旋转轴，选择 步骤 3 中创建的凹槽特征作为阵列对象，"参数"为

"完整径向","实例"个数设为20，单击"确定"按钮，创建皮套外部的所有阻力沟，效果如图5-57右图所示。

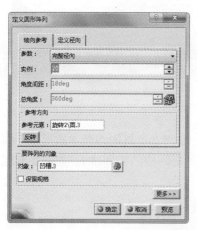

图5-57 旋转出多条阻力沟

步骤5 进入高尔夫球杆杆面的草绘模式，如图5-58左图所示，沿着杆面外部的轮廓绘制两条样条线（近似即可），退出草绘模式。

步骤6 选择"开始">"机械设计">"线框和曲面设计"菜单，进入曲面设计操作界面，单击"曲面"工具栏中的"拉伸"按钮，选择**步骤5**绘制的样条曲线，拉伸出两个曲面（向两侧各拉伸10），如图5-58b所示。

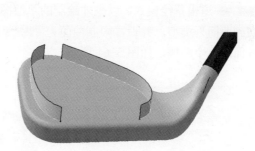

图5-58 绘制两条样条曲线并拉伸出曲面

步骤7 选择"开始">"机械设计">"零件设计"菜单，回到"零件设计"操作界面，单击"参考元素（扩展）"工具栏中的"点"按钮，以"平面上"方式在高尔夫球杆杆面两个拉伸曲面之间竖向空隙的部分创建一参考点，如图5-59左图所示。

步骤8 单击"参考元素（扩展）"工具栏中的"平面"按钮，以"曲线的法线"方式绘制通过**步骤7**所创建的点且垂直球杆底部边线的基准面，如图5-59右图所示。

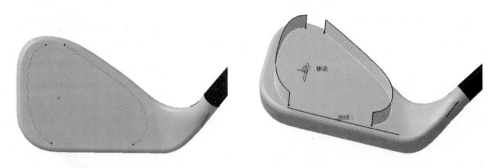

图 5-59　绘制点并绘制基准面

步骤 9 进入**步骤 8** 所创建的基准面的草绘模式，绘制一个封闭的截面图形，并为其添加一定的尺寸，令其位于球杆底面稍向上的位置处（作为凹槽的轮廓线），如图 5-60 所示。

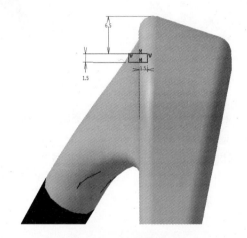

图 5-60　绘制截面图形

步骤 10 退出草绘模式，以刚才绘制的草绘图形为截面创建"凹槽"特征，凹槽向两侧都为"直到曲面"类型，并设置限制曲面为**步骤 6** 创建的拉伸面，单击"确定"按钮，拉伸切除出杆面的一个凹槽，如图 5-61 所示。

图 5-61　创建到两个曲面的凹槽

步骤 11 单击"变换特征"工具栏中的"矩形阵列"按钮，以**步骤 10** 创建的凹槽特征为要阵列的对象，设置"参数"为"实例和间距"方式，"间距"为 4，"实例"为 12，并勾选"保留规格"复选框，单击"确定"按钮，完成高尔夫杆所有沟槽的创建，如图 5-62 所示。

图 5-62　矩形阵列出高尔夫杆的所有沟槽

5.3　布尔操作

为了方便设计，CATIA 提供了使用一个模型对另一个模型进行操作的特征，如使用一个模型减去另外一个模型，或两个模型相加、相交，以及移除块、联合修剪等，下面看一下相关操作。

5.3.1　装配和添加

"装配"和"添加"操作用于将两个模型相加（在 CATIA V5-6 R2015 的"零件设计"模式下，这两个特征的作用和操作是一样的，此处仅介绍"装配"特征）。

单击"布尔操作"工具栏中的"装配"按钮 （或选择"插入"＞"布尔操作"＞"装配"菜单），系统弹出"装配"对话框，然后选择要装配到另一个几何体的"几何体"，再选择被装配的"几何体"，单击"确定"按钮，即可将两个几何体装配到一个几何体中，如图 5-63 所示。

图 5-63　装配实体操作

提示

这里有以下几点需要说明。

➤ 可以用于布尔运算的对象，应属于不同的几何体（见图 5-64）。

➤ 可以通过执行"插入" > "几何体"命令插入新的几何体，并在新几何体中绘制图形。

➤ 要切换当前操作的几何体，可以右击几何体，然后选择"定义工作对象"菜单，即可将其定义为当前操作的几何体对象。

➤ 在新建"零件设计"模型时，系统默认添加的"零件几何体"对象不能作为要装配到其他几何体中的"几何体"（其他布尔操作也是如此），因为"零件几何体"在设计的过程中被看作基础几何体，其他几何体被看作附加几何体。但是"零件几何体"可作为被装配到的目标几何体。

➤ 可将"零件几何体"转换为"几何体"（或相反转换），此时只需先执行"插入" > "几何体"命令插入一个空几何体对象，然后右击这个空几何体对象，选择"几何体.*.对象" > "更改零件几何体"命令，如图 5-65 所示，并在弹出的对话框中单击"确定"按钮，即可将当前空几何体设置为"零件几何体"，同时原零件几何体自动转换为"几何体"对象。

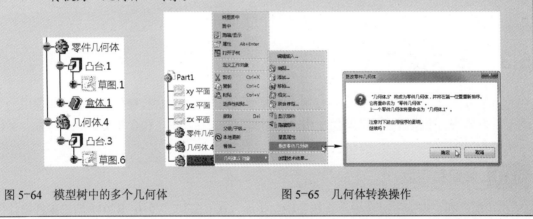

| 图 5-64　模型树中的多个几何体 | 图 5-65　几何体转换操作 |

　　几何体被装配（或添加）后，将在目标几何体中生成相应的布尔特征，并在布尔特征下体现被装配的几何体（见图 5-66）。即此时被操作的几何体和目标几何体已经合并为一个几何体。

图 5-66　执行装配等布尔操作后的特征树

5.3.2 移除

"移除"操作用于将两个几何体相减。如图 5-67 所示，单击"布尔操作"工具栏中的"移除"按钮 (或选择"插入" > "布尔操作" > "移除"菜单)，系统弹出"移除"对话框，然后选择要移除的几何体，再选择从哪个"几何体"中移除，单击"确定"按钮，即可执行移除操作。

图 5-67 "移除"操作

5.3.3 相交

"相交"操作用于求两个几何体的实体重叠部分（即求交集）。如图 5-68 所示，单击"布尔操作"工具栏中的"相交"按钮 (或选择"插入" > "布尔操作" > "相交"菜单)，系统弹出"相交"对话框，然后依次选择存在重叠区域的两个几何体，单击"确定"按钮，即可将执行相交操作。

图 5-68 "相交"操作

5.3.4 联合修剪

"联合修剪"操作用于联合修剪两个几何体中的某些相交面，并将修剪后的模型合并为一个实体。

如图 5-69 所示，单击"布尔操作"工具栏中的"联合修剪"按钮 (或选择"插入" > "布尔操作" > "联合修剪"菜单)，选择要修剪的几何体，系统弹出"定义修剪"对话框；接着选择另外一个几何体（如果另外一个几何体为"零件几何体"，系统将自动选中)，然后选择"要移除的面"（通常选择要移除的实体的任意一个面即可)，再选择"要保留的面"，单击"确定"按钮，即可执行联合修剪操作。

图 5-69 "联合修剪"操作

5.3.5 移除块

"移除块"操作用于移除一个几何体中，与非保留面所在实体块不相交的实体块。如图 5-70 所示，单击"布尔操作"工具栏中的"移除块"按钮 （或选择"插入">"布尔操作">"移除块"菜单），系统弹出"定义移除块（修剪）"对话框，然后选择要移除块上的任意一个面，再选择要保留块的任意一个面（也可不选，即仅设置一个移除面或保留面），单击"确定"按钮，即可执行"移除块"操作。

图 5-70 "移除块"操作

实例精讲——设计纸篓筐

下边绘制一个"纸篓筐"模型（见图 5-71），以熟悉前面所学习的知识。

制作分析

本实例主要使用"旋转体""加厚曲面""阵列"和"移除"等特征来创建"纸篓筐"模型，在创建的过程中应重点练习和掌握圆形阵列和移除特征的相关操作方法。

图 5-71 "纸篓筐"模型

制作步骤

步骤 1 新建一个零件设计类型文件，在"xy 平面"中绘制图 5-72 所示的草绘图形。

步骤 2 切换到"线框和曲面设计"空间（选择"开始">"机械设计">"线框和曲面设计"菜单），然后单击"曲面"工具栏中的"旋转"按钮，选择 **步骤 1** 绘制的草绘图形，旋转出一个曲面，如图 5-73 所示。

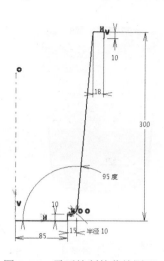

图 5-72 需要绘制的草绘图形   图 5-73 "旋转"操作创建的曲面

步骤 3 切换回"零件设计"空间，选择"插入">"基于曲面的特征">"厚曲面"菜单，设置偏移量为 1，创建"纸篓"的基础实体，如图 5-74 所示。

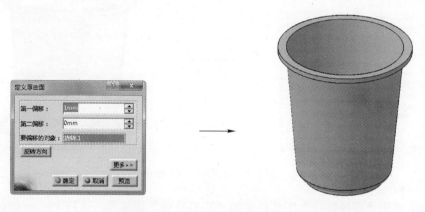

图 5-74 "加厚"操作得到实体

步骤 4 选择"插入">"几何体"命令，插入一个新的几何体。

步骤 5 在"xy 平面"中绘制图 5-75 所示的草绘图形，再选择此草绘图形执行"凸台"操作，凸台长度为 150，如图 5-76 所示。

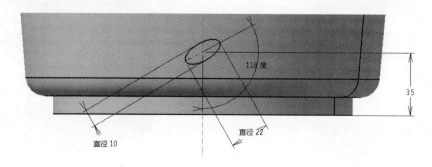

图 5-75 需绘制的草绘图形

图 5-76 "凸台"操作

步骤 6 单击"变换特征"工具栏中的"圆形阵列"按钮，选择**步骤 5** 创建的"凸台"特征，选择"纸篓"外表面为"参考元素"，设置"参数"为"完整径向"，"实例"为 24，执行圆形阵列操作，如图 5-77 所示。

图 5-77 "圆形阵列"操作

步骤 7 单击"变换特征"工具栏中的"矩形阵列"按钮，选择**步骤 6** 创建的"圆形阵列"特征，以"纸篓"曲面为"参考元素"，设置"实例"为 10，"间距"为 25，执行矩形阵列操作，如图 5-78 所示。

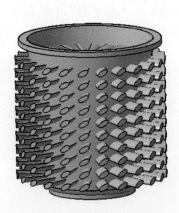

图 5-78 "矩形阵列"操作

步骤 8 单击"布尔操作"工具栏中的"移除"按钮 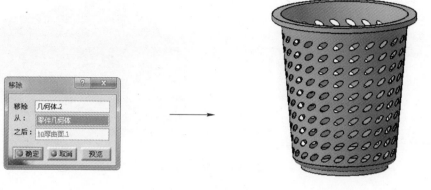，选择步骤 4 创建的"几何体.2"，单击"确定"按钮，执行"移除"操作，令纸篓"零件几何体"减去前面创建的阵列特征，得到最终模型，如图 5-79 所示。

图 5-79 "移除"操作

5.4 形状分析特征

为了判断创建的模型是否符合规定，可在出图之前对模型形状进行分析。如进行拔模分析，以判断此模型哪些面拔模斜度不够，需要继续拔模；或进行曲率以及厚度分析等。下面就来看一下这些分析操作。

5.4.1 拔模分析

拔模分析，顾名思义，就是通过分析以确定模型的哪些面需要进行拔模，本书前面第 4.3 节中已经讲过，为了让注塑件和铸件能够顺利从模具腔中脱离出来，需要在模型上设计出一些斜面，而这些斜面通常就是由拔模操作来实现的。

下面看一个拔模分析过程。

步骤 1 打开本书提供的素材文件"yhgsc.CATpart"。在进行拔模分析之前，首先单击"视图"工具栏中的"含材料着色"按钮（或选择"视图" > "渲染样式" > "含材料着色"菜单），如图 5-80 所示，将视图样式切换为"含材料着色"样式。

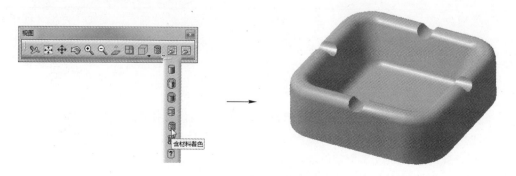

图 5-80 切换视图样式操作

步骤 2 单击"分析"工具栏中的"拔模分析"按钮 ⚪，打开"拔模分析"对话框，选择
步骤 1 打开的烟灰缸模型，系统将自动对模型进行拔模分析，如图5-81所示（此时分析结果
并不正确，主要是因为拔模方向有误，下面将进行设置）。

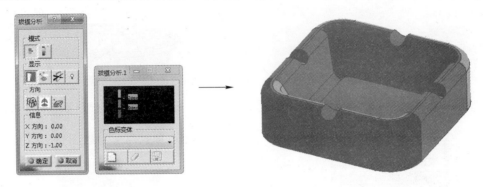

图5-81 拔模分析操作

步骤 3 单击"拔模分析"工具栏中的"使用指南针定义新的拔模方向"按钮 ⚓，然后拖
曳指南针定位点到模型底部平面，如图5-82所示，松开鼠标，即可见到正确的拔模分析结果（其
中红色区域为需要拔模的区域，蓝色区域为负拔模区域，绿色区域为正拔模区域，正拔模通常
为已经拔模、无须再拔模的区域，由于图书为黑向印刷，具体请结合光盘提供的素材文件）。

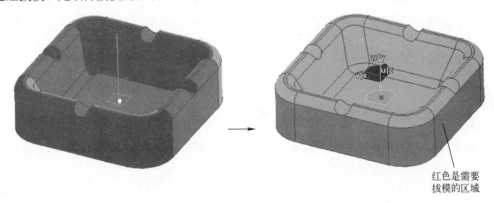

红色是需要
拔模的区域

图5-82 设置拔模方向操作

"拔模分析"操作完成后，单击"拔模分析"对话框中的"确定"按钮，关闭"拔模分
析"对话框后，分析结果仍在操作区域内可见，当更改零件几何体时，分析结果将实时更
新（可右击左侧模型树中生成的"拔模分析"特征，选择"隐藏/显示"菜单，将拔模分析
结果隐藏）。

下面解释一下"拔模分析"对话框中各个选项的作用，具体如下。

➢ "切换至快速分析模式"按钮 ▪：系统默认选中此按钮，并弹出"拔模分析.1"对话
框，此时系统通过3个颜色来显示拔模分析区域，即上面操作中提到的蓝色的负拔模
区域、绿色的正拔模区域和红色的需要拔模的区域。

在"拔模分析.1"对话框中，可双击"色标"，通过弹出的"颜色"对话框来更改拔模分析区域的颜色，也可以通过双击"色标"右侧的值打开"编辑"对话框，对拔模的临界值进行相应设置，如图 5-83 所示。

"拔模分析.1"对话框底部的 3 个按钮分别为"新建变体""删除当前变体"和"保存当前变体"按钮，分别用于创建变体、删除色标变体和保存色标变体（色标变体，即是与系统默认提供的色标样式不同的，自定义的色标和色标值）。

图 5-83　设置色标和色标值操作

➤ "切换至全面分析模式"按钮 ：单击此按钮，"拔模分析.1"对话框中将提供更多的色标，以对模型进行更加全面的拔模分析，如图 5-84 所示。

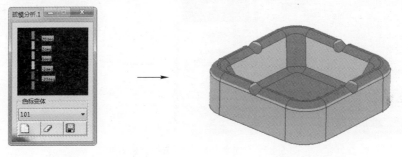

图 5-84　全面分析模式下的"拔模分析.1"对话框和分析效果

➤ "显示或隐藏色标"按钮 ：显示或隐藏"拔模分析.1"对话框。

➤ "根据运行中的点进行分析"按钮 ：选中该按钮后，将鼠标光标移动到所分析模型的表面位置处时，将显示光标位置处的拔模值，光标移动，则拔模值也会随之改变。

➤ "无突出显示展示"按钮 ：单击此按钮后，可移除所选元素的突出展示显示（体现为不显示模型默认边线），如图 5-86 所示。

➤ "光源效果"按钮 ：单击此按钮后，将显示光源效果，此时模型的显示将更加细腻，如图 5-86 所示。

➤ "锁定或解除锁定拔模方向"按钮 ：单击此按钮后将锁定拔模方向，此时通过指南针调整拔模方向无效。

➤ "使用指南针定义新的拔模方向"按钮 ：单击此按钮后可拖曳指南针到某个面上，从而定义垂直于此面的拔模方向。

➤ "反转拔模方向"按钮 ：单击此按钮后将反转拔模方向。

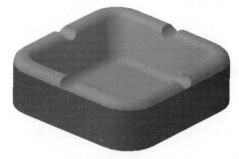

图 5-85 "运行中的点"分析效果   图 5-86 "无突出显示展示"和"光源效果"效果

5.4.2 曲率分析

曲率分析用于分析曲面的曲率。单击"分析"工具栏中的"曲率分析"按钮 ，打开"曲面曲率"对话框，选择一个曲面，即可对曲面执行曲率分析操作，如图 5-87 所示。

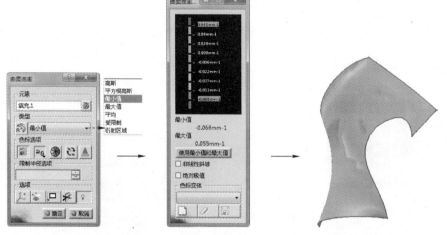

图 5-87 "曲率分析"操作和分析效果

知识库

"曲率分析"操作完成后，单击"曲率分析"对话框中的"确定"按钮，同样将在模型树中保存曲率分析结果，并可选择隐藏或显示曲率分析界面。

下面解释一下"曲面曲率"对话框中各个选项的作用，具体如下。

➤ "元素"选择框：用于选择要分析的曲面（可按住〈Ctrl〉键，同时选择多个曲面进行分析）。

➤ "要求在半径模式下评估分析"按钮 ：以曲面曲率半径的方式来分析和显示模型曲率，此时在"曲面曲率…"对话框中，色标显示的是曲面曲率半径值，而不是曲率的值。

➤ "类型"下拉列表框：用于选择使用何种曲率分析类型来对模型进行分析，如"最大值""最小值""高斯"等，每种分析类型都有其特点和不同的应用场合，详见下面的提示。

提示

下面解释一下曲率分析的7种分析类型有何不同。

➤ "高斯"类型：高斯曲率为曲面上某点两个主曲率的乘积，高斯曲率能够反映曲面的一般弯曲程度。

➤ "平方根高斯"类型：为高斯曲率的平方根，平方根高斯比高斯曲率反应的曲率变化要平滑一些。

➤ "最小值"类型：使用法曲率的最小值曲率来对曲面曲率进行分析并显示。

➤ "最大值"类型：使用法曲率的最大值曲率来对曲面曲率进行分析并显示。

➤ "平均"类型：使用法曲率的最大值和最小值的均值对曲面曲率进行分析并显示。

➤ "受限制"类型：选中此分析类型后，可在"曲面曲率"对话框下面的"限制半径选项"文本框中输入一个半径值，曲率半径小于此值的面上的曲率位置处将不进行分析，而统一显示为蓝色，如图5-88所示。

➤ "衍射区域"类型：也可称作"拐点区域"类型，即以曲率方向拐点为边界线，划分曲面曲率区域的方式，如图5-89所示。

图5-88　"受限制"分析效果　　　　　　　　图5-89　"衍射区域"分析效果

➤ "隐藏/显示色标"按钮：用于设置显示或隐藏色标窗口（即"曲面曲率…"对话框）。

➤ "色标大小"按钮：用于设置色标窗口中所用颜色的多少，共有3种模式，其中"L"含33种颜色，"M"含20种颜色，"S"含10种颜色。

➤ "重置颜色"按钮：将色标窗口中的色标颜色重置为默认颜色。

➤ "反转颜色"按钮：反转色标的颜色。

➤ "sharp mode"按钮：单击此按钮，将设置锐利显示模式，此时允许从渐变模式切换到尖锐曲率显示模式。

➤ "仅正值"按钮：单击选中此按钮后，将忽略正负值，而只对正值进行分析；否则将同时分析负值，并对负值使用不同的色标。

➤ "运行中"按钮：单击选中此按钮后，移动鼠标到所分析的曲面表面，将即时显示模型表面上某点的曲率值，如图5-90所示。

➤ "显示最小值/最大值"按钮：单击选中此按钮后，将在所分析的曲面上显示出曲率最大值和曲率最小值所在的位置，如图5-91所示。

➤ "无突出显示展示"和"光源"按钮：与"拔模分析"对话框中相应选项的意义相同。

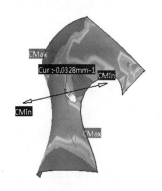

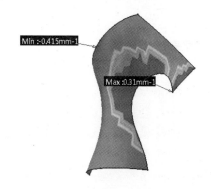

图 5-90 "运行中"分析效果　　　　　　　　图 5-91 "显示最小值/最大值"效果

此外，这里再解释一下色标窗口（即"曲面曲率…"对话框）中"拔模分析"操作中未介绍的相关选项的作用。

➢ "最小值"和"最大值"区域：显示当前所分析曲面曲率的最大值和最小值。

➢ "使用最小值和最大值"按钮：令"色标"的两端分别为当前所分析曲面的最大曲率和最小曲率值，这样当曲面曲率变化不大时，单击此按钮，可令曲面曲率的颜色值对比明显。

➢ "非线性斜坡"复选框：当曲面存在正负曲率值时，此选项可用；勾选"绝对极值"复选框时，再勾选此复选框，可令"绝对极值"色标值以非线性方式排列（非线性的色标值可用于分析一些特殊的曲率区域）。

➢ "绝对极值"复选框：此复选框的作用是令最小负半径值显示在色标的底部，令最大正半径值显示在色标的顶部。由于半径值越大，曲面越平滑，所以勾选此复选框可令平滑的曲面区域显示在色标的两端，而曲面曲率较大的区域显示在色标的中部，利于指出曲面的平滑区域。

5.4.3 外螺纹/内螺纹分析

"外螺纹/内螺纹分析"特征用于找到模型中的螺纹并将其显示出来。单击"分析"工具栏中的"外螺纹/内螺纹分析"按钮🔧，打开"分析外螺纹/内螺纹"对话框，然后单击"应用"按钮，即可将模型中的螺纹显示出来，如图 5-92 所示。

图 5-92 "分析外螺纹/内螺纹"对话框和分析效果

下面解释一下"分析外螺纹/内螺纹"对话框中相关选项的作用。

➢ "显示符号几何图形"复选框：设置分析后，显示螺纹的几何图形图线。

- ➤ "显示数值"复选框：设置分析后，显示螺纹的值。
- ➤ "数值分析"列表：显示当前模型中内外螺纹的数量。
- ➤ "显示外螺纹"复选框：设置分析后，显示外螺纹。
- ➤ "显示内螺纹"复选框：设置分析后，显示内螺纹。
- ➤ "直径"复选框：勾选此复选框后，可在下面值文本框输入一个值，然后进行分析，将只显示螺纹直径为此值的螺纹。

5.4.4 墙体厚度分析

"墙体厚度"特征用于分析模型壁厚。单击"分析"工具栏中的"墙体厚度"按钮，打开"墙体厚度分析"对话框，选中要分析的模型，然后单击"运行"按钮，即可显示模型的墙体厚度分析结果，如图5-93所示。

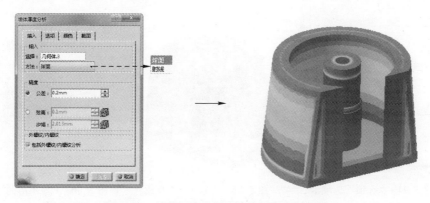

图5-93　墙体厚度分析和墙体厚度分析效果

"墙体厚度分析"对话框的选项卡较多，选项也较多，下面解释一下其各个选项卡中不同选项的作用。

如图5-93左图所示，先来看一下"输入"选项卡中各个选项的作用。

- ➤ "方法"下拉列表框：共有两种分析方法，一种为"球面"，此方法是指自给定点处绘制球体（当然要保证球体必须位于所选模型的实体内），以能够绘制的球的最大直径为该点处的厚度值；另外一种为"射线"，是指以给定点为起点，以垂直于实体边界并指向实体内部的射线长度为该点处的厚度值。
- ➤ "公差"值：此值用于设置墙体厚度分析的网格参数，此数值越小，分析后所得的厚度值越精确，但是分析将越耗时。
- ➤ "弦高"和"步幅"值：是另一种用于设置网格参数的方式，这两个值同样也是值越小，分析后所得的厚度值越精确，分析将越耗时（这两个参数与有限元分析有关，可查阅相关书籍，此处不再赘述）。
- ➤ "包括内螺纹/外螺纹分析"复选框：勾选此复选框时，分析将考虑内外螺纹对模型厚度的影响（否则分析时不考虑螺纹）。

如图5-94所示，下面再来看一下"选项"选项卡中各个选项的作用。

- ➤ "薄区域"按钮：按下此按钮后，勾选其右侧的复选框，可在后边的文本框中输入一个值，然后系统将只显示小于此值的模型"薄区域"厚度效果。

➢ "厚区域"按钮 ：按下此按钮后，勾选右侧的复选框，可在后边的文本框中输入一个值，然后系统将只显示大于此值的模型"厚区域"厚度效果。

➢ "运行中"复选框：勾选此复选框后，鼠标移动到所分析的模型上时，将即时显示模型此处的厚度值，如图 5-95 所示。

➢ "显示球面"复选框：勾选此复选框后，鼠标移动到所分析的模型上时，将即时显示模型此处可包含的最大球面，如图 5-96 所示。

图 5-94 "选项"选项卡　　　图 5-95 "运行中"作用　　　图 5-96 "显示球面"作用

➢ "离散"和"光顺"单选按钮：若选择"离散"方式，在将光标移动到所分析的模型上时，"光标"仅能定位到模型的网格顶点，并提供分析的值；若选择"光顺"方式，可将光标定位到任意位置处，并提供分析值（但此时的分析值可能误差较大）。

➢ "透明度"复选框和滑块：用于设置分析结果的透明度，以查看模型内部的厚度情况。

➢ "没有锐边"复选框：在"球面"分析方式下可用，勾选此复选框将忽略模型锐边（即一些边角位置处）处的厚度值，不做分析。

➢ "重置可视属性"按钮：单击此按钮后，会将"墙体厚度分析"对话框"选项"选项卡中的所有选项设置为默认值。

如图 5-97 和图 5-98 所示，下面再来看一下"颜色"选项卡和"截面"选项卡中各个选项的作用。

➢ "颜色"选项卡中的命令：用于对墙体厚度分析后各个厚度的颜色进行设置。其中"编号"用于设置色标的个数；若勾选"自动缩放"复选框，则色标值不可编辑，色标范围将自动缩放，要编辑色标值，可取消勾选此复选框；"最小值"和"最大值"用于显示分析出的当前模型的最小和最大厚度值。

➢ "截面"选项卡中的命令：单击此选项卡中的"截面分割"按钮 可创建模型的分割截面，从而以剖视方式来观察模型内部的厚度情况，如图 5-98 右图所示。勾选"填充截面分割"复选框，将填充截面为实体（否则截面显示为片体）；此外，此选项卡底部有一排按钮，分别为"创建截面" 、"删除截面" 、"正视于截面" 以及"显示可拾取截面"按钮 ，单击"显示可拾取截面"按钮后，可随时选中某个面（或多个面）作为截面，并显示其剖视图（否则只能创建截面，在打开的"墙体厚度分析截面"对话框中设置截面的面）。

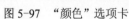
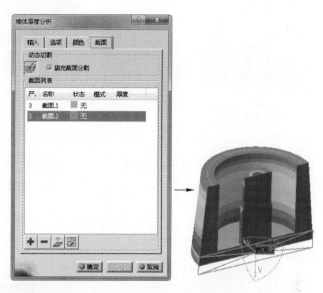

图 5-97 "颜色"选项卡　　　　图 5-98 "截面"选项卡和截面效果

实例精讲——手柄分析

对模型进行适当的分析，可以帮助用户快速找到顺利分模所需的拔模方向，以及快速找出螺纹位置等。本实例操作用于帮助读者熟悉本节所学工具的使用。

制作分析

本实例所使用的零件模型和分析后的界面如图 5-99 所示，下面看一下操作。

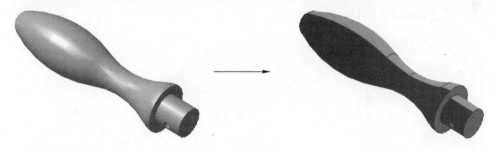

图 5-99 零件模型和拔模分析后的效果

制作步骤

步骤 1 打开本书提供的素材文件 "SbSC.CATpart"，如图 5-99 左图所示，单击"分析"工具栏中的"拔模分析"按钮 ，单击选择模型，对模型进行拔模分析（系统默认使用 z 轴为拔模参考方向），如图 5-100 所示。

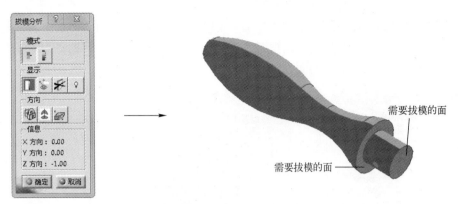

图 5-100   拔模分析操作 1

步骤 2 单击"拔模分析"对话框中的"使用指南针定义新的拔模方向"按钮 🔝，然后拖曳指南针定位点到手柄端部平面，如图 5-101 所示，松开鼠标，可查看此方向上的拔模分析效果。

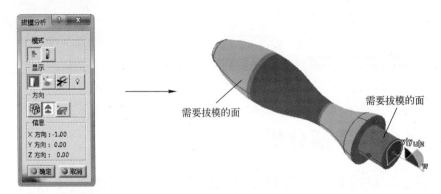

图 5-101   拔模分析操作 2

步骤 3 单击"分析"工具栏中的"外螺纹/内螺纹分析"按钮 🔲，打开"分析外螺纹/内螺纹"对话框，如图 5-102 所示，单击"应用"按钮，执行螺纹分析操作，查找到手柄上的螺纹位置，并查看螺纹大小。

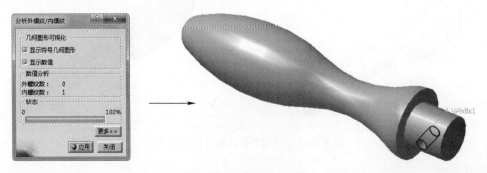

图 5-102   螺纹分析操作

步骤 4 单击"分析"工具栏中的"墙体厚度"按钮 🔳，打开"墙体厚度分析"对话框，选中手柄模型，然后单击"运行"按钮，对模型进行厚度分析，分析完成后，切换到"颜色"选项卡，查看手柄模型最大厚度的值，如图 5-103 所示。

图 5-103　厚度分析操作

5.5　本章小结

　　本章主要介绍了参考几何体、变换特征、布尔操作和形状分析特征的使用方法。参考几何体是创建其他模型的基准；而变换特征中的阵列等特征是创建一系列相同（或相似）特征的重要工具，应重点掌握；布尔操作和形状分析特征有些在模型创建初期并不常用，可适当掌握。

5.6　思考与练习

一、填空题

　　（1）_____方式是以坐标原点（或点、轴系）为参照创建点的方式。

　　（2）在 CATIA 中，用户创建的坐标系被称为_____。

　　（3）使用_____命令，可以平移当前的实体模型。

　　（4）"轴到轴"也称为"定位"，是_____的命令。

　　（5）_____（在某些软件中也称为"草图驱动的阵列"），是指使用草图中的草图点定义特征阵列，使源特征产生多个副本的阵列。

　　（6）_____特征的作用也是对模型进行"缩放"，但比"缩放"功能要强一些，此特征比"缩放"功能强的地方在于可以执行一个、两个或三个方向上的缩放。

　　（7）可以用于布尔运算的对象，应属于不同的_____。

　　（8）_____操作，用于联合修剪两个几何体中的某些相交面，并将修剪后的模型合并为一个实体。

　　（9）_____操作，用于移除一个几何体中与非保留面所在实体块不相交的实体块。

（10）＿＿＿＿＿＿＿＿＿＿＿＿＿＿＿特征用于找到模型中的螺纹并将其显示出来。

二、问答题

（1）简述如何在一条线上连续创建多个点，并使点等间距分布。

（2）简述使用"旋转"命令旋转模型时，"三点"方式是如何移动模型的。

（3）简述（或通过绘图方式描述）在执行"矩形阵列"时，"保留规格"复选框的作用。

（4）"曲率分析"中"受限制"类型有什么作用？"衍射区域"类型又有什么作用？

三、操作题

（1）打开本书提供的素材文件"5-lx1-SC.CATpart"，使用"圆形阵列"特征创建图5-104所示的模型。

（2）打开本书提供的素材文件"5-lx2-SC.CATpart"，使用"矩形阵列"特征创建图5-105所示的模型。

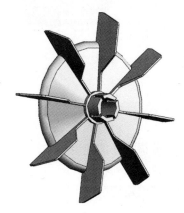

图 5-104　"5-lx1-OK.CATpart"文件

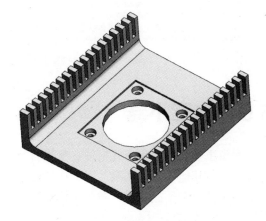

图 5-105　"5-lx2-OK.CATpart"文件

第 6 章　曲线与曲面建模

 本章要点

- 📖 创建曲线
- 📖 创建曲面
- 📖 编辑曲面
- 📖 曲面展开

 学习目标

　　使用曲面特征可以进行高复杂度的造型设计，并可将多个单一曲面组合成完整且没有间隙的曲面模型，进而将曲面填充为实体，而构造曲面时又会用到三维曲线，因此本章将主要介绍创建三维曲线和曲面的方法。

6.1　创建曲线

　　构建曲面之前首先需要构建曲线，除了可以使用草绘曲线构建曲面外，还可以在"线框和曲面设计"模式下直接创建三维曲线，如三维折线、投影线、相交线、三维样条线、螺旋线等。

　　本节将介绍在"线框和曲面设计"模式下绘制这些曲线的方法，在操作之前，选择"开始">"机械设计">"线框和曲面设计"菜单，进入"线框和曲面设计"模式。

6.1.1　点面复制（阵列点）

　　"点面复制"特征用于一次复制多个点。进入"线框和曲面设计"模式后，单击"线框"工具栏中的"点面复制"按钮 ，打开"点面复制"对话框，然后选择要复制的点，再选择一条曲线，设置"参数"为"实例"，设置复制点的"实例"个数，单击"确定"按钮，即可执行点面复制操作复制多个点，如图 6-1 所示。

　　下面解释一下"点面复制"对话框中各选项的意义。

> ➤ "第一点"和"第二点"选择框："第一点"选择框用于选择阵列点的参照点；"第二点"用于选择阵列点的结束点，然后在这两个点之间创建阵列出来的点（如果不设置第一点，系统将自动以所选曲线离鼠标单击位置近的端点作为"第一点"，而"第二点"通常默认为曲线的另外一个端点，多数情况下无须设置）。

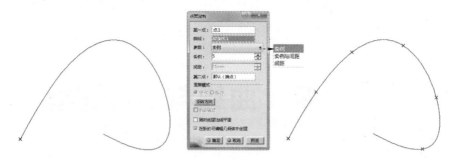

图 6-1 "点面复制"操作

> "曲线"选择框：指定用于创建点的支持曲线，可以令"第一点"经过此曲线，也可以令"第一点"不经过曲线。当"第一点"不经过此曲线时，"点面复制"参照点的真正起始位置为此曲线中，靠近"第一点"的端点。

> "参数"下拉列表框：用于设置点复制的方式，其中"实例"方式是指在"第一点"和"第二点"间平均分布多个点；"实例和间距"方式是指自"第一点"开始，以固定间距方式创建多个点；"间距"方式是指以固定间距方式，在"第一点"和"第二点"之间平均分布多个点。

> "实例"和"间距"文本框：根据所设置的参数方式，可在这两个文本框中设置相应的值。

> "重复模式"：很多初学者都很纳闷，这里的两个单选按钮"绝对"和"相对"，无论选哪个，对点的阵列结果都没有影响。实际上，这并不复杂，这里略作讲解。这两个按钮在"参数"为"实例和间距"以及"间距"方式时可用，二者作用是设置所创建的点间距的计算方式，即当前创建的点，在选择"相对"单选按钮时是相对于上一个点以固定的距离创建的点，在选择"绝对"单选按钮时是以相对于"第一点"的累加距离创建的点（如图 6-2 所示，"点面复制"操作完成后，展开左侧模型树，可以查看他们的不同）。

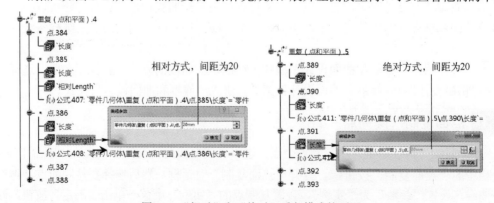

图 6-2 "相对"和"绝对"重复模式的不同

> "反转方向"按钮：反转"第一点"到"第二点"在曲线上的阵列方向。

> "包含端点"复选框勾选此复选框，表示在复制点的同时，在曲线的端点位置处也创建点。

> "同时创建法线平面"复选框：勾选此复选框，表示在创建复制的点时，在所复制的点的位置处创建垂直于曲线的面，如图 6-3 所示。

➢ "在新的可编辑几何体中创建"复选框：若勾选此复选框，在执行"点面复制"操作
后，将在模型树中创建一个可编辑的"重复****"特征，重定义此特征，可对点阵列
的数量等进行修改，若不勾选此复选框，将直接复制点，在完成操作后，将只能对当
个点进行修改，如图 6-4 所示。

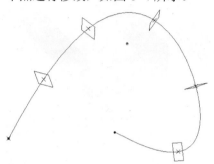

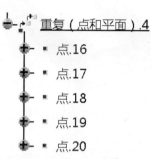

图 6-3　同时创建的通过点的参照面　　　　图 6-4　模型树中"重复***"特征

6.1.2　折线

　　"折线"特征用于在空间中任意两点和多点间创建折线。如图 6-5 所示，单击"线框"工
具栏中的"折线"按钮～，打开"折线定义"对话框，然后依次选择多个点（或模型的端点），
单击"确定"按钮，即可创建通过这些点的折线。

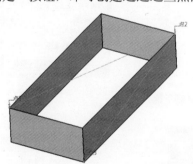

图 6-5　创建"折线"操作

下面解释一下"折线定义"对话框中各选项的意义。

➢ "点"列表：顺序排列选中的多个点。

➢ "替换"按钮：在"点"列表中选中某个点后，单击此按钮，再选择某个点，可以替
换此点。

➢ "移除"按钮：在"点"列表中选中某个点后，单击此按钮，可将其从列表删除。

➢ "添加"按钮：单击此按钮后，再选择某个点，可在"点"列表后添加新的折线点。

➢ "之后添加"按钮：在"点"列表中选中某个点后，单击此按钮，再选中某个点，可
将选中的点插入到"点"列表的所选点之后。

➢ "之前添加"按钮：在"点"列表中选中某个点后，单击此按钮，再选中某个点，可
将选中的点插入到"点"列表的所选点之前。

➢ "半径"文本框：在"点"列表中选中折线中的某个点作为顶点，可在此文本框中为
此点处的折线设置倒角值，以对折线执行倒角操作，效果如图 6-6 所示。

> ➤ "封闭折线"复选框：勾选此复选框后将封闭折线，效果如图 6-7 所示。

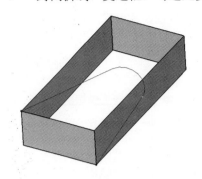 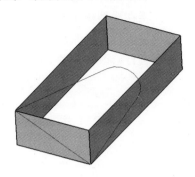

图 6-6　对折线某个点执行"圆角"操作　　　　　　　图 6-7　"封闭折线"效果

6.1.3　面间复制（阵列基准面）

"面间复制"特征用于在空间中任意两个面间一次复制多个面。如图 6-8 所示，当两个面
（"平面 1"和"平面 2"）平行时，将在两个面间一次创建多个平行面；如图 6-9 所示，当两
个面不平行时，将在两个面间创建间隔相同角度值的多个面。

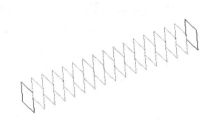 

图 6-8　平行"面间复制"操作

图 6-9　不平行"面间复制"操作

单击"线框"工具栏中的"面间复制"按钮，然后选择两个参照面，设置"实例"个
数，即可执行"面间复制"操作。

提示

　　　　"面间复制"对话框中的"反转方向"按钮在选择两个不平行面时有效，用于在两个面
间的另外一侧的夹角间创建多个面；"在新几何体中创建"复选框用于在创建完成后，在模
型树中创建一个"有序几何图形集"，以对创建的面进行统一管理。

6.1.4 投影

"投影"特征用于将曲线（或点）投影到曲面，并在曲面上生成投影曲线（或投影点）。单击"线框"工具栏中的"投影"按钮 🔗，然后选择"投影线"和"支持面"（即投影到的面），单击"确定"按钮，即可生成投影线，如图6-10所示。

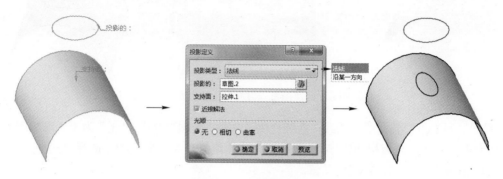

图6-10 "投影"操作

这里，很多用户不理解，系统默认的"法线"投影为什么会在曲面上生成这样的图形。实际上，需要注意的是，默认的"法线"投影并不是以所选曲线的"法线"来进行投影的，而是以"支持面"的每个点的法线进行投影的。即在执行"法线"投影时，系统对曲面上的每个点求法线，当某点的法线经过选择的"投影线"时，此点为有效的投影点，然后求出所有点，从而生成在面上的线，如图6-11所示。

下面再解释一下"投影定义"对话框中"近接解法"复选框的作用：当在曲面上有多个投影时，若勾选此复选框，系统将保留生成靠近"投影线"的单一曲线；若取消勾选此复选框，系统将弹出"多重结果管理"对话框，如图6-12所示，此时，可根据需要设置要保留的投影图形，或选择"保留所有子元素"单选按钮，将所有投影线全部保留。

图6-11 "法线"投影方式示意图

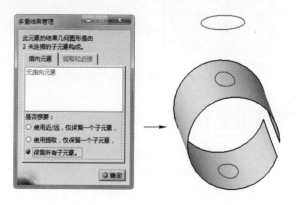

图6-12 非"近接解法"操作

为了令曲线沿着固定的某个方向投影到曲面上，操作时，可在"投影类型"下拉列表框中选择"沿某一方向"选项，然后选择投影线和支持面，再选择一直线或模型边线为方向参照线，单击"确定"按钮，即可按设置的方向将曲线投影到曲面上，如图6-13

所示。

图 6-13　"沿某一方向"投影曲线操作

此外，对于投影到曲线上的线，系统提供了 3 种"光顺"方式："无"为无光顺处理方式；"相切"为将曲线提高为相切连续；"曲率"为将曲线提高为曲率连续。选择"相切"或"曲率"单选按钮后，可以设置其偏差值。

 提示

> 如果生成的曲线无法进行正确的光顺处理，系统将显示警告消息。

在"切线"或"曲率"光顺类型下，系统还提供了一个"3D 光顺"复选框，勾选此复选框，可对曲线进行更多光顺处理，此时，生成的曲线将更加平滑，但是曲线可能不完全位于曲面上，如图 6-14 和图 6-15 所示。

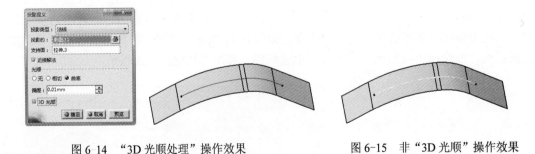

图 6-14　"3D 光顺处理"操作效果　　　　图 6-15　非"3D 光顺"操作效果

6.1.5　相交

"相交"特征的作用是求出两个相交平面的相交线，或求出两个相交曲线的相交点（或非相交曲线的最近距离中点）。

单击"线框"工具栏中的"相交"按钮，然后选择两个相交曲面，单击"确定"按钮，即可生成这两个曲面的相交线，如图 6-16 所示。

下面解释一下"相交定义"对话框中各选项的意义。

> "扩展相交的线性支持面"复选框：扩展曲线直到相交，并生成相交点处的点，如图 6-17 所示（该选项对曲面无效）。

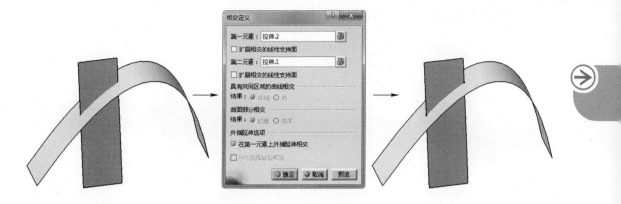

图 6-16 "相交"曲面操作

图 6-17 "扩展相交的线性支持面"复选框的作用

➢ "曲线"单选按钮：生成两个曲线相交部分的曲线，如图 6-18 所示。

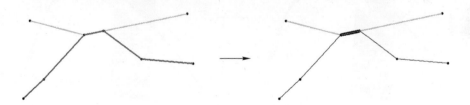

图 6-18 "曲线"单选按钮的作用

➢ "点"单选按钮：生成两个曲线相交部分的点（相交点），如图 6-19 所示。

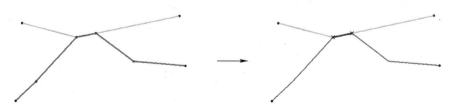

图 6-19 "点"单选按钮的作用

➢ "轮廓"单选按钮：生成曲面和实体相交的轮廓线，如图 6-20 所示。

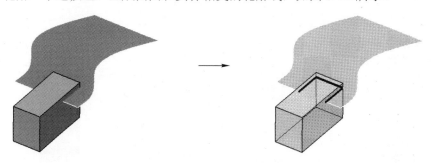

图 6-20 "轮廓"单选按钮的作用

➢ "曲面"单选按钮：生成曲面和实体相交的曲面，如图 6-21 所示。

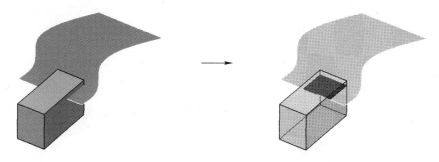

图 6-21 "曲面"单选按钮的作用

➢ "在第一元素上外插延伸相交"复选框：在第一个选定元素上对生成的曲线执行外插延伸，如图 6-22 所示。

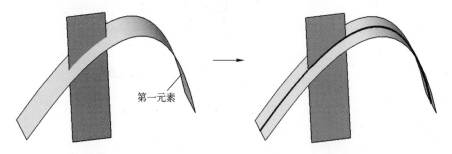

图 6-22 "在第一元素上外插延伸相交"复选框的作用

➢ "与非共面线段相交"复选框：生成两个不共面线，在其延伸线上距离最近点的中点处生成相交点，如图 6-23 所示。

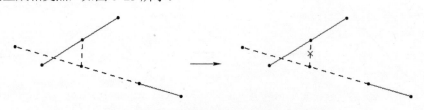

图 6-23 "与非共面线段相交"复选框的作用

6.1.6 圆（3D圆）

在"线框和曲面设计"模式下，"圆"特征用于在任意平面上创建圆。单击"线框"工具栏中的"圆"按钮 ○ ，弹出"圆定义"对话框，然后选择一点为"中心"点，选择经过中心点的一个面为"支持面"，设置圆的"半径"，单击"确定"按钮，即可绘制圆，如图 6-24 所示（可通过对话框右侧的"部分弧"按钮 ⌒ 和"全圆"按钮 ⊙ ，及下部的文本框设置生成全圆还是部分圆弧）。

图 6-24 绘制"圆"操作

下面解释一下"圆定义"对话框中各选项的意义。

➢ "支持面上的几何图形"复选框：勾选此复选框后，将只在几何体上生成图线（部分圆线），如图 6-25 所示。

➢ "轴线计算"复选框：勾选此复选框后，可在创建或修改圆时创建垂直于"支持面"且经过圆心的轴线，如图 6-24 所示。

➢ "轴线方向"选择框：选择一条直线为轴线方向，将在支持面上生成两条轴线，即所选直线到支持面投影的线（所以用作"轴线方向"的线，不可是与"支持面"垂直的线），以及与投影线垂直的线，如图 6-26 所示。

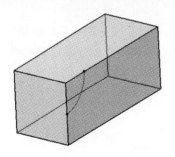

图 6-25 "支持面上的几何图形"复选框的作用

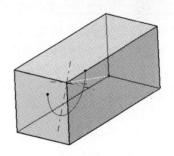

图 6-26 "轴线方向"选择框的作用

➢ "部分弧"和"全圆"按钮：单击"部分弧"按钮，将可通过对话框下部的"开始"和"结束"文本框设置圆弧的开始和结束角度值；单击"全圆"按钮，完成操作后，将生成整个圆。

➢ "修剪圆"按钮 ⌒ 和"补充圆"按钮 ⌣ ：系统共提供了9种创建圆的方式（见"圆类型"下拉列表框），其中前 5 种为通过定义中心点，再定义另外一个参数创建圆的方式（较简单，此处不作过多讲解）；另外 5 种方式为定义圆切线来绘制圆的方式。在创建切线圆时，"修剪圆"和"补充圆"按钮可用，如图 6-27 所示，当"圆类型"设置为"双切线和半径"时，选择模型角处的两条边线为相切"元素 1"和"元素 2"，然后单击"修剪圆"按钮，为圆设置"半径"值，即可绘制修剪后的圆；若此处单击"补充圆"按钮，可绘制修剪圆的补圆弧，如图 6-28 所示（此外，还可绘制"三切线"圆，如图 6-29 所示，此处不再赘述）。

图 6-27 "双切线和半径"圆类型效果

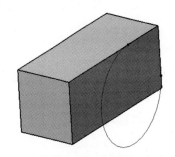

图 6-28 "补充圆"按钮的作用

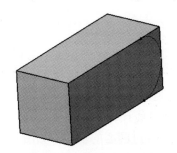

图 6-29 "三切线"圆类型效果

6.1.7 圆角（3D 圆角）

在"线框和曲面设计"模式下，"圆角"特征同样用于对相交的图线进行圆角处理。

单击"线框"工具栏中的"圆角"按钮 ，打开"圆角定义"对话框，然后依次选择两条相交的线，设置圆角"半径"值，单击"确定"按钮，即可在选定线的某个角处生成圆角线，如图 6-29 所示。

图 6-30 绘制"圆角"操作

在执行"圆角"处理操作的过程中，在"圆角定义"对话框中单击"下一个解法"按钮，可切换圆角所处的夹角位置，如图 6-31 所示；若勾选"修剪元素 1"或"修剪元素 2"复选框，可对生成圆角的边线执行修剪操作，如图 6-32 所示。

此外，也可勾选"顶点上的圆角"复选框，然后直接单击"折线"的顶角，执行圆角操作，如图 6-33 所示。

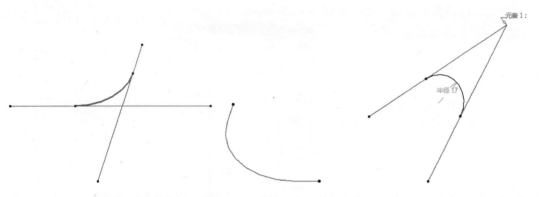

图 6-31　"下一个解法"按钮的作用　　图 6-32　"修剪元素"效果　　图 6-33　勾选"顶点上的圆角"复选框效果

在勾选"顶点上的圆角"复选框执行圆角操作时，如选中整个折线执行圆角操作，将对折线中的所有圆角都执行圆角处理，如图 6-34 所示。

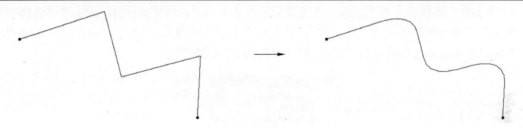

图 6-34　对折线执行全部圆角操作

如果在"圆角类型"下拉列表框中选择"3D 圆角"选项，可对相交的 3D 曲线执行圆角操作，如图 6-35 所示。

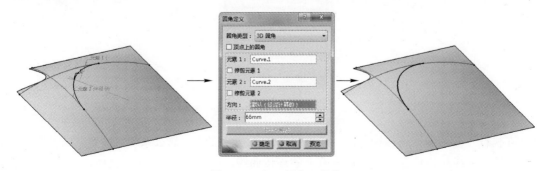

图 6-35　"3D 圆角"操作

6.1.8 连接曲线

"连接曲线"可用于连接两个线段。单击"线框"工具栏中的"连接曲线"按钮，打开"连接曲线定义"对话框，然后依次选择"第一曲线"上的一个端点和"第二曲线"上的一个端点（无须选择曲线，系统会自动选中相连曲线），再设置"弧度"，单击"确定"按钮，即可使用样条曲线将两个线段相连，如图 6-36 所示。

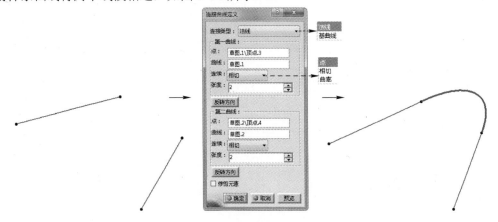

图 6-36 "连接曲线"操作

"连接曲线"共有两种连接类型，图 6-36 所示是"法线"连接类型的效果，此外，还可选择"基曲线"连接类型。

"基曲线"连接类型和"法线"连接类型操作基本相同，只是操作时，除了需要选择一条直线作为"基曲线"外，可选择"曲线"，也可不选择"曲线"。当不选择曲线时，生成的连接曲线将自所选曲线端点处与"基曲线"相切，如图 6-37 所示。

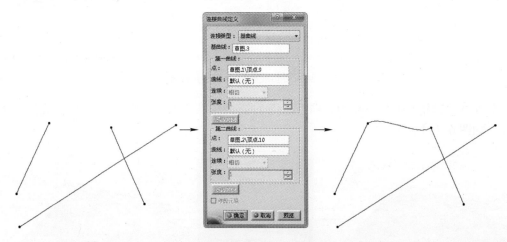

图 6-37 "基曲线"连接类型效果

在执行"基曲线"连接操作时，若选择与点相连的曲线，那么系统将按照默认设置生成与所设置的曲线相切且连接点处弧度为 1 的连接曲线，如图 6-38 所示。此时，"基曲线"的作用只是决定了连接曲线的相切方向，对比如图 6-38 和图 6-39 所示。

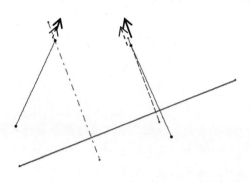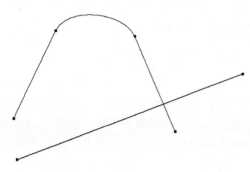

图 6-38　"基曲线"连接类型并设置相切曲线效果

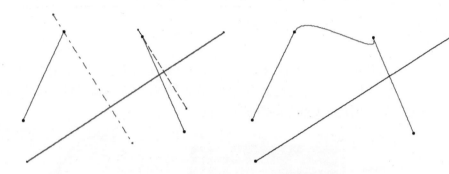

图 6-39　"基曲线"连接类型下调整基曲线效果

在所选的点位于曲线中间时，此时如果希望修剪两条曲线，并将修剪后的两条曲线合成为一条曲线，可勾选"修剪元素"复选框，执行连接曲线操作。

6.1.9　样条线（3D样条曲线）

单击"线框"工具栏中的"样条线"按钮 ，打开"样条线定义"对话框，然后依次选择多个点，单击"确定"按钮，即可创建通过所选点的样条曲线，如图6-40所示。

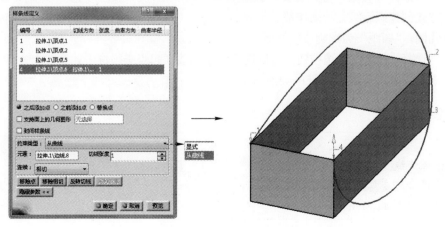

图 6-40　"样条线"操作

提示

前面第2章中介绍过草图中"样条曲线"的创建，由于"之后添加点"系列单选按钮、"支持面上的几何图形"（参照6.1.6节中的解释）、"封闭样条曲线"等很多选项相同，且较容易理解，此处不再赘述。

此外，在"样条线定义"对话框中，单击"显示参数"按钮，可以通过显示出的参数对所选点处的约束类型进行设置。共有两种方式，一种为"显式"，一种为"从曲线"。实际上，这两种方式基本相同，不同点在于，"从曲线"方式只能设置某点处样条曲线与某线相切或曲率连续，而"显式"方式可同时设置某点处的相切连续和曲率连续方式。

6.1.10 螺旋线

单击"线框"工具栏中的"螺旋线"按钮，打开"螺旋曲线定义"对话框，然后依次选择一点作为起点，再选择一条线（与起点不共线）作为轴线，然后设置"螺距"和"转数"，单击"确定"按钮，即可创建螺旋线，如图6-41所示。

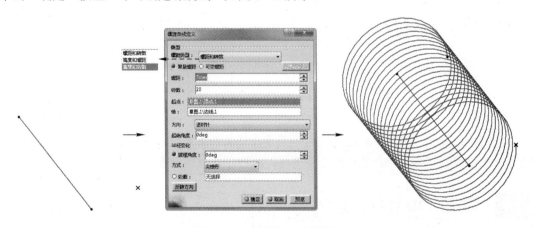

图 6-41 "螺旋线"创建操作

除了以"螺距和转数"方式设置"螺旋类型"外，还可以通过"高度和螺距"及"高度和转数"方式创建螺旋线。其操作都是相同的，只是"高度"是指螺旋线的总高，"转数"是指螺旋有几圈，"螺距"为螺旋线的间距。

此外，选择"轮廓"单选按钮，然后选择一条曲线（起点必须位于此曲线上），可通过此曲线定义螺旋的轮廓形状，如图6-42所示。

 提示

此外，在"螺旋曲线定义"对话框的"拔模角度"文本框中设置一个角度值，可以创建"锥形螺旋线"，如图6-43所示。

若选择"可变螺距"单选按钮，还可以创建起始螺距和结束螺距不同的"可变螺距"螺旋线，如图6-44所示。

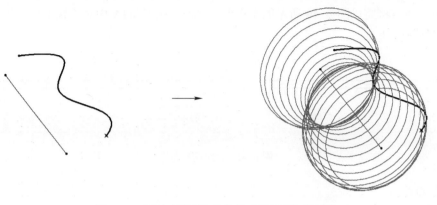

图 6-42 通过"轮廓"线定义"螺旋线"的形状

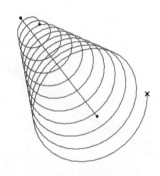

图 6-43 "锥形螺旋线"效果

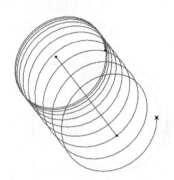

图 6-44 "可变螺距"螺旋线效果

实例精讲——绘制"绞龙"

本实例将讲解使用 CATIA 设计螺旋输送机的关键零件——"绞龙"的操作，如图 6-45 所示。在设计的过程中将主要用到 CATIA 的螺旋线和扫略特征。

图 6-45 螺旋输送机和本实例要设计的"绞龙"零件

制作分析

螺旋输送机"绞龙"的建模关键是其绞龙叶片的创建，需要创建三维的螺旋线，然后先使用螺旋线扫略出绞龙叶片的曲面，再进行加厚处理，并在两端切除出绞龙的固定孔，即可创建出要使用的绞龙模型。

此外，本实例将以图 6-46 所示的工程图为参照，在 CATIA 中完成螺旋输送机"绞龙"的绘制，步骤如下。

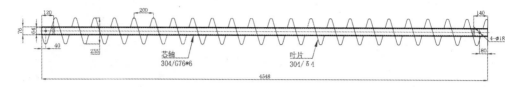

图 6-46 "绞龙"图样

制作步骤

步骤 1 新建一个"零件设计"类型的文件，在"xy 平面"中绘制图 6-47 左图所示的草绘图形，然后单击"基于草图的特征"工具栏中的"凸台"按钮 ，设置拉伸长度为 4548，对草图进行拉伸，效果如图 6-47 右图所示。

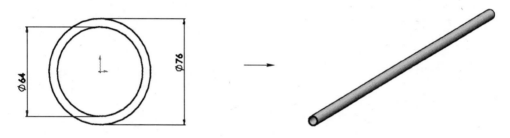

图 6-47 利用"凸台"按钮绘制绞龙中心的旋转柱

步骤 2 首先在"xy 平面"中绘制一位于圆柱外边缘且竖直通过圆柱圆心的点，如图 6-48 所示；然后选择"开始">"机械设计">"线框和曲面设计"菜单，进入"线框和曲面设计"模式，单击"线框"工具条中的"轴线"按钮 ，选择旋转柱外表面，绘制轴线，如图 6-49 所示。

图 6-48 创建点   图 6-49 创建轴线

步骤 3 单击"线框"工具栏中的"螺旋线"按钮 ，打开"螺旋曲线定义"对话框，选择 **步骤 2** 创建的点为"起始"点，选择 **步骤 2** 创建的轴线为旋转"轴"，设置"螺旋类型"为"高度和螺距"，设置"螺距"为 200，"高度"为 4548，"起始角度"为 0，旋转"方向"为"逆时针"，单击"确定"按钮，创建螺旋线，如图 6-50 所示。

图 6-50 创建螺旋线

步骤 4 在"xy 平面"中绘制图 6-51 所示的草绘图形，注意设置其一个端点与**步骤 2**创建的点的几何关系为"相合"。

步骤 5 单击"曲面"工具条中的"扫略"按钮，打开"扫略曲面定义"对话框，如图 6-55 所示，选择**步骤 4**创建的直线为扫掠"轮廓"，选择**步骤 3**创建的螺旋线为"引导曲线"，选择旋转柱外表面为参照"曲面"，单击"确定"按钮，扫掠出绞龙的叶片曲面，如图 6-53 所示。

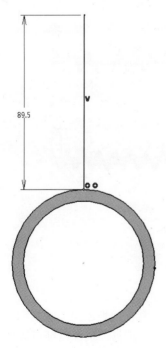

图 6-51 绘制直线

图 6-52 "扫略曲面定义"对话框

步骤 6 选择"开始" > "机械设计" > "零件设计"菜单，切换回"零件设计"空间模式，选择"插入" > "基于曲面的特征" > "厚曲面"菜单，选择**步骤 5**创建的曲面为"要偏移的对象"，设置"第一偏移"和"第二偏移"值都为 3，创建叶片实体，如图 6-54 所示。

图 6-53　扫略曲面效果

　→　

图 6-54　加厚曲面操作

少骤 7 分别在"yz 平面"和"zx 平面"中绘制直径为 18 的 4 个圆，执行凹槽操作，创建绞龙的固定孔，如图 6-55 所示，完成绞龙模型的创建。

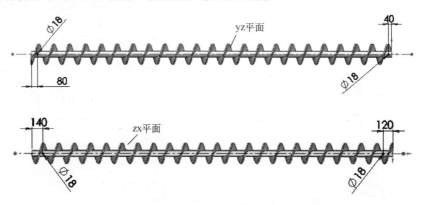

图 6-55　凹槽处理

6.2　创建曲面

　　曲面是以点和线为构型基础生成的面。实体特征可以非常便捷地创建形状规则的模型，但无法进行高复杂度的造型设计，在此情况下，可以使用曲面特征。曲面特征可以使用多种比较弹性化的方式创建复杂的单一曲面，然后将多个单一曲面缝合成完整且没有间隙的曲面模型，进而可将曲面模型填充为实体。

　　在 CATIA 中，主要使用"曲面"工具栏（见图 6-56）中的工具来创建曲面，本节将主要介绍这些曲面工具的使用。

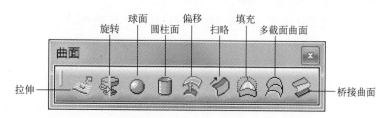

图 6-56 "曲面"工具栏

6.2.1 拉伸、旋转曲面

可以通过"拉伸"操作 ✎ 创建拉伸面，如图 6-57 所示，通过"旋转" 🖋 操作创建旋转曲面，如图 6-58 所示。由于这两个特征与实体操作中的凸台和旋转体操作的原理基本相同，参数设置也基本相同，所以此处不再赘述。

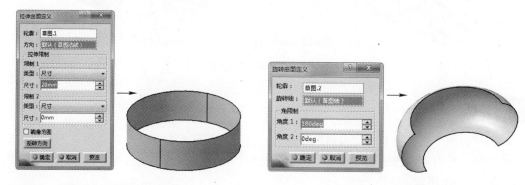

图 6-57 拉伸曲面操作　　　　　　　　图 6-58 旋转曲面操作

6.2.2 球面

球面的创建非常简单，如图 6-59 所示，单击"曲面"工具栏中的"球面"按钮 ◯ ，打开"球面曲面定义"对话框，然后单击一点确定球的中心位置，再设置球面半径，单击"确定"按钮，即可创建球面。

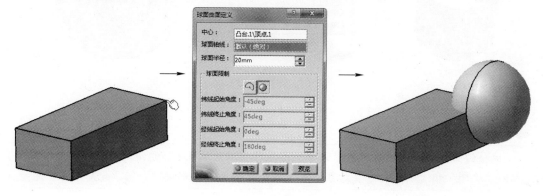

图 6-59 创建球面操作

创建球面时，在"球面曲面定义"对话框中，单击"通过指定角度创建球面"按钮 ◯ ，并设置相关参数，可创建部分球面，单击"创建完整球面"按钮 ◙，可创建完整球面。

6.2.3 圆柱面

单击"曲面"工具栏中的"圆柱面"按钮 ◙，打开"圆柱曲面定义"对话框，然后单击一点确定圆柱面的圆中心位置，再选择一条边线确定圆柱的延伸方向，然后设置圆柱半径和长度，单击"确定"按钮，即可创建圆柱面，如图 6-60 所示。

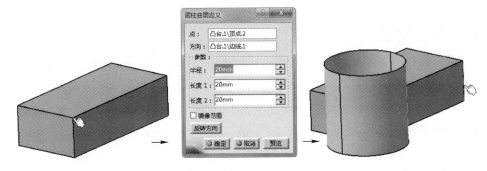

图 6-60　创建圆柱面操作

6.2.4 偏移

单击"曲面"工具栏中的"偏移"按钮 ◙，打开"偏移曲面定义"对话框，然后单击选择一个曲面，再设置偏移距离，单击"确定"按钮，即可偏移选中的曲面，并创建一个新的曲面，如图 6-61 所示。

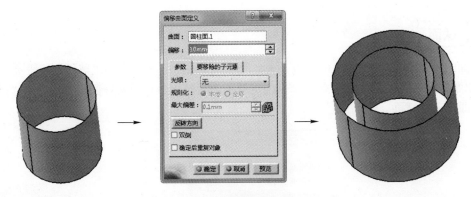

图 6-61　偏移曲面操作

提示

> "偏移曲面定义"对话框中的"光顺"设置可参照前面 4.4 节的介绍。此外，此对话框下部的"双侧"和"确定后重复对象"复选框，前面内容也都做过介绍，此处不再赘述。

在曲面生成错误时，"偏移曲面定义"对话框的"要移除的子元素"选项卡将列举出现偏移错误的曲面，可用于查询是哪些面出现了错误，如图 6-62 所示。

图 6-62　"要移除的子元素"选项卡的作用

6.2.5　扫掠

　　"扫掠"是曲面中的"肋"特征（有些软件也称为"扫掠"特征）。只是"曲面"中的"扫掠"特征形式更多，功能更加强大，可以创建的曲面类型多种多样。

　　不过，与"肋"相似，"扫掠"的基本功能没有变，也是将指定的轮廓沿着指定的引导曲线"扫掠"，得到曲面轮廓。下面先来看一个最简单的扫掠面的创建操作。

　　单击"曲面"工具栏中的"扫掠"按钮 ，打开"扫掠曲面定义"对话框，"轮廓类型"默认为"显式" ，然后设置"轮廓"曲线和"引导曲线"，其他选项保持不变，单击"确定"按钮，即可创建扫掠曲面，如图 6-63 所示。

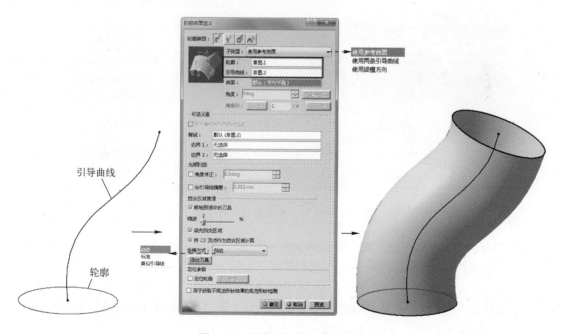

图 6-63　创建"扫掠"曲面操作

自图 6-63 所示的"扫掠曲面定义"对话框中可以看出,"扫掠"有 4 种类型,且每种类型下还有很多子类型(总数有 21 种之多)。这么多的类型,学起来看起来会很费工夫,不过不要着急,这里先总体介绍一下"扫掠",你会发现,实际上并不复杂。

首先看一下"扫掠"的 4 种主类型:"显式"、"直线"、"圆"和"二次曲线"。其中"显式"方式需要自定义轮廓(即在创建之前,需要绘制扫掠轮廓);其余 3 种扫掠方式在操作之前都不需要定义扫掠轮廓(实际上,这 3 种类型,系统都内置了扫掠轮廓,其中"直线"是以直线为扫掠轮廓,"圆"是以圆弧为扫掠轮廓,"二次曲线"是以二次曲线为扫掠轮廓)。

除了上面这点不同外,实际上这 4 种扫掠都需要指定扫掠路径(即引导曲线);引导曲线可以有一条,也可以有多条,最多可指定 5 条。

此外,"扫掠"的几种模式都有相同的选项,所以实际上并不复杂。如图 6-63 所示,在"显式">"使用参考曲面"模式下,"扫掠曲面定义"对话框中各个选项的作用如下。

➢ "轮廓类型"按钮:提供 4 种"扫掠"方式的切换按钮。

➢ "子类型"下拉列表框:提供了几种子扫掠类型供选择。

➢ "轮廓"选择框:用于选择扫掠轮廓(轮廓是扫掠的轮廓线,定义了扫掠横向截面的基本形状,如图 6-63 所示)。

➢ "引导曲线"选择框:用于选择引导曲线(引导曲线是轮廓扫掠的路径,在不定义脊线的情况下,轮廓与引导线的角度值始终与起始位置处相同)。

➢ "曲面"选择框:用于指定一个参照面,轮廓线到此面的投影与轮廓线的角度值在整个扫掠过程中保持不变,所以此面中曲率的变化可以体现到扫掠面上(如图 6-64 所示,注意"引导曲线"应位于此面上)。

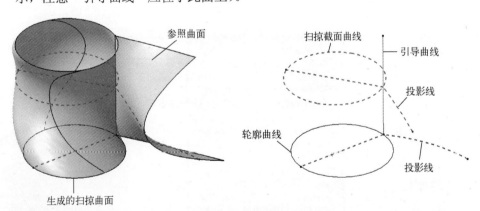

图 6-64 选择"参照曲面"的作用

➢ "角度"文本框:设置截面曲线偏移的角度值,即以引导线为旋转点,旋转轮廓线一定角度,并在旋转后的位置处生成扫掠面,如图 6-65 所示。

➢ "法则曲线"按钮:就像图 6-64 所示的"参照曲面"一样,此处可以设置一条变化的法则曲线,以令旋转轮廓的角度值在各个位置不同(默认"法则曲线"是一条横线,即是固定不变的),如图 6-66 所示。

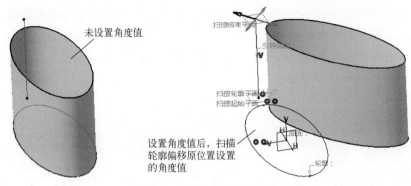

图 6-65 "角度"文本框的作用

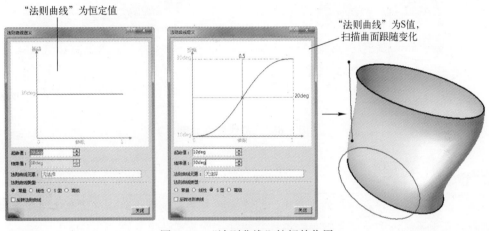

图 6-66 "法则曲线"按钮的作用

➢ "角扇形"中的"上一个"和"下一个"按钮：由于"轮廓"线可以在多个位置与"参
照曲面"成指定的值，单击"上一个"和"下一个"按钮可以切换扫掠曲面的位置，
如图 6-67 所示。

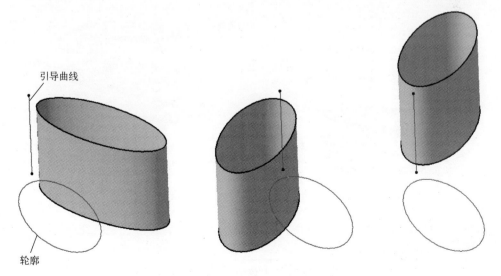

图 6-67 "上一个"和"下一个"按钮的作用

- "充当脊线的引导曲线投影"复选框：勾选此复选框，会将引导线投影到参考平面，或将投影线投影到与拔模方向垂直的平面上，然后以投影线作为脊线执行扫掠操作。
- "脊线"选择框：选择一段曲线作为扫掠的脊线。脊线用于控制扫掠过程中轮廓线的角度（通常轮廓线与脊线的角度与起始位置处相同或相近），并且通常轮廓线的长度可以限定扫掠曲面的长度（见图 6-68）。此外，作为脊线的曲线应光顺，即应相切连续或矢量连续。

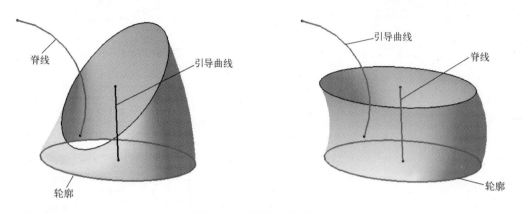

图 6-68 "脊线"的作用

有一点需要注意，在扫掠的过程中，引导曲线与扫掠轮廓线的相对位置（指穿越扫掠轮廓线的点）不变，而脊线与扫掠轮廓线的相对位置是可以改变的。

- "边界 1"和"边界 2"选择框：创建所选的两个点（或平面，实际上是平面与脊线的相交点）间的扫掠曲面，并将扫掠曲面移动到轮廓的起始位置处，如图 6-69 所示。

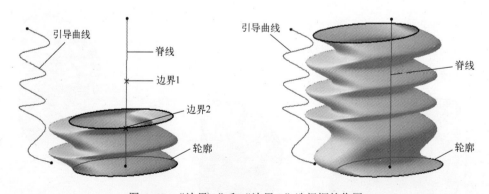

图 6-69 "边界 1"和"边界 2"选择框的作用

边界点应位于脊线上，如果选择面作为边界，此面应与脊线相交。

> ➤ "角度修正"复选框：令扫掠轮廓线与参照曲面间的角度值可以在指定范围内修正，以令曲面在光顺范围内完成扫掠。
> ➤ "与引导线偏差"复选框：设置引导线在轮廓线中的位置可在指定值范围内变动（本来其相对位置应该是不变的），从而令曲面光顺。
> ➤ "自交区域管理"选项组：当模型在扫掠的过程中产生了自交区域时，此栏中的按钮和选项用于对自交区域进行管理，如自定义自交区域、删除自交区域、调整自交区域等（下面的知识库中将解释什么是自交，以及"自交区域管理"选项组中各个按钮的具体作用）。

 知识库

什么是自交区域呢？如图6-70所示，在"直线" 扫掠模式下（即线沿直线扫掠），当引导曲线位于参照面，且角度为0时，若设置线的长度足够长，那么在引导线的拐角位置处，扫掠面总会有相交的地方，此时即被认作是"自交"了。

注意，扫掠面可以穿越，但是不能自交，即自交应是面与面的相交，是一片区域的重合。

当扫掠过程中发生自交现象时，系统也提供了解决方案，如图6-70右图所示，在自交区域附近，都有向外的两个"箭头"，拖动这两个箭头可令轮廓线不相交，如图6-71所示，再次单击"预览"按钮，可发现可以执行扫掠操作了。

实际上，箭头前面的线，即是刀具（或称"刀具线"），也可以单击"添加刀具"按钮，然后在"引导曲线"上需要添加刀具的位置处单击，再拖动两个箭头自定义新的刀具，如图6-72所示。

如果不想生成刀具区域的曲面，可在"自交区域管理"选项组中再取消勾选"填充自交区域"复选框，效果如图6-73所示。

下面解释一下"移除预览中的刀具"复选框的作用。勾选此复选框后，单击"预览"按钮，将删除所有通过单击"添加刀具"按钮添加的刀具，并将系统在相交区域默认生成的刀具调整到默认位置处；如果取消勾选此复选框，单击"预览"按钮，那么当前预览界面中的刀具状态将不发生变化。

"缩进"滑块用于调整"自相交"区域上自动产生的刀具向两侧缩进距离的大小，即当相交区域比较大时，如果不想手动调整刀具的位置，也可以在此处将"缩进"滑块的值调整得大一些，实际上也是移动了刀具位置，从而生成曲面。

"将C0顶点作为自交区域计算"复选框，勾选此复选框后，将在引导曲线的C0顶点位置处自动生成自相交区域，并生成刀具等，如图6-74所示，从而可以对C0顶点的两侧区域进行调整。

C0顶点即C0相连的曲线位置处，C0相连，即相触相连，曲线在此位置处只是相触，既不相切连续、也不曲线连续。

在"连接方式"下拉列表框中有3种连续方式："自动"模式表示根据几何图形选择最佳连接策略；"标准"模式在保持扫掠轮廓的前提下，可进行适当调整；"类似引导线"模式令扫掠轮廓尽量沿引导曲线扫掠，如图6-75所示。

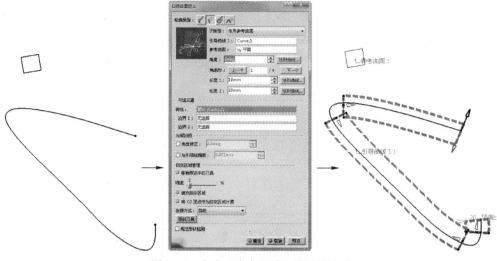

图 6-70　存在"自交区域"的预览界面

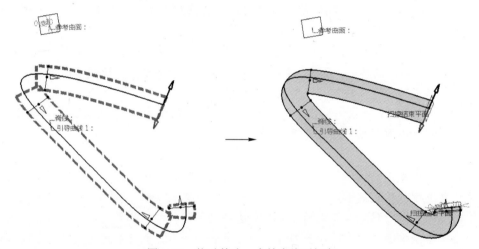

图 6-71　拖动箭头，令轮廓线不相交

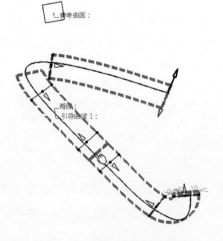

图 6-72　添加刀具并调整效果

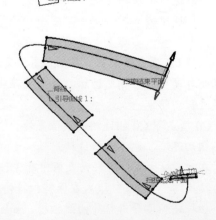

图 6-73　"填充自交区域"复选框的作用

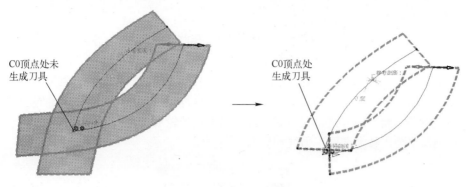

图 6-74 "将 C0 顶点作为自交区域计算"复选框的作用

图 6-75 不同"连接方式"的区别

> "定位轮廓"复选框：若勾选此复选框，单击"显示参数"按钮显示相关参数后，通过设置轮廓原点的坐标以及轮廓上的定位元素等，可以重新定位"轮廓"曲线的位置，如图 6-76 所示。

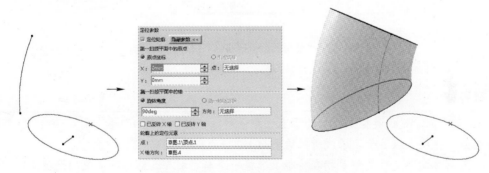

图 6-76 设置"定位参数"的作用

> "用于获取不规范形状结果的规范形状检测"复选框：若勾选此复选框，可以自动计算规则形状（如圆柱体，圆锥体和球体），并自动检测平面表面（如果它们存在于扫略面）。如果取消勾选此复选框，当输入规范的形状时，结果将是规范的；当输入是非规范的曲线时，结果将是非规范的。如果勾选此复选框，结果将始终是规范的，不论输入曲线是否规范。

解释完"扫掠曲面定义"对话框所有选项的意义（实际上，也是解释了各种"扫掠"类型中通用选项的作用）后，下面再来解释一下各个"扫掠"类型的意义和使用方法。

1. "显式"类型

"显式"类型是需要指定扫掠轮廓的扫掠类型，在此扫掠类型下，除了上面介绍的"使用参考曲面"方式外，还有如下两种方式，下面介绍一下其意义和使用方法。

➤ "使用两条引导曲线"扫掠方式：此扫掠类型与"使用参考曲面"类型的主要区别在于，可以选择两条引导曲线、一个轮廓线来执行扫掠操作，此外，可通过"两个点"和"点和方向"的方式定义引导曲线相当于扫掠轮廓的位置，如图 6-77 所示（其余选项与"使用参考曲面"方式相同）。

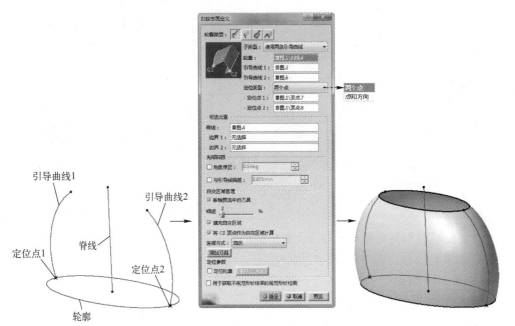

图 6-77 "使用两条引导曲线"扫掠类型操作

知识库

"两个点"定位类型是指在轮廓上选择分别与"引导曲线 1"和"引导曲线 2"匹配的定位点，这些点应位于轮廓线所在的平面上。

"点和方向"定位类型是指在轮廓上选择一个与"引导曲线 1"匹配的定位点和一个定位方向。在每个扫掠平面中，轮廓绕定位点旋转，从而使定位方向与两条引导曲线间连线的角度保持不变。

需要注意的是，轮廓在扫掠时角度和大小可变，但是形状不变。

➤ "使用拔模方向"扫掠方式：实际上，此处翻译为"使用参考方向"更贴切（因为与拔模没有任何关系）。而此方式与"使用参考曲面"类型实际上是差不多的。"使用参考曲面"类型是通过选择一个面来定义轮廓线扫掠过程中的方位，而"使用拔模方向"则是通过选择一个参考线或参考面来定位轮廓线扫掠过程中方位的方式，如图 6-78 所示（且同样可单击"法则曲线"按钮，为轮廓范围的变化规律进行更加详细的设置）。

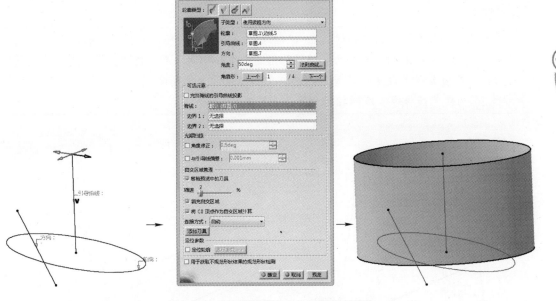

图 6-78　"使用拔模方向"扫掠类型操作

"使用两条引导曲线"和"使用拔模方向"扫掠类型的其余选项，如脊线等，与"使用参考曲面"中的作用完全相同，参考前面的讲述即可。此外，下面将要讲述的扫掠方式也都一样，此问题不再赘述。

2. "直线"类型

"直线"扫掠类型以"直线"为扫掠轮廓（所以就无须单独指定扫掠轮廓），在沿着引导曲线扫掠的过程中，直线的相对方位可通过参考曲面等进行设置。

"直线"扫掠类型下共包括 7 种扫掠方式，下面看一下每种扫掠类型及其进行扫掠的方法。

➢ "两极限"扫掠方式：选择两个引导曲线，使用与脊线垂直的面扫掠（原理是这样的）；当面与两条引导曲线都相交时，绘制扫掠线，利用这样的扫掠线的集合，即可绘制"两极限"扫掠面，如图 6-79 所示。

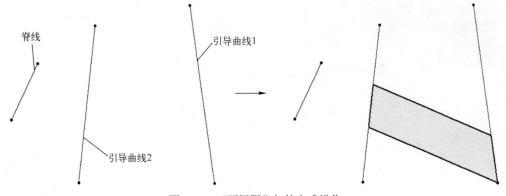

图 6-79　"两极限"扫掠方式操作

提示

在使用"两极限"方式扫掠时，在"扫掠曲面定义"对话框中可设置"长度 1"和"长度 2"的值，如图 6-80 所示，这两个值的作用是设置扫掠完成后，自"引导曲线 1"和"引导曲线 2"向外延伸的距离；此外，勾选"第二曲线作为中间曲线"复选框后，可以"引导曲线 2"为镜像线镜像生成的扫掠曲面，如图 6-81 所示。

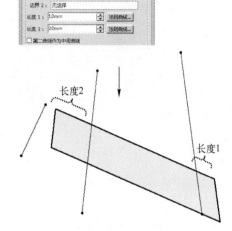

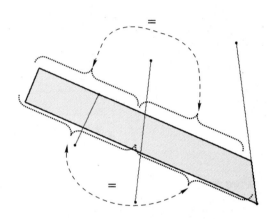

图 6-80 "两极限"扫掠"长度"的作用　　　　图 6-81 "第二曲线作为中间曲线"的作用

- "极限和中间"扫掠方式：此扫掠方式就是在"两极限"扫掠方式下，勾选"第二曲线作为中间曲线"复选框后的扫掠方式。
- "使用参考曲面"扫掠方式：此扫掠方式与"显式"扫掠方式下的"使用参考曲面"方式基本相同，只是在直线方式下无须指定扫掠轮廓（因为轮廓默认为直线）。
- "使用参考曲线"扫掠方式：此扫掠方式与"两极限"方式基本相同；不同之处在于，它将"引导曲线 2"用作参考曲线，然后在"引导曲线 1"两侧延伸一定距离作为扫掠曲面，如图 6-82 所示。

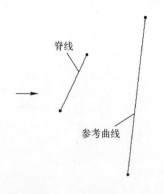

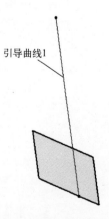

图 6-82 "使用参考曲线"扫掠方式操作

➢ "使用切面"扫掠方式：此扫掠方式为创建所选曲线（引导曲线 1）与所选曲面间切面的方式，操作时，依次选择引导曲线和切面即可，如图 6-83 所示。

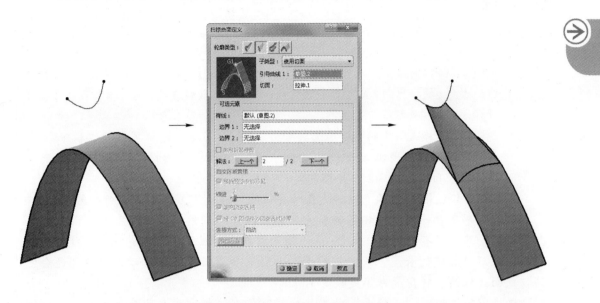

图 6-83 "使用切面"扫掠方式操作

➢ "使用拔模方向"扫掠方式：此扫掠方式类似于"拉伸"曲面，是将选中的曲线（引导曲线 1）在指定的"拔模方向"上延伸一定距离值的扫掠方式，如图 6-84 所示（此扫掠方式出现的新参数比较多，其中各个参数的意义和使用方法详见下面知识库的讲解）。

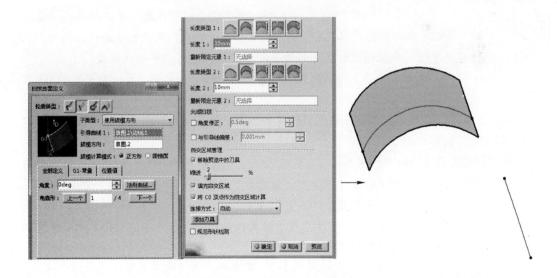

图 6-84 "使用拔模方向"扫掠方式操作

知识库

这里集中介绍一下图 6-84 所示的 "扫掠曲面定义" 对话框中新出现参数的意义和使用方法。

> "拔模方向" 选择框: 可理解为拔模方向,也可理解为曲面延伸的方向或扫描直线的方向(拔模方向为正确的构图方法,其详细意义较复杂,可参考下面关于拔模计算方式的相关解释)。

> "拔模计算模式" 中的两个单选按钮: 在前面 4.3.2 节讲解拔模的过程中,解释过有两种拔模形式,一种为 "正方形",一种为 "圆锥面",这里的两个单选按钮实际上与 4.3.2 中介绍的是一样的。

不过此处仍然很难理解(特别是在 "圆锥面" 模式下)是如何进行扫掠的。

这里,先来看一下,对相同的引导线和拔模方向使用 "正方形" 和 "圆锥形" 计算模式,其效果有何不同,如图 6-85 所示。其中 "正方形" 较易理解,就是在拔模方向上延伸指定的长度。而 "圆锥面" 为什么会变短呢?若移动三维模型还会发现,曲面边线的旋转角度也不是设置的 30°。

这样,为了理解 "圆锥面" 计算模式,我们在拔模方向参照直线所在面上绘制一条与拔模面成 30° 的直线(顶点与引导曲线一个顶点重合),如图 6-86 左图所示;然后以拔模方向参照直线为旋转轴,以新绘制的线为旋转轮廓,创建圆锥面;使用上面刚学的 "使用切面" 扫掠方式创建 "引导曲线" 到圆锥面的切面,这样切面与使用 "圆锥面" 拔模计算方式的面的相交边线即为引导曲线顶点的扫掠线(见图 6-86 中图)。所有边线上的点(实际上为了生成角部处的点,此处需要向两侧延长引导曲线)都按照此操作求出扫掠线,即可得扫掠面,如图 6-86 右图所示。

> "全部定义" 选项卡中的 "角度" 文本框: 用于设置拔模角度。单击后部的 "绘制曲线" 按钮,在打开的对话框中,通过设置曲线等方式,定义引导曲线上的每个点的拔模角度值(或拔模值的变化趋势)即为 "全部定义" 中的 "角度"。

> "G1-常量" 选项卡: 设置引导曲线上所有点的拔模角度相同,为一个固定的 G1 常量值。

> "位置值" 选项卡: 为引导曲线上的某个位置(如某个点)设置一个单独的拔模角度值,如图 6-87 所示。

> "长度类型 1" 和 "长度类型 2" 中的按钮: 分别有 5 个按钮,用于设置在引导曲线两侧扫掠直线的延伸方式,其中 "从曲线" 按钮 表示自曲线位置处开始延伸,也即表示在此方向上不创建曲面。其余 4 个按钮的作用如图 6-88 所示。

> "长度 1" 和 "长度 2" 文本框: 用于设置在引导曲线此方向上扫掠直线延伸的距离,输入 0 时表示此方向上不生成扫掠面。

> "重新限定元素 1" 和 "重新限定元素 2" 文本框: 当 "长度类型" 选择为 "从/到" 方式 时,用于选择一个点或一个面作为扫掠直线在此方向上延伸到的限制元素。

> 其余选项: 可参考前面扫掠方式的介绍。

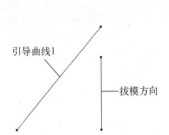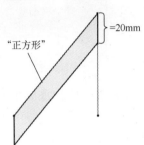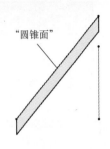

图 6-85　"正方形"和"圆锥面"拔模计算模式的区别

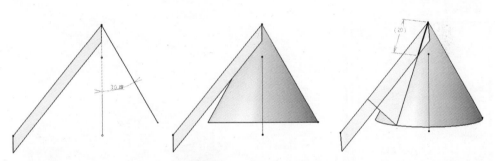

图 6-86　"圆锥面"拔模计算模式的扫掠路线

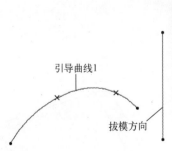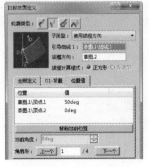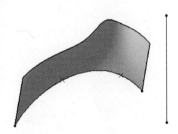

图 6-87　"位置值"选项卡

➤ "使用双切面"扫掠方式：此扫掠方式，即在脊线范围内使用与脊线垂直的线生成与两个曲面都相切的面，如图 6-89 所示。其中"边界 1"和"边界 2"选择框用于设置"扫掠"的范围；"使用第一切面修剪"和"使用第二切面修剪"复选框用于使用扫掠面对相切面进行修剪，如图 6-90 所示。

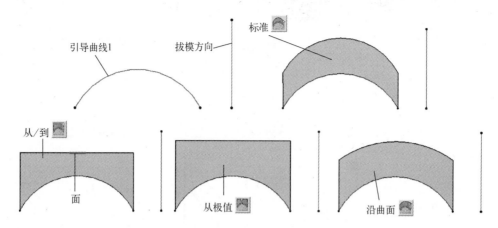

图 6-88 不同"长度类型"的扫掠效果

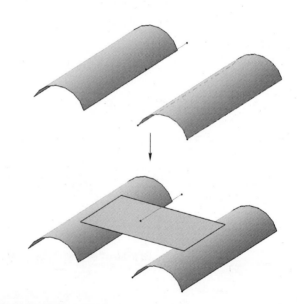

图 6-89 "使用双切面"扫掠方式操作

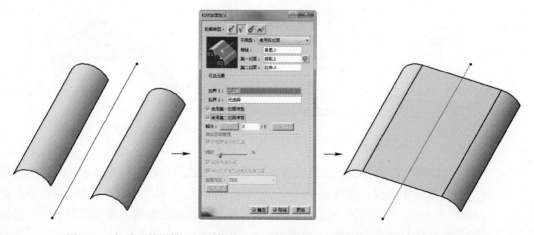

图 6-90 勾选"使用第一切面修剪"和"使用第二切面修剪"复选框的操作效果

3.　"圆"类型

"圆"扫掠类型是以"圆弧"或"圆"为扫掠轮廓，沿着指定的引导曲线进行扫掠的操作，共包括7种扫掠方式，下面看一下每种扫掠类型及其进行扫掠的方法。

➤ "三条引导线"扫掠方式：选择3条引导线，使用圆弧（圆弧半径大小不固定）连接三条线段上的点，然后生成扫掠面的扫掠方式，如图6-91所示（如果设置"脊线"，则扫掠圆弧将垂直于脊线，并在脊线范围内扫描，下同，不再赘述）。

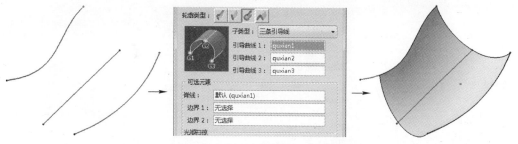

图6-91　"三条引导线"扫掠操作

➤ "两个点和半径"扫掠方式：选择两条引导曲线，然后设置圆弧半径，使用此半径的圆弧沿两条引导曲线扫掠，如图6-92所示。

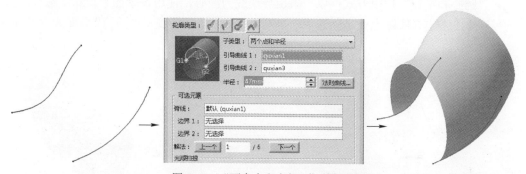

图6-92　"两个点和半径"扫掠操作

➤ "中心和两个角度"扫掠方式：选择一条引导曲线以及一条参考曲线，以引导曲线上的点为圆心，以参考曲线上的点为圆弧点，进行设定角度的扫描，从而生成扫掠面，如图6-93所示。

图6-93　"中心和两个角度"扫掠操作

提示

在使用"中心和两个角度"方式扫掠时,若在"扫掠曲面定义"对话框中勾选"使用固定半径"复选框,并为扫掠圆弧线设置一个固定的半径值,将生成围绕"中心曲线"所指定的固定半径值的曲面,此时"参考曲线"决定了扫掠面起始位置处的曲面边界形状,如图 6-94 所示。

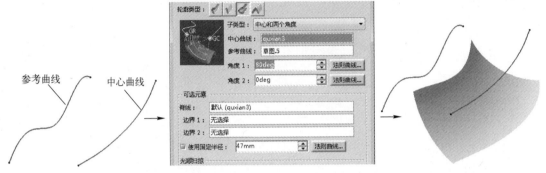

图 6-94 勾选"使用固定半径"复选框的"中心和两个角度"扫掠操作

➤ "圆心和半径"扫掠方式:以一条引导曲线为圆心,使用设置的半径和"圆"线执行的扫掠操作(实际上就是创建了一个沿引导曲线半径不变的"圆筒"曲面),如图 6-95 所示。

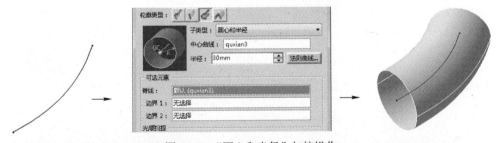

图 6-95 "圆心和半径"扫掠操作

➤ "两条引导线和切面"扫掠方式:创建两条引导曲线(一条为位于曲面上,并与曲面相切位置处的限制曲线,另外一条为"远处"的限制曲线),并与一个参考面相切的扫掠面,如图 6-96 所示。

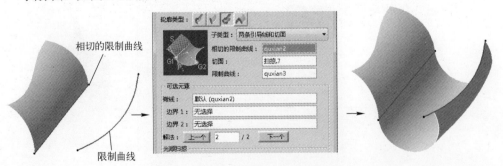

图 6-96 "两条引导线和切面"扫掠操作

➤ "一条引导线和切面"扫掠方式：选择一条引导曲线和一个参考面，创建引导线到参考面间的相切面，如图 6-97 所示（若勾选"使用切面修剪"复选框，将使用切面修剪参考面，其效果可参考图 6-90）。

图 6-97 "一条引导线和切面"扫掠操作

➤ "限制曲线和切面"扫掠方式：创建曲面上所选边线（限制曲线）位置处的相切面，如图 6-98 所示。

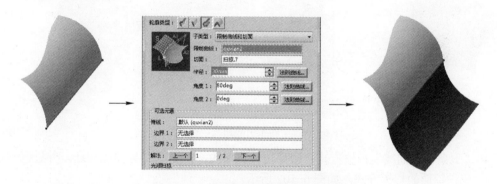

图 6-98 "限制曲线和切面"扫掠操作

4. "二次曲线"类型

"二次曲线"扫掠类型是以"二次曲线"为扫掠轮廓，沿着指定的多条引导曲线进行扫掠的操作。"二次曲线"扫掠类型共包括 4 种扫掠方式，下面看一下每种扫掠类型及其进行扫掠的方法。

➤ "两条引导曲线"扫掠方式：选择两条位于某个面上的引导曲线，然后使用二次曲线沿着选择的引导曲线进行扫掠，二次曲线与引导曲线所在的面相切（或成指定的角度），如图 6-99 所示。

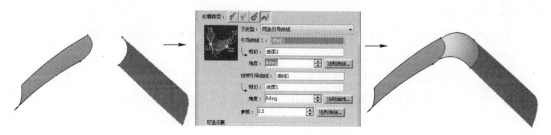

图 6-99 "两条引导曲线"扫掠操作

➢ "三条引导曲线"扫掠方式：选择 3 条引导曲线，然后使用二次曲线沿着选择的引导曲线进行扫掠，两侧的二次曲线与引导曲线所在的面相切（或成指定角度），中间的二次曲线只是为 G0 连续点，如图 6-100 所示。

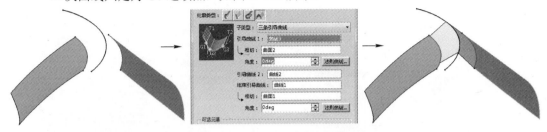

图 6-100 "三条引导曲线"扫掠操作

➢ "四条引导曲线"扫掠方式：选择 4 条引导线，使用二次曲线进行连接，如图 6-101 所示，其中第一条曲线应位于某个面上，然后可设置扫掠面与此面相切（或成指定角度）。

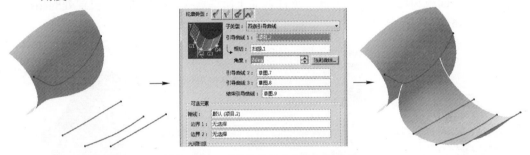

图 6-101 "四条引导曲线"扫掠操作

➢ "五条引导曲线"扫掠方式：即使用二次曲线，将 5 条引导曲线相连，并进行扫描生成扫掠面的扫掠方式，如图 6-102 所示。

图 6-102 "五条引导曲线"扫掠操作

6.2.6 填充

使用"填充"特征可以沿着模型边线、草图或曲线定义的边界对曲面的缝隙（或空洞等）进行修补从而生成符合要求的曲面区域。

如图 6-103 所示，打开本书提供的素材文件"tianchong_sc.CAPTart"，单击"曲面"工具栏中的"填充"按钮，打开"填充曲面定义"对话框，选中素材内部缺口的边线以及相连的面，并在"连续"下拉列表框中选择"相切"列表项（重复操作，选择所有边线和与边线相连的面），单击"确定"按钮即可生产填充曲面，如图 6-103 所示。

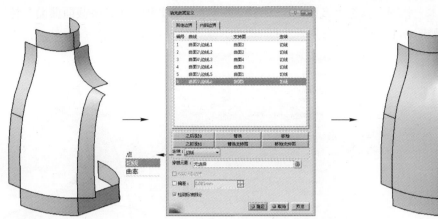

图 6-103　使用"填充"特征创建曲面操作

下面解释一下"填充曲面定义"对话框中相关选项的作用。

➤ "连续"下拉列表框：通过此下拉列表框，可选择采用何种方式与相连曲面连接，其中"点"为接触连接，"切线"为与相连面相切，"曲率"为与相连面曲率连续。

➤ "穿越元素"选择框：设置填充曲面在生成的过程中是否通过某个元素（如一个点或某个线段等），如图 6-104 所示。

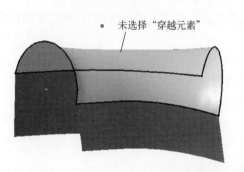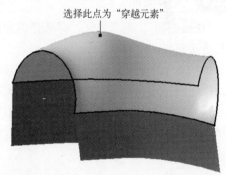

图 6-104　"穿越元素"选择框的作用

➤ "仅限平面边界"复选框：当边界由一个曲面上的一条曲线定义时，可以勾选此复选框，以设置仅生成平面填充面。

➤ "内部边界"选项卡：在"其他边界"内，选择一个"内部边界"的边界线，以在其他边界曲面内生成以"内部边界"为边界的空缺区域，如图 6-105 所示。

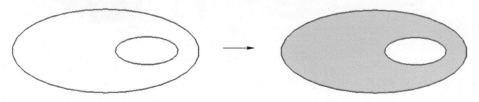

图 6-105　"内部边界"选项卡的作用

6.2.7　多截面曲面

"多截面曲面"是"曲面设计"模块中的"放样"特征，与前面 3.6 节中介绍的"多截面实体"特征基本上相同，只是"多截面实体"特征创建的是实体，而"多截面曲面"特征创建的是曲面，如图 6-106 所示。

图 6-106　使用"多截面曲面"特征创建曲面操作

与"多截面实体定义"对话框唯一不同的是，"多截面曲面定义"对话框增加了一个"标准元素"选项卡，勾选此选项卡中的"检测标准部分"复选框，将尽量生成标准化的面，如圆面、圆柱面、平面等。其余选项可参照 3.6 节对"多截面实体"特征的解释。

6.2.8　桥接曲面

"桥接曲面"，顾名思义，即选择曲面的两个边线（或非共线的两个线段），然后使用曲面将其连接起来。

如图 6-107 所示，单击"曲面"工具栏中的"桥接曲面"按钮，打开"桥接曲面定义"对话框，然后选择曲面的两个边线，即边线的相邻曲面，再根据需要设置曲面连续方式（如"相切"），单击"确定"按钮，即可创建"桥接曲面"。

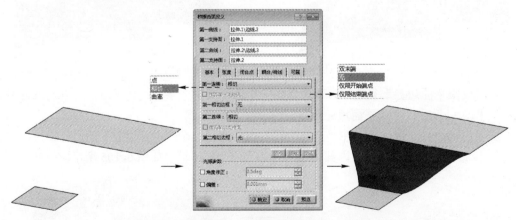

图 6-107　"桥接曲面"操作

下面解释一下"桥接曲面定义"对话框中相关选项的作用。

➤ "基本"选项卡下的"第一连续"和"第二连续"下拉列表框：通过此下拉列表框，可设置所生成的"桥接曲面"与支持面的连接方式。其中"点"为接触连接，"切线"为与相连面相切，"曲率"为与相连面曲率连续。

➤ "修剪第一支持面"和"修剪第二支持面"复选框：使用桥接曲面对支持面进行修剪，

此处功能可参照前面图 6-90 所叙功能。

➢ "第一相切边框"和"第二相切边框"下拉列表框：设置支持面边界与所生成的"桥接曲面"相邻边线的连接方式，如图 6-108 所示。

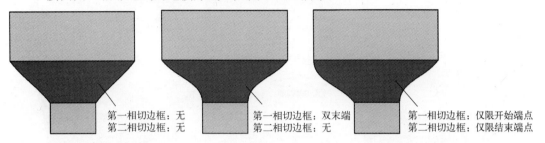

第一相切边框：无　　　　第一相切边框：双末端　　　　第一相切边框：仅限开始端点
第二相切边框：无　　　　第二相切边框：无　　　　　　第二相切边框：仅限结束端点

图 6-108　相切边框设置的作用

➢ "张度"选项卡：设置"桥接曲面"与支持面相切延伸的长度，如图 6-109 所示。

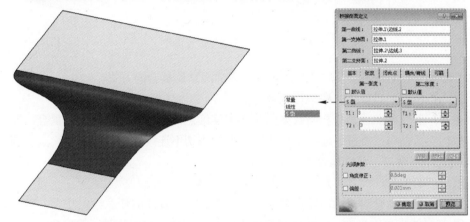

图 6-109　"张度"设置操作

➢ "闭合点"选项卡：当所选两个曲线轮廓的默认闭合点没有对齐时，可通过此选项卡中的"第一闭合点"和"第二闭合点"选择框设置这两个相对点，令生成的"桥接曲面"对齐，如图 6-110 所示。

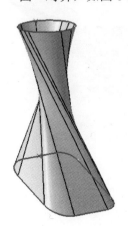

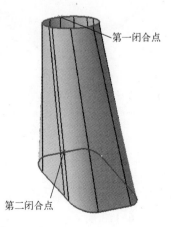

第一闭合点

第二闭合点

图 6-110　"闭合点"设置操作

> "耦合/脊线"选项卡：在此选项卡的"耦合"列表中，可通过添加对应的"耦合点"，更改"桥接曲面"耦合的耦合线，如图 6-111 所示。

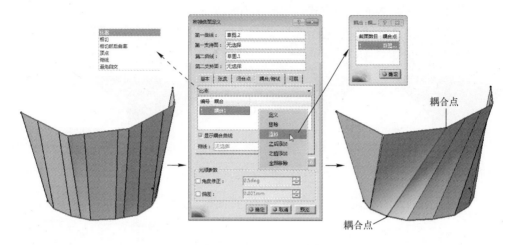

图 6-111　"耦合点"设置操作

在"比率"下拉列表框中，可选择两条对应曲线默认耦合的方式。

● 比率：按曲线横坐标比率进行耦合。
● 相切：若每条曲线具有相同数据的相切不连续点，则使用这些点进行耦合。
● 相切然后曲率：若每条曲线具有相同数据的相切不连续点和曲率不连续点，则先耦合相切不连续点，然后耦合曲率不连续点。
● 顶点：若每条曲线具有相同数目的顶点，则耦合这些点。
● 脊线：耦合由脊线驱动，即在脊线范围内耦合。在脊线的任意给定点上，首先计算一个与脊线垂直的平面，然后计算与此平面和限制曲线的相交对应的耦合点。桥接曲面对应于用耦合点创建的线集。
● 避免自交：在生成"桥接曲面"时，自动避免耦合曲线相交，如图 6-112 所示。

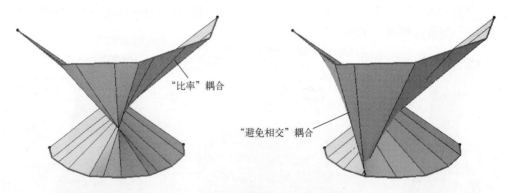

图 6-112　"避免相交"耦合线的作用

> "脊线"选择框：选择一条线作为脊线，令"桥接曲面"在脊线范围内扫描，如图 6-113 所示。

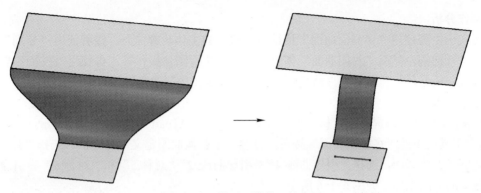

图 6-113　设置"脊线"的作用

➢ "可展"选项卡：勾选"创建直纹可展曲面"复选框，可创建直纹面。为了保证等参数相同弧度连接，"曲面边界等参数线连接"中的"开始"和"结束"下拉列表框，令曲线在某个端点可调整，如图 6-114 所示。

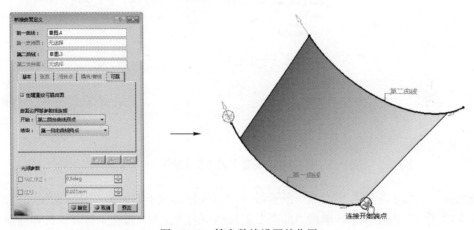

图 6-114　等参数线设置的作用

实例精讲——绘制塑料瓶

下面绘制一个塑料瓶模型（见图 6-115），以熟悉前面所学习的创建曲面和三维曲线等知识。

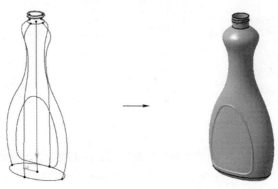

图 6-115　创建塑料瓶模型

制作分析

本实例主要使用"多截面曲面"特征得出瓶子的主体轮廓曲面，接着使用"分割"操作对曲面进行切割，然后"封闭曲面"创建实体，并执行圆角操作等，再使用"投影"操作添加装饰线，最后执行"肋"和"抽壳"操作，通过螺旋线创建瓶口部的螺纹。

制作步骤

步骤 1 打开本书提供的素材文件"shuliaoping-sc.CATpart"，如图 6-116 所示，然后单击"曲面"工具栏中的"多截面曲面"按钮，打开"多截面曲面定义"对话框，选择"顶部圆"和"轮廓线"为截面，选择"引导曲线 1""引导曲线 2""对称.5"和"对称.6"为引导线，创建瓶子的曲面主体，如图 6-116 所示。

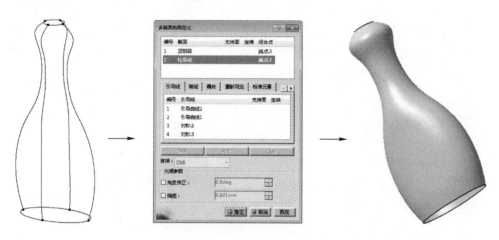

图 6-116　创建多截面曲面操作

步骤 2 在"xy 平面"中绘制一条直线（此直线超出瓶子的两侧，且与瓶子底面的距离为 8），如图 6-117 左图所示，单击"曲面"工具栏中的"拉伸"按钮，打开"拉伸曲面定义"对话框，如图 6-117 中图所示，选择"直线"创建一拉伸曲面，如图 6-117 右图所示。

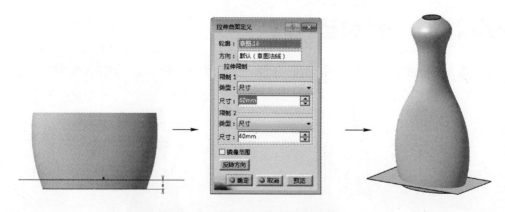

图 6-117　创建直线并执行拉伸操作

步骤 3 单击"操作"工具栏中的"分割"按钮 ，打开"定义分割"对话框，选择 **步骤 1** 创建的"多截面曲面.3"为"要切除的元素"，选择 **步骤 2** 创建的拉伸面为"切除元素"，勾选"保留双侧"复选框，将 **步骤 1** 创建的"多截面曲面"分割为两个面，并隐藏拉伸面，如图6-118所示。

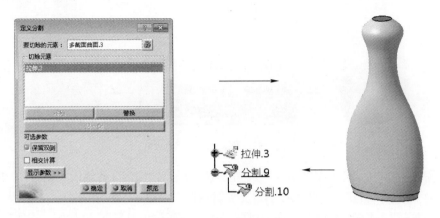

图6-118　曲面分割操作

步骤 4 将分割后的上部面——"分割.9"面隐藏。切换到"零件设计"操作空间，选择"插入">"基于曲面的特征">"封闭曲面"菜单，选择"分割.10"面，创建底部实体区域，如图6-119所示（并将"分割.10"面隐藏）。

图6-119　创建底部实体

步骤 5 单击"圆角"按钮，打开"圆角定义"对话框，如图6-120所示，选择底部实体的底部边线为"要圆角化的对象"，选择底部实体的顶部边线为"要保留的边线"，设置"半径"为12，对底部实体进行圆角处理，如图6-120所示。

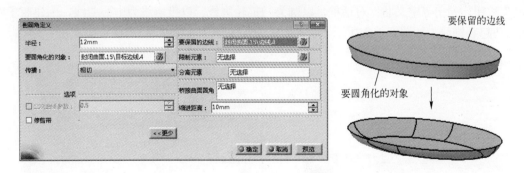

图6-120　对瓶子底部进行圆角处理

步骤 6 单击左侧"分割.9"面，选择"显示/隐藏"菜单，将其显示出来，再选择"插入">"基于曲面的特征">"封闭曲面"菜单，选择"分割.9"面，创建瓶子的顶部实体区域，如图6-121所示（再将"分割.9"面隐藏）。

图 6-121　创建瓶子顶部实体

步骤 7 在"xy 平面"中绘制图 6-122 左图所示的草绘图形（各线段相切），单击"线框"工具栏中的"投影"按钮，打开"投影定义"对话框，如图 6-122 中图所示，"投影类型"选择"沿某一方向"，选择绘制好的草图，以瓶子的外表面作为投影面，以"xy 平面"为方向参照面，创建一条投影曲线，如图 6-122 右图所示（仅保留一侧的投影线即可）。

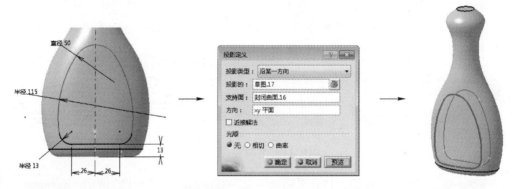

图 6-122　创建"投影曲线"

步骤 8 在"yz 平面"中绘制一直径为 3 的圆（圆心通过**步骤 7**中创建的投影线），单击"肋"按钮，弹出"定义肋"对话框，以圆为扫描轮廓线，以投影线为中心曲线，创建瓶子底部的凸起装饰线，如图 6-123 所示。

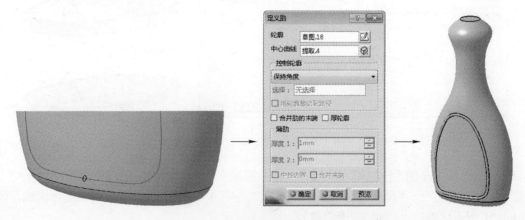

图 6-123　扫描出瓶子底部的凸起作为装饰

步骤 9　首先在瓶口处的平面上绘制一个与瓶口轮廓线半径相同的草绘圆，然后单击"凸台"按钮，对草绘图形进行拉伸（拉伸长度为16），创建瓶口实体，如图6-124所示。

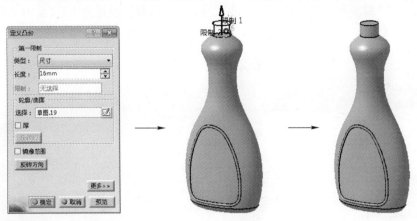

图6-124　拉伸出瓶口

步骤 10　对模型的下部凸起进行圆角处理，圆角半径设置为0.5，如图6-125左图所示，单击"盒体"按钮，打开"定义盒体"对话框，将"默认内侧厚度"设置为0.5，选择模型的上表面作为"要移除的面"，对模型进行抽壳处理，如图6-125中图和右图所示。

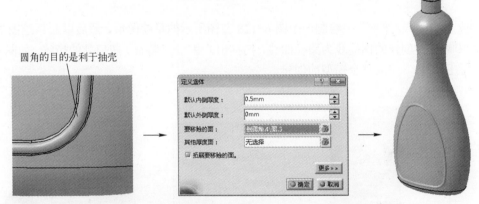

图6-125　对瓶子的凸起进行圆角处理并对瓶子进行抽壳处理

步骤 11　在距离瓶口3处创建一个基准面，如图6-126左图所示，然后在此面中创建一个点（此点位于瓶口外边线的水平相交位置处），并在"yz平面"中绘制一条经过瓶口中点的水平直线，如图6-126右图所示。

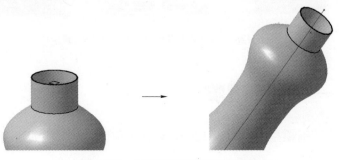

图6-126　创建瓶口平面和点与直线

步骤12 单击"线框"工具栏中的"螺旋线"按钮,打开"螺旋曲线定义"对话框,如图 6-127 左图所示,选择 **步骤11** 创建的点为"起点",选择 **步骤11** 创建的直线为"轴",定义"螺旋类型"为"螺旋和转数","螺距"设置为 3.8,"转数"设置为 1.5,单击"确定"按钮,创建一条螺旋线。

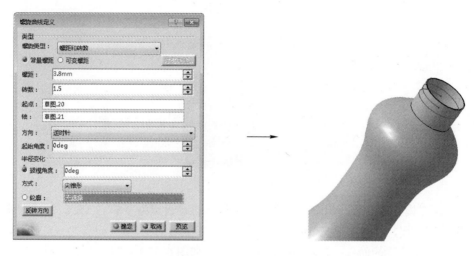

图 6-127　创建瓶口螺旋线

步骤13 在"yz 平面"中绘制一个图 6-128 左图所示的草绘图形,然后以此草绘图形为轮廓线,以 **步骤12** 创建的螺旋线为路径曲线,扫描出(用"肋"特征)瓶口处的螺纹,如图 6-128 中图和右图所示,完成整个模型的创建。

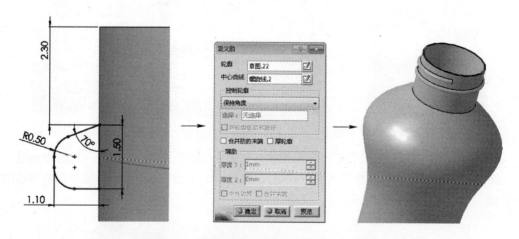

图 6-128　创建截面曲线并扫描出瓶口的螺纹

实例精讲——设计喷嘴

下面绘制一个喷嘴模型(见图 6-129),以熟悉前面所学习的创建曲面的相关知识。

图 6-129　喷嘴的架构曲线和绘制好的喷嘴模型

制作分析

本实例主要使用"多截面曲面""扫掠""拉伸"和"填充"面等曲面创建工具，以及下面将要介绍到的"分割"面工具，最后通过"加厚曲面"操作形成实体，得到喷嘴模型。操作时，应注意部分细节参数的调整。

制作步骤

步骤 1 打开本书提供的素材文件"penzui-sc.CATpart"，然后单击"曲面"工具栏中的"多截面曲面"按钮，打开"多截面曲面定义"对话框，选择"草图.1"和"草图.2"为截面，创建曲面，如图 6-130 所示。

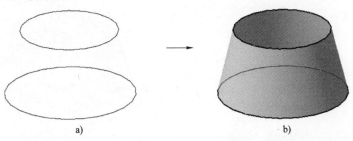

a) b)

图 6-130　多截面曲面操作

步骤 2 继续单击"曲面"工具栏中的"多截面曲面"按钮，打开"多截面曲面定义"对话框，选择"草图.5"和"草图.6"为截面，选择"草图.3"的上下两条边线为"引导线"，创建多截面曲面，如图 6-131 所示。

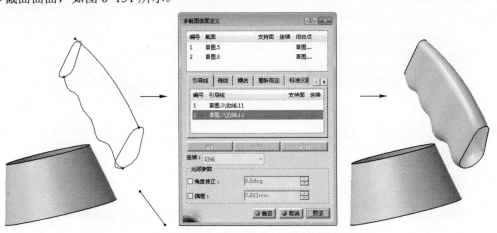

图 6-131　利用"多截面曲面"操作创建喷嘴手柄

步骤 3 单击"曲面"工具栏中的"扫掠"按钮，打开"扫掠曲面定义"对话框，选择"草图.8"为"轮廓"，选择"草图.7"的上下两条边线为"引导曲线 1"和"引导曲线 2"，创建扫掠曲面，作为瓶子处的曲面，如图 6-132 所示。

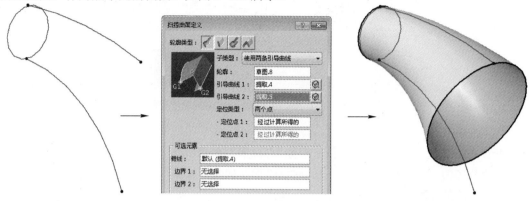

图 6-132 扫描出嘴部曲面

步骤 4 单击"曲面"工具栏中的"拉伸"按钮，选择"草图.9"执行拉伸操作，拉伸长度为超过瓶子嘴部和底部的曲面，如图 6-133 所示。

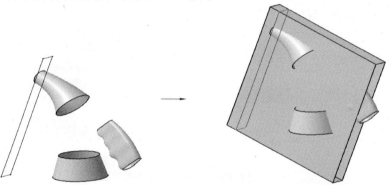

图 6-133 拉伸曲面操作

步骤 5 单击"曲面"工具栏中的"分割"按钮，打开"定义分割"对话框，选择"扫掠.2"为"要切除的元素"，选择"拉伸.2"为"切除元素"，并勾选"保留双侧"复选框，对瓶嘴出的曲面执行分割操作，如图 6-134 所示。

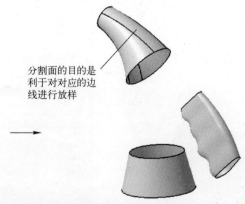

分割面的目的是利于对对应的边线进行放样

图 6-134 对嘴部曲面进行分割操作

步骤 6 继续执行与**步骤 5**相同的操作，单击"曲面"工具栏中的"分割"按钮，选择"多截面曲面.1"为"要切除的元素"，选择"拉伸.2"为"切除元素"，并勾选"保留双侧"复选框，对底部面执行分割操作，如图 6-135 所示。

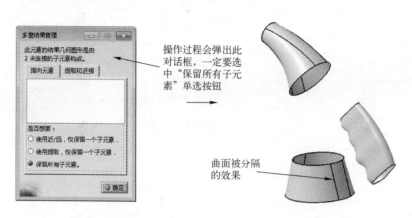

图 6-135　对底部曲面进行分割操作

步骤 7 单击"曲面"工具栏的"多截面曲面"按钮，选择瓶嘴顶部面内部边线和对应的手柄处的内部边线作为轮廓，创建连接曲面，如图 6-136 所示。

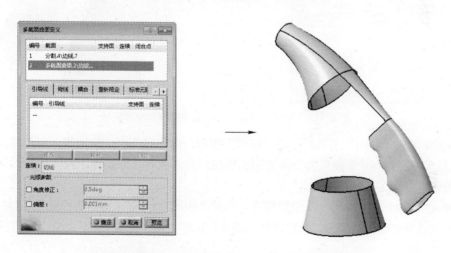

图 6-136　使用"多截面曲面"功能创建曲面连接喷嘴

步骤 8 通过相同的操作，使用"多截面曲面"工具创建喷嘴模型其余位置处的连接面，需要注意的是，在创建瓶嘴内侧的弯曲连接面时，需要选择"草图.10"曲线作为"多截面曲面"的引导曲线，如图 6-137 所示。

步骤 9 单击"曲面"工具栏中的"填充"按钮，顺序选择喷嘴一侧空缺处的边线（选择边线时，即单击边线后，接着单击与边线相连的面作为相切面），并设置"偏差"为0.1（设置偏差可令生成的填充面较为平滑，否则很可能无法执行加厚等操作），如图 6-138所示。

步骤 10 通过相同的操作，在喷嘴的另外一侧创建"填充"曲面。

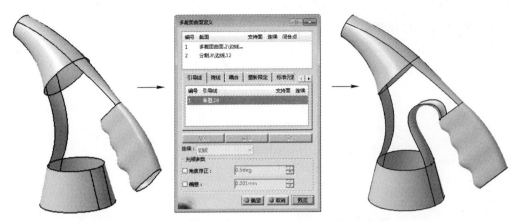

图 6-137 使用"多截面曲面"功能创建其余曲面

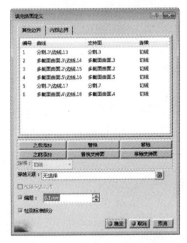
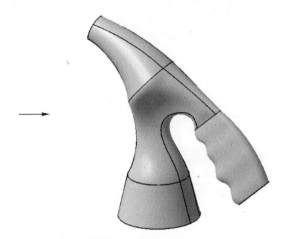

图 6-138 使用"填充"功能填充喷嘴的空白区域

步骤 11 单击"曲面"工具栏中的"拉伸"按钮，选中底部面下的边线（应创建此边线的"接合"线），选择"xy 平面"为拉伸方向的参照，对其执行拉伸操作，拉伸距离设置为 40，创建拉伸面，如图 6-139 所示。

步骤 12 切换到"零件设计"空间模式，选择"插入">"基于曲面的特征">"加厚曲面"菜单，分别选择前面创建的面，执行"加厚曲面"操作，得到瓶嘴实体，如图 6-140 所示。

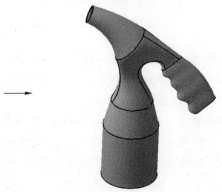

图 6-139 使用"拉伸"功能拉伸喷嘴　　　图 6-140 使用"加厚曲面"功能得到喷嘴实体

6.3 编辑曲面

曲面创建完成后，会存在很多缺陷，此时可以使用编辑曲面功能（如接合、修复、分割、修剪等）对曲面进行编辑，从而得到符合要求的曲面图形，本节讲述各个编辑曲面按钮的功能和使用方法。

6.3.1 接合

所谓"接合"即对曲面执行"缝合"操作，用于将两个或多个曲面缝合成一个面。用于缝合的曲面不必位于同一基准面上，但是曲面的边线必须相邻并且不重叠（用于缝合的曲面间的间隙不能超过 0.1）。

执行"接合"曲面的操作非常简单，单击"操作"工具栏中的"接合"按钮，然后选择所有要缝合的曲面，设置"合并距离"为 0.1，单击"确定"按钮即可将选择的面缝合为一个面，如图 6-141 所示。

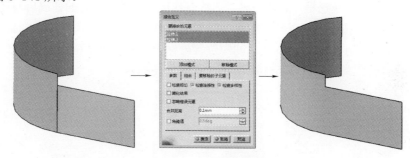

图 6-141 接合曲面操作

下面解释一下图 6-141 所示的"接合定义"对话框中相关选项的作用。

> "添加模式"和"移除模式"按钮：单击"添加模式"按钮后，再单击操作区中的面，可将要缝合的面添加到上部列表中；单击"移除模式"按钮后，再单击操作区中的面，可将移除上面列表中要缝合的面。

> "检查相切"复选框：选择要接合的曲面后勾选此复选框，单击"预览"按钮，可以检测所选曲面间是否有未相切的间隙，如果有这样的区域，则弹出对话框，并在不相切的间隙区域标识出相切错误，如图 6-142 所示（否则无提示）。

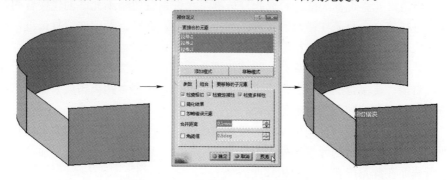

图 6-142 "检查相切"复选框的作用

➤ "检查连接性"复选框：选择要接合的曲面后勾选此复选框后，单击"预览"按钮，可以检测所选曲面间，是否有曲面的间隙大于下面"合并距离"文本框中所设置的距离，如果有这样的间隙，将弹出提示对话框，并在此间隙位置处标识出"连接性错误"文字，如图 6-143 所示（否则无提示）。

图 6-143 "检查连接性"复选框的作用

➤ "检查多样性"复选框：此选项只对曲线有作用。选择要接合的曲线后勾选此复选框，单击"预览"按钮，可以检测所选曲线间是否有多个可连接的间隙，如果有这样的间隙，将弹出提示对话框，并在此间隙位置处标识出"多样性错误"文字（前提是间隙小于"合并距离"），如图 6-144 所示（否则无提示）。

图 6-144 "检查多样性"复选框的作用

➤ "简化结果"复选框：勾选此复选框，允许系统尽可能自动地减少接合结果中的元素（面或边线）数量。

➤ "忽略错误元素"复选框：勾选此复选框，允许系统忽略不允许创建接合的曲面和边线而进行接合，只是在错误的接合区域不生成面。此外，若勾选此复选框，单击"预览"按钮时，将不提示"检测连接性"等的错误信息。

➤ "合并距离"文本框：设置在此距离范围内的间隙可以接合（此值不能大于 0.1）。此外，右击"要接合的元素"列表中某个选中的面，选择"距离拓展"命令，可以选中与所选面在此间隙范围内的相邻面。

➤ "角阈值"文本框：设置相邻面的最大角度值，在此角度范围内的面将进行接合。此外，右击"要接合的元素"列表中某个选中的面，选择"角度拓展"命令，可以选中与所选面在此角度范围内的相邻面。

➤ "组合"选项卡：组合的作用是重组构成接合曲面或曲线的若干元素，令接合面可以被作为一个面看待（接合后，不组合接合面，有时操作时会遇到麻烦，如图 6-145 所示）。

 提示

　　组合方式共有 5 种，其中"无组合"就是不组合面；"全部"就是对所有接合面都执行组合操作；选择"点连续"选项，然后单击某个面，可以对与此面点连续的面以及点连续面的点连续连接面执行组合操作；"切线连续"选项对所选面、与所选面切线连续的面，以及与相切连续面相切连续的面执行组合操作；"无拓展"选项指只对"接合"面中，在"组合"选项卡的选择框中所选中的面执行"组合"操作。

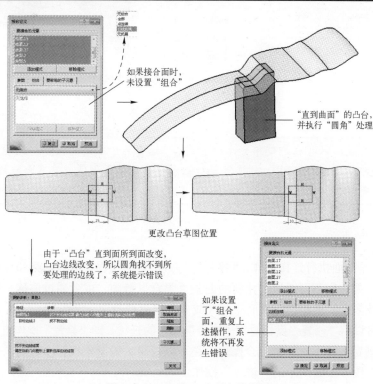

图 6-145 "组合"选项卡的作用

➤ "要移除的子元素"选项卡：在"要接合的元素"列表中选中的面（或线）或选中的"接合"面（或线）中，选择排除的面（或线），即令某些元素不参与接合操作，如图 6-146 所示。

图 6-146 "要移除的子元素"选项卡的作用

> ➢ "创建与子元素的接合"复选框：如果勾选此复选框，会将"要移除的子元素"列表
> 中的所选元素创建到一个新的接合特征内，如图 6-147 所示。

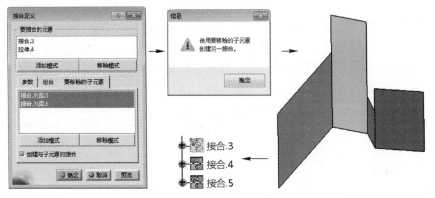

图 6-147 "创建与子元素的接合"复选框的作用

> 需要注意的是，只有在创建第一个接合时，"创建与子元素的接合"选项才可用，编
> 辑第一个接合时，该选项不可用；当接合曲面属于有序几何图形集或在混合环境中执行"接
> 合"时，该选项不可用。

6.3.2 修复

"修复"也是对面执行连接操作，"修复"与"接合"操作在执行结果和执行原理上都有
很多相似之处，如它们都可通过创建新的面来"弥合"缝隙，或者通过偏移、旋转或扭转面
等来令两个（或多个）面相连，从而将两（或多个）面缝合为一个面。

实际上，可以将"修复"操作看作"接合"操作的延续，即"修复"操作既可以实现"接
合"操作在其规定条件下对面的缝合操作，还可以对更大的缝隙执行多样的、多种参数设置
的缝合操作，如图 6-148 所示的"修复"操作。

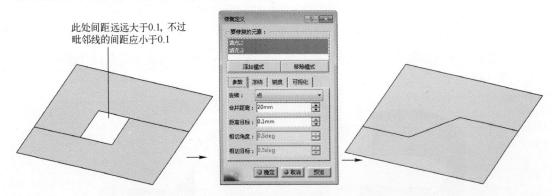

图 6-148 比较特殊的"修复"曲面操作

不过，"修复"操作通常也多用于修复类似于"接合"类型的面间空隙，如图 6-149 所示。
单击"操作"工具栏中的"修复"按钮，然后选择要修复的两个面，设置"合并距离"（此

值一定要大于两面间空隙的间距,"距离目标"的值在某些情况下需要设置,下面有详细解释),单击"确定"按钮,即可执行"修复"曲面操作。

下面解释一下图 6-149 所示的"修复定义"对话框中相关选项的作用。

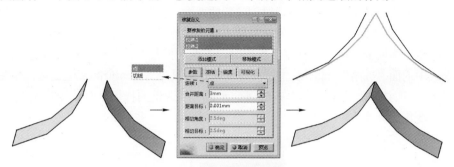

图 6-149 "修复"操作

➢ "点"连续:在面间要修复的边线位置处,边线上的"点"在"合并距离"和"距离目标"规定值的范围内时视作"点"连续,此时表示这两个面可修复,并尝试进行修复操作。

➢ "切线"连续:在面间缝隙位置处,两个面间的角度值在"相切角度"和"相切目标"范围内时视作"切线"连续,表示可对这两个面执行"切线"修复面操作,并尝试执行修复操作(其作用,可参照图 6-150)。

➢ "合并距离"文本框:当面间缝隙"点"间距离不超过此值时,将尝试对缝隙位置执行修复操作(该值的设置没有上限,但若设置得过大,当"合并距离"的值大过曲面远处边界的距离时,系统将找不出可以用于修复曲面的"解")。

➢ "距离目标"文本框:当通过旋转、扭转或偏移曲面等曲面修改方式可以消除两个曲面间的缝隙时,此值无关紧要,当必须通过创建新的曲面来填充缝隙,从而缝合曲面时,"距离目标"的值起作用;当"距离目标"的值大于缝隙间距时,可以执行修复操作,否则修复失败(同"接合"操作,此值不能超过 0.1)。

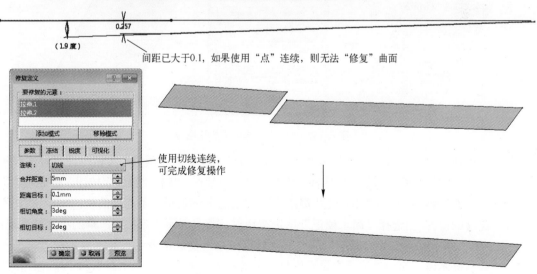

图 6-150 "切线"连续的作用

> "相切角度"文本框：在"切线"连续方式下可用。在面的缝隙位置处，当两个面的角度值小于此值时，将考虑使用"切线"连续方式来修复曲面，若切线连续方式无法修复曲面，将再尝试使用"点"连续方式修复曲面（该值通常不能超过 10°）。

> "相切目标"文本框：当必须通过创建新的曲面来使用"切线"连续方式修复曲面时，该值有效。此时，所选面的面间角度值不能大于此值，否则将不能进行相切修复。

> "冻结"选项卡：执行"修复"操作时，若两个面都发生了移动时，可通过此选项卡令选中的面"冻结"，即不发生偏移等变化，而只令另外一个面发生变化，如图 6-151 所示（"冻结平面元素"和"冻结规范元素"复选框的作用是默认令这两类元素为不发生变化的元素）。

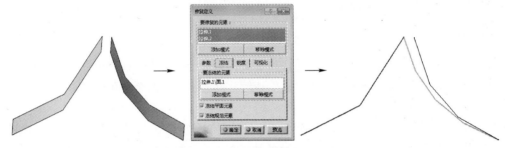

图 6-151 "冻结"选项卡的作用

> "锐度"选项卡："要保留锐化的边线"选择框的作用是指定面的修复过程不受修复影响的边线。"锐化角度"文本框的作用是令小于此文本框值的角度（最大值为 10°）都被视作非锐化角度，非锐化角度将参与面的变形；且修复后的非锐化角度在"带边着色但不光顺边线"显示模式下 ⬛ 将不显示锐化角度处的面间边线，如图 6-152 所示。否则（即面中大于此角度值的棱角处）将显示面间边线，且不参与面的变形。

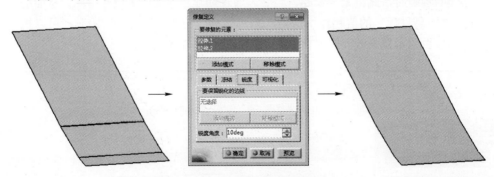

图 6-152 "锐度"选项卡的作用

> "可视化"选项卡：该选项卡中选项的作用是，在单击"预览"按钮时设置解法提示信息。如图 6-153 所示，当选择"所有"单选按钮时，单击"预览"按钮，将显示"所有" ⬛ 不连续信息和"未校正" ⊗ 的不连续信息（><表示点不连续的值；^表示相切不连续的值）；当选择"尚未校正"单选按钮时，将只显示"未校正" ⊗ 的不连续信息；"无"即不显示提示信息；勾选"交互显示信息"复选框表示只显示提示符号，而不显示提示值；勾选"按顺序显示信息"复选框表示顺次显示"所有"和"未校正"的提示信息（单击"上一步"和"下一步"按钮进行切换）。

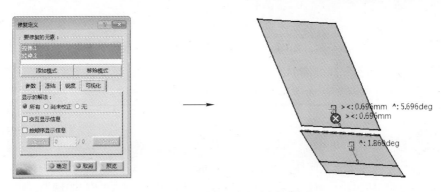

图 6-153 "可视化"选项卡的作用

6.3.3 取消修剪

"取消修剪"可看作下面将要讲到的"分割"和"修剪"操作的逆操作。当系统可以根据所选的曲面计算出曲面未分割（或未修剪）之前的完整状态时，将会恢复曲面修剪前的状态，如图 6-154 所示。

"取消修剪"曲面的操作非常简单，单击"操作"工具栏中的"取消修剪"按钮，然后选择要取消修剪的曲面，直接单击"确定"按钮即可将所选面恢复到修剪之前的状态，如图 6-154 所示（单击"创建曲线"按钮，选择曲面边线，可在取消修剪的同时创建所选边线的曲线；此外取消修剪后，原曲面不会自动删除）。

图 6-154 取消曲面操作

如果"取消修剪"时，系统无法使用所选面计算出修剪之前曲面的边界状态，系统将弹出提示框，创建基于边界框的修剪曲面，如图 6-155 所示（对于无法计算出边界的所选面，将无法完成"取消修剪"操作）。

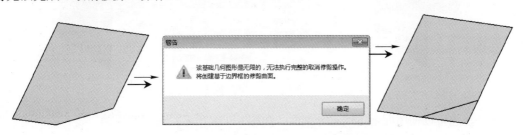

图 6-155 取消曲面无法找到边界时的操作

> 提示
>
> 当然，"取消曲面"操作不仅仅是只能对"修剪"和"分割"后的面执行，实际上，只要取消修剪时可以找到曲面边界，任何面都可以执行此操作。

6.3.4 拆解

"拆解"操作可将多单元几何体（曲线或曲面）拆解为单一单元或单一域几何体。单击"操作"工具栏中的"拆解"按钮 ，然后选择一种拆解方式（"所有单元"或"仅限域"），再选择要"拆解"的对象，单击"确定"按钮，即可完成拆解操作，如图 6-156 所示（完成"拆解"后，在左侧模型树中可发现拆解后的几何体，隐藏某个几何体，可发现多单元几何体已被拆解）。

"拆解"对话框中的"所有单元"模式，表示将几何体中的每个单元都拆解为单独的几何体；"仅限域"模式表示如果某单元是连接的，将作为一个整体被拆解出来。

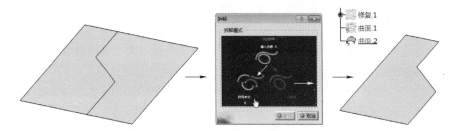

图 6-156 "拆解"操作

6.3.5 分割

"分割"功能可以使用一个面去分割另外一个面。如图 6-157 所示，单击"操作"工具栏中的"分割"按钮 ，打开"定义分割"对话框，选择"要切除的元素"和"切除元素"，单击"确定"按钮，即可执行"分割"操作。

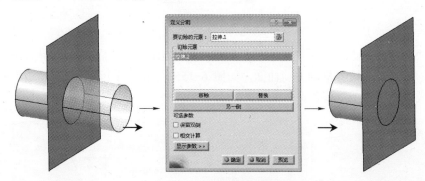

图 6-157 "分割"操作

此外，也可以使用面上的线来分割面。如图 6-158 所示，选择某面为"要切除的元素"，然后选择面上的草图为"切除元素"，直接单击"确定"按钮，即可使用草图来切割曲面，并将草图内的面删除。

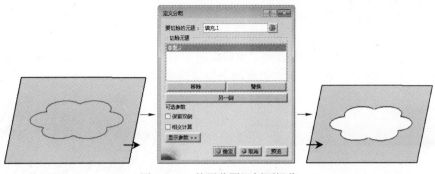

图 6-158 使用草图切割面操作

下面解释一下图 6-158 所示的"定义分割"对话框中相关选项的作用。

➢ "另一侧"按钮：删除另外一侧的面。

➢ "保留双侧"复选框：勾选此复选框，表示切割操作后，将面的两侧都保留。

➢ "相交计算"复选框：勾选此复选框，表示切割操作后，生成"要切除的元素"和"切除元素"相交的线，如图 6-159 所示。

图 6-159 "相交计算"复选框的作用

➢ "支持面"选择框（在单击"显示参数"按钮后，可以显示此选择框以及其他参数）：当用另一条线分割其他线（曲线、直线、草图等）时，可以选择一个支持面以定义分割元素后保留的区域。不选择"支持面"的操作如图 6-160，选择"支持面"的操作如图 6-161 所示。（"要切除的元素"曲线应位于支持面，保留元素也应位于支持面，此外所选的"切除元素"图形通常应为闭合的曲线或直线）。

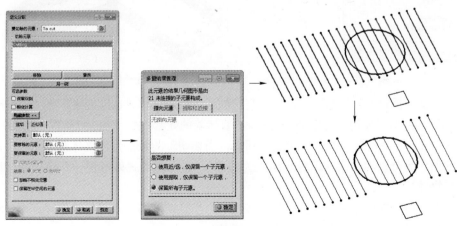

图 6-160 不选择"支持面"操作

> "要切除的元素"和"要保留的元素"选择框：当元素间的相交不连续时（即"要切除的元素"和"切除元素"间有多个相交位置），需要设置"要切除的元素"或"要保留的元素"，操作时直接选择"要切除的元素"上与"切除元素"不相交的某个面或点即可，如图 6-162 所示（否则将出现错误提示）。

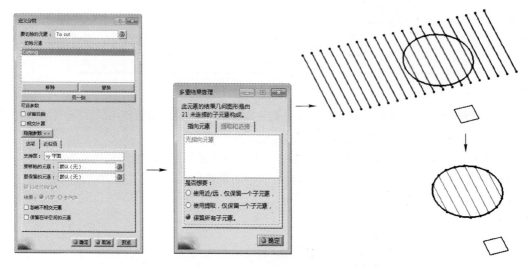

图 6-161　选择"支持面"操作

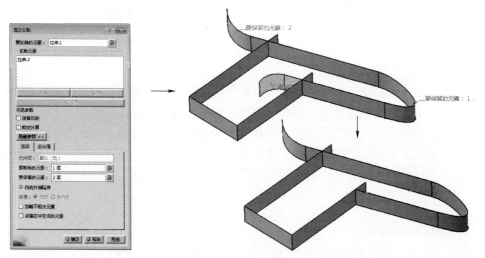

图 6-162　"要切除的元素"和"要保留的元素"选择框的作用

> "自动外插延伸"复选框：勾选此复选框后，自动延伸"切除元素"到"要切除的元素"边界，然后使用外插延伸的元素对"要切除的元素"执行"分割"操作（见图 6-163）。
> "曲面"单选按钮：选择此单选按钮后，当要切除的元素为包络体或曲面时，允许将曲面作为分割的结果（即分割结果为曲面）。在"创成式外形设计"模式中可以创建包络体。
> "包络体"单选按钮：选择此单选按钮后，当要切除的元素为包络体时，允许将包络体作为分割的结果（即分割结果为包络体）。

➢ "忽略不相交元素"复选框：勾选此复选框后，对多个"要切除的元素"进行切割时，将忽略未被切割的元素，而执行切割操作，如图6-164所示（否则，类似图6-164所示的切割操作将无法执行分割操作）。

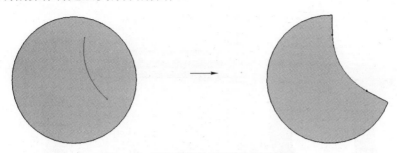

图6-163　"自动外插延伸"复选框效果

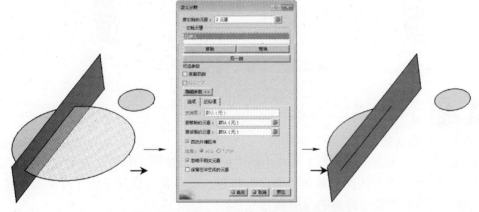

图6-164　"忽略不相交元素"复选框的作用

➢ "保留在半空间的元素"复选框：勾选此复选框后，使用一个面（切除元素）要对多个"要切除的元素"进行切割时，对于图6-165所示的图形，将无法对另一侧进行切割（即此时只能同时切除两个元素，或者保留同侧元素）。

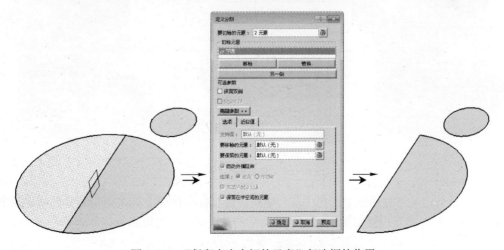

图6-165　"保留在半空间的元素"复选框的作用

➢ "近似值"选项卡：在此选项卡中，可以通过几个参数和模式来控制割分结果的质量（使用该选项，可令分割结果与源曲面之间有一定的偏差，如图 6-166 所示，该选项不常用，此处不再详细讲解）。

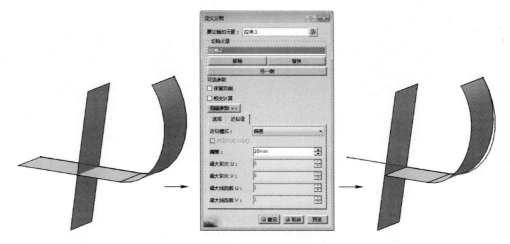

图 6-166　"近似值"选项卡的作用

6.3.6　修剪

"修剪"曲面功能与"分割"曲面的不同之处在于，"修剪"可以使用曲面互相修剪。如图 6-167 所示，单击"操作"工具栏中的"修剪"按钮 ，打开"修剪定义"对话框，选择作为"修剪元素"的面，单击"确定"按钮，即可执行修剪操作（可单击"另一侧/下一元素"等按钮调整要修剪的曲面侧）。

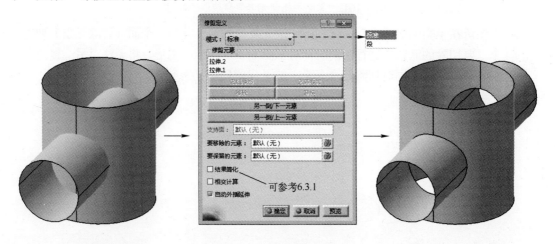

图 6-167　曲面相互"修剪"

在 "修剪定义"对话框中选择"段"模式，可以使用快捷方式来定义要修剪或保留的区域，操作时，选择要互相修剪的面后，单击曲面的某个区域，可以将其调整到相反的状态（如将"修剪"的区域调整为"保留"的区域），如图 6-168 所示。其余选项的作用与"定义分割"对话框中的相关选项作用相同，此处不再赘述。

图 6-168 "段"模式修剪

6.3.7 边界

"边界"特征用于提取曲面边界。如图 6-169 所示,单击"操作"工具栏中的"边界"按钮，打开"边界定义"对话框,选择"曲面边线",并根据需要选择边界边线的"限制"元素(如经过曲面边界的点或线),单击"确定"按钮,即可提取曲面边界。

图 6-169 提取曲面"边界"操作

"边界定义"对话框中,"拓展类型"用于设置所选边界的拓展方式,如"点连续",表示只要接触,即可选择相连边线(此功能前面叙述较多,此处不再赘述)。

6.3.8 提取

"提取"特征可用于提取点、线、面等元素。如图 6-170 所示,单击"操作"工具栏中的"提取"按钮，打开"提取定义"对话框,选择"要提取的元素",并选择"支持面",单击"确定"按钮,即可提取实体面边界。

图 6-170 提取实体面"边界"操作

"提取定义"对话框中"补充模式"复选框的作用为，选择所选曲线中未选中的曲线区域，如图6-171所示（此曲线为"接合"曲线，并且两条曲线间有间距）。

"联合"复选框的作用为使提取出来的元素为一个整体，在完成"提取"操作后，选择提取元素中的一个元素，即可选择整个提出来的曲线（如未勾选此复选框，将只选择某个提出出来的元素，如图6-172所示）。

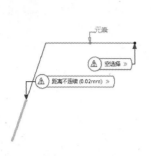

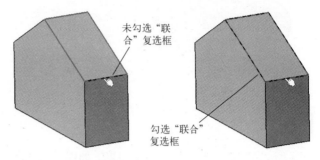

图6-171 "补充模式"的作用　　　　　图6-172 "联合"复选框的作用

当"要提取的元素"为"接合"曲线时，如果接合曲线中两条线间的距离大于 "距离阈值"的值（单击"显示参数"按钮，可显示这些参数），将只提取其中一段曲线，如图6-173所示（"角阈值"和"曲率阈值"的作用也与此相似）。

图6-173 "距离阈值"等文本框的作用

6.3.9 平移、旋转、对称、缩放、仿射、定位变换

"平移""旋转""对称""缩放""仿射"和"定位变换"特征，与第5章介绍的"变换"类特征（5.2节）的操作基本相同。只是在设置操作完成后，可为这几个特征选择生成"曲面"或"包络体"。

另外，与5.2节中特征不同的是，可勾选 "确定后重复对象"复选框，令执行此类操作后，重复创建多个所选对象。

还有，在执行此类命令时，如果所选的对象为实体面，那么可提取出实体的外表面为曲面或包络体。

其他选项可参考前面5.2节中相关特征的介绍。

6.3.10　反转方向

"反转方向"特征用于反转曲面或曲线的"法线方向"（执行后，曲线或曲面的表面并无变化，但是其法线方向已经改变）。

 提示

> 就像是坐标系的三条轴一样，每条直线和每个面都有一个正的法线方向和一个负的法线方向。

下面看一个使用"法线方向"的例子。如图 6-174 所示，通过调整面的法线方向，可使用这两个面执行"分割"面操作（如不"反转方向"，将无法执行"分割"操作）。

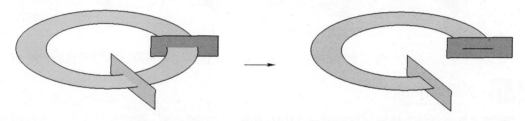

图 6-174　"法线方向"的作用

打开本书提供的素材文件 fzfx-sc.CATpart，选择"插入">"操作">"反转方向"菜单，然后选择"拉伸.1"面，单击"确定"按钮，反转此面的法线方向，如图 6-175 所示。

图 6-175　调整"法线方向"操作

然后执行"接合"操作，选择"反转.3"面和"拉伸.2"面，并勾选 "忽略错误元素"复选框，接合这两个面，如图 6-176 左图所示；再执行"分割"操作，使用"接合"面，分割圆环面即可，如图 6-176 右图所示

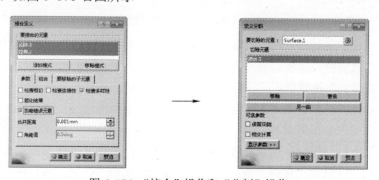

图 6-176　"接合"操作和"分割"操作

6.3.11 近/远

"近/远"特征用于提取多重元素中离参考元素较近的元素。如图 6-177 所示，选择"插入">"操作">"近/远"菜单，弹出"近/远定义"对话框，选择"近"单选按钮，然后选择一个特征作为"多重元素"（此处为"拉伸.1"），选择特征左下角顶点为"参考元素"，单击"确定"按钮，即可提出较近的面。

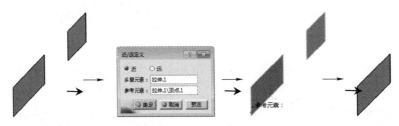

图 6-177　"近/远"操作

如果在"近/远定义"对话框中，选择"远"单选按钮，则可提取出离参考点较远的面。

6.3.12 外插延伸

使用"外插延伸"特征可将曲面自选中的边线，以与源曲面一定的连接关系（如相切或曲率）进行延伸。

如图 6-178 所示，单击"操作"工具栏中的"外插延伸"按钮 ，打开"外插延伸定义"对话框，选择曲面"边界"，设置延伸"长度"为 30，"拓展模式"为"相切连续"，单击"确定"按钮，即可创建延伸曲面。

图 6-178　"外插延伸"操作

下面解释一下 "外插延伸定义"对话框中相关选项的作用。

➤ "边界"选择框：用于选择曲面边界。

➤ "外插延伸的"选择框：当所选曲面边线为两个曲面的共有边线时，可通过此选择框选择曲面延伸的参考面（若所选曲面边线为单一曲面的边线，则系统将自动选中所选边线所在的面为参考面）。

➤ "类型"下拉列表框：当设置为"长度"类型时，可设置生成固定"长度"的外插延伸曲面；当设置为"直到元素"类型时，可在下面的"直到"选择框中选择一个面作为曲面延伸到的限制元素。

➢ "常量距离优化"复选框：勾选该复选框可执行常量距离的外插延伸，并创建无变形的曲面，如图 6-179 所示。

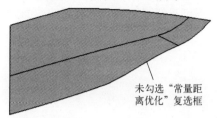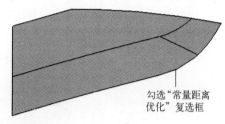

图 6-179 "常量距离优化"选项的作用

➢ "连续"下拉列表框：设置外插延伸曲面和支持曲面之间的连续类型，可设置为"切线"连续或"曲率"连续。

➢ "端点"下拉列表框：设置外插延伸曲面和支持面边界相邻边线间的连续类型。当选择"切线"时，外插延伸端与和曲面边界相邻的边线相切；当设置为"法线"时，外插延伸端与原始曲面边界（即所选边界）垂直，如图 6-180 所示。

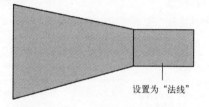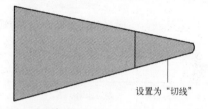

图 6-180 "端点"列拉列表设置项的作用

➢ "拓展模式"下拉列表框：设置所选边线拓展的模式，当拓展模式为"无"时，所选边线将不进行拓展；当拓展模式为"相切连续"时，所选边线将拓展到相切的边线；当选择"点连续"时，将选择与所选边线接触的边线进行外插延伸操作。

➢ "内部边线"选择框：用于确定外插延伸的优先方向（即令所选边线方向在延伸时保持不变），如图 6-181 所示。可以选择一条或多条边线进行相切外插延伸。选择一条边线后，还可以选择一个顶点以便给定外插延伸的方向。

提示

　　需要注意的是，只能选择与所选边界相接触的边线为"内部边线"，此外该选项不可用于"曲率"连续类型。

图 6-181 "内部边线"选择框的作用

➤ "装配结果"复选框：勾选该复选框可将外插延伸曲面装配到支持曲面（关于"装配"的意义，可参考前面 5.3 节中的讲述）。

➤ "扩展已外插延伸的边线"复选框：勾选该复选框可重新连接基于外插延伸曲面元素的特征（见图 6-182）。

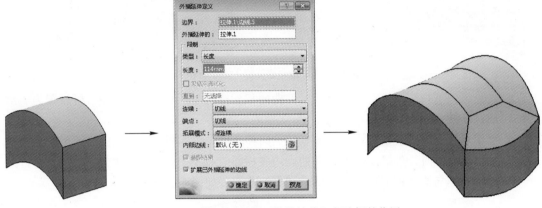

图 6-182 "扩展已外插延伸的边线"复选框的作用

需要注意的是，要实现图 6-182 所示的"扩展已外插延伸的边线"操作，操作之前应将"当前工作对象"设置为"基于外插延伸曲面元素"之前的特征，如图 6-183 所示。

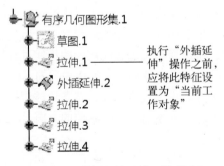

图 6-183 外插延伸后的"模型树"

6.4 分析连接检查器

使用"分析连接检查器"特征，可以分析两条曲线之间、两个曲面或曲面和曲线之间的连接方式。

如图 6-184 所示，选择"插入"＞"分析"＞"分析连接检查器"菜单，打开"连接检查器"对话框，然后单击"曲线-曲线连接"按钮，再选择两段相邻的曲线，如果两条曲线之间的间距在"最小间隔"和"最大间隔"的值之间，将显示曲线的连接间隔值。

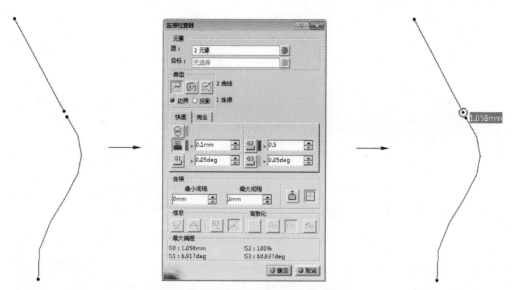

图 6-184 "曲线-曲线连接"检查操作

如图 6-185 左图所示，选择"插入">"分析">"分析连接检查器"菜单，打开"连接检查器"对话框，然后单击"曲面-曲面连接"按钮，再选择两个相邻的曲面，如果两个曲面相邻边界间的间距在"最小间隔"和"最大间隔"的值之间，将显示曲面的连接间隔值，如果 6-185 右图所示。

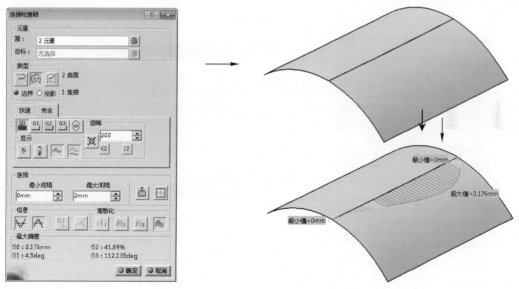

图 6-185 "曲面-曲面连接"检查操作

如图 6-186 所示，选择"插入">"分析">"分析连接检查器"菜单，打开"连接检查器"对话框，然后单击"曲面-曲线连接"按钮，再选择一段曲线和一个曲面，如果曲线端点（与曲面相近的端点）与所选曲面之间的间距在"最小间隔"和"最大间隔"的值之间，将显示曲线与曲面的连接间隔值。

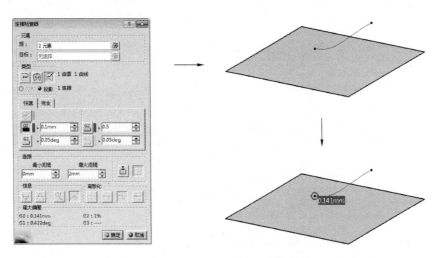

图 6-186　"曲面-曲线连接"检查操作

此外，在检测"曲线-曲线连接"和"曲面-曲面连接"类型时，可设置检测"边界"连接或"投影"连接检测（在"曲面-曲线连接"类型时，系统默认选择用"投影"连接类型）。

当设置为"边界"连接时，可设置检测线间相近端点间的连接关系，或设置检测面上相近边线间的连接关系。

当设置为"投影"连接时，可设置 3D 空间内，线间、源线上距离目标线最近的端点与目标线的连接关系；3D 空间内，面间、源面上距离目标面距离最近的边线与目标面的连接关系（见图 6-187）；以及 3D 空间内，线上、源线上距离目标面距离最近的端点与目标面的连接关系。

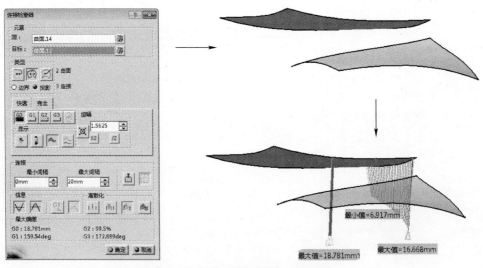

图 6-187　曲面"投影"检查操作

下面解释一下"连接检查器"对话框中其他相关选项的作用。

➢ "快速"和"完全"选项卡："快速"选项卡用于快速设置要检测的连接类型，并设置临界值；"安全"选项卡用于设置连接类型，并设置显示色标颜色，设置显示"梳""包络线"，以及"梳"的振幅等，如图 6-151 所示（其中各选项的作用，下面将逐一进行解释）。

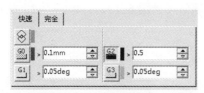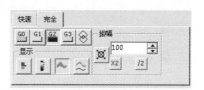

图 6-188 "快速"和"完全"选项卡

> "G0""G1""G2""G3"和"交叠缺陷" 按钮："G0"用于检测"距离"；"G1"
用于检测"相切"程度；"G2"用于检测"曲率"连接程度；"G3"用于检测"曲率
相切"程度（当检测值超过了"快速"选项卡中设置的值时，将显示检测提示），而
"交叠缺陷"按钮用于检测两元素间的交叠区域。

> "有限色标" 和"完整色标" 按钮：类似 5.4.1 节 "拔模分析"中的色标对话框，
用于设置"连接梳"和"包络线"等在不同值下的颜色状况，如图 6-189 所示（可右
击色标，设置需要使用的颜色）。

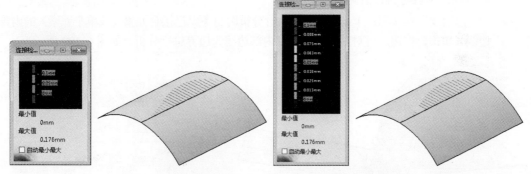

图 6-189 "有限色标"和"完整色标"按钮的设置效果

　　在图 6-89 所示的对话框中勾选"自动最小最大值"按钮，可在每次修改最小间隔值
和最大间隔值后，都自动对对话框中的最大和最小值（以及它们之间的值）进行更新。

> "梳" 按钮：显示梳子一样的线，用于表示连接间距、相切长度、曲率连接程度和
曲率相切程度，梳越长，线或曲面之间的此连接类型的间隔越大（可参照图 6-189 所
示的梳线）。

> "包络" 按钮：在梳线之外显示包络线，如图 6-190 所示。

图 6-190 "包络线"效果

CATIA V5-6 R2015 三维设计入门与提高

➢ "振幅"设置区：用于设置梳线的长度，单击"自动缩放"按钮 ⊠，可设置梳线为默认长度；单击"X2"按钮，将设置振幅翻倍（见图 6-191）；单击"/2"按钮，将设置振幅减半。

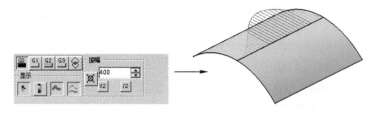

图 6-191 "振幅"翻倍效果

➢ "最小间隔"和"最大间隔"文本框：如果选中元素间的间隙值大于"最小间隔"并小于"最大间隔"，则分析该连接；如果该间隙的值超出了这些限制，则该连接不被分析。

➢ "忽略小的自由边线" ⊞按钮：如果有小的自由边线且其长度小于指定的最大间隔值，此边线在分析时将被忽略。

➢ "内部边线" ⊞按钮：单击此按钮，执行分析时将考虑已接合元素（或单个元素）的内部边线（单击此按钮，可对某单个曲面以内部边线为边界进行分析，如图 6-192 所示）。

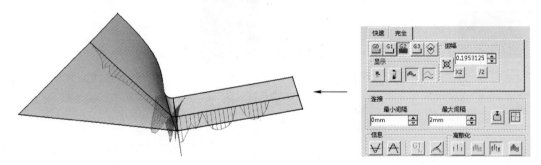

图 6-192 "内部边线"按钮的作用

➢ "最小值" ⩗和"最大值" ⩘按钮：设置在 3D 几何图形中显示间隙的最小值和最大值（如图 6-185 右图所示）。

➢ "0°～90°的 G1 值" ⊔按钮：单击 G1 "相切"按钮后该按钮可用，用于设置仅显示 0°～90°间的 G1 值。

➢ "凹性缺陷" ⩘按钮：在 G2 模式下该按钮可用，用于检查所选元素间隙中，曲面-曲面和曲面-曲线的凹形缺陷，或曲线-曲线的振荡平面间的角度，如图 6-193 所示。

➢ "离散化"选项区的 4 个按钮："轻度离散化""粗糙离散化""中度离散化""精细离散化"按钮用于设置"梳"的离散程度，如图 6-194 所示。

➢ "最大偏差"显示区：用于显示所选元素间的间隔值，并同时显示"G0""G1""G2""G3"的偏差值。

316→

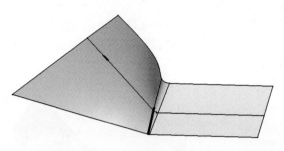

图 6-193 "凹性缺陷"检查效果

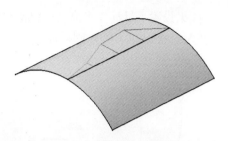

图 6-194 "离散化"设置效果

6.5 展开

可将曲面展开为平面（以更好地对曲面的面积等进行计算或其他操作等），或将曲线映射到曲面上，本节介绍相关操作。

6.5.1 创建展开曲面

单击"已展开外形"工具栏中的"展开"按钮 ，或选择"插入">"已展开外形">"展开"菜单，选择要展开的曲面，打开"展开定义"对话框，单击"确定"按钮，即可将所选曲面展开，如图 6-195 所示。

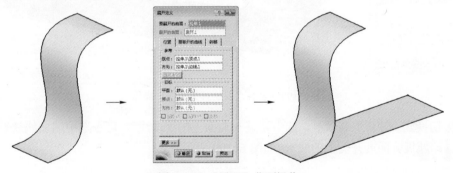

图 6-195 "展开"曲面操作

如果在"展开定义"对话框中，设置"原点"的位置，可设置展开曲面的展开位置，如图 6-196 所示；如果设置"方向"参照线，可设置展开曲面的方向。

图 6-196 设置展开曲面的参考"原点"操作效果

如果设置了目标"平面"、目标"原点"以及"方向"参照线（以及勾选"反转 Uf"和"反转 Vf"复选框）等，则可以将展开的面移动到特定的位置处，如图 6-197 所示。

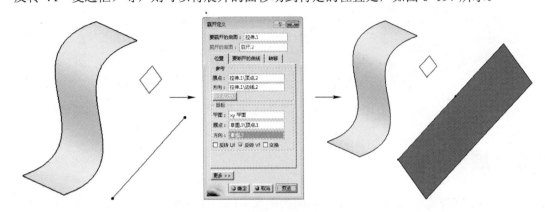

图 6-197　设置展开曲面"目标"操作

如果切换到"要断开的曲线"选项卡，并选择"要断开的曲线"，可令曲面自选中的曲线位置处出展开（对于闭合的面，必须设置"要断开的曲线"才能展开曲面），如图 6-198 所示。

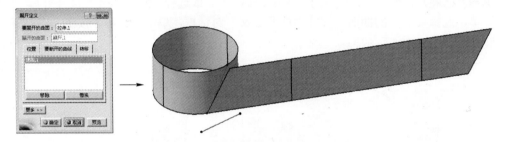

图 6-198　设置"要断开的曲线"操作

如果切换到"转移"选项卡，选中要展开曲面上的"曲线"，可令选中的曲线映射到展开的面上（即随展开面展开面上的线），如图 6-199 所示。

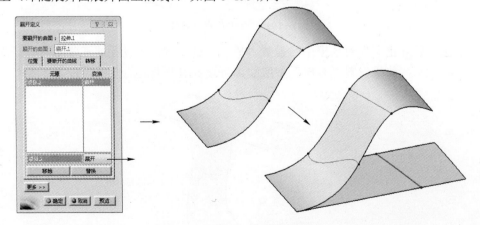

图 6-199　设置"转移"曲线操作

提示

"转移"选项卡的"展开"和"折叠"下拉列表框中的两个选项的意义，可参照下面6.5.2节中的讲述。

在"展开定义"对话框中单击"更多"按钮，可设置展开的曲面为"直纹"或其他类型的面。如展开面为"直纹"面，需要选择"直纹"单选按钮；如展开面为其余面，需要选择"全部"单选按钮，否则无法展开面，如图6-200所示。

若勾选"显示要断开的可选边线"复选框，单击"预览"按钮后，可显示"要断开的可选边线"，即这些边线可选中为"要断开的边线"，如图6-201所示；若在"变形颜色映射"框中勾选"展开的曲面"复选框，可在展开的曲面上显示变形颜色，如图6-202所示；若勾选"要展开的曲面"复选框，可在要展开的曲面上显示变形颜色；若勾选"永久"复选框，可在执行"展开"操作后，在展开面上继续显示变形颜色。

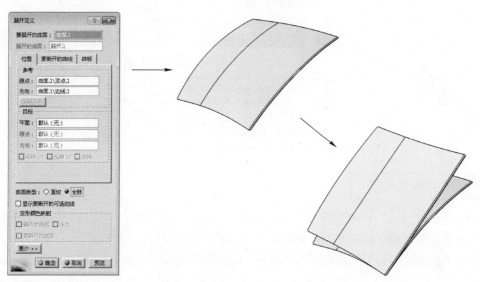

图6-200 曲面类型设置为"全部"操作

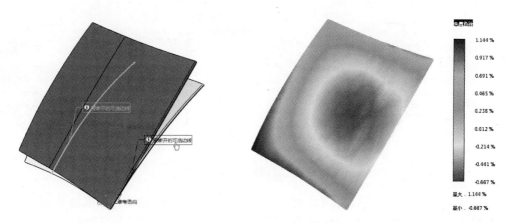

图6-201 "显示要断开的可选边线"操作效果　　图6-202 设置展开曲面"变形颜色映射"操作效果

6.5.2 转移元素

单击"已展开外形"工具栏中的"CATHybridPartTransferHdr"按钮，或选择"插入" > "已展开外形" > "CATHybridPartTransferHdr"菜单，选择"要展开的曲面"和"展开的曲面"，再选择"要展开的曲面"上的线，可在"展开的曲面"上转移映射选中的线，如图6-203所示。

> **提示**
>
> 在"变换"下拉列表框中，若选择"展开"选项，可自"要展开的曲面"将线转移映射到"展开的曲面"；若选择"折叠"选项，可自"展开的曲面"将线转移映射到"要展开的曲面"。

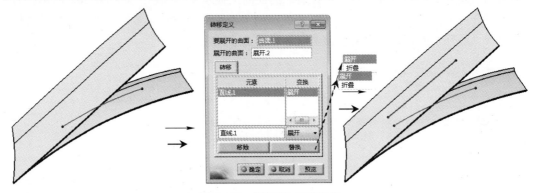

图6-203 "转移"元素操作

6.5.3 展开曲线和点

可展开曲线或点，使用旋转面上局部轴系的横坐标和纵坐标，以及映射线的平面横坐标和纵坐标来创建新线（即映射到旋转面上）。本节介绍可以执行此功能特征的操作方法。

单击"已展开外形"工具栏中的"展开"按钮，选择"要展开的线"，再选择一旋转面（注意只能选择旋转面）作为"支持面"，单击"确定"按钮，即可将选中的线映射到所选面上，如图6-204所示。

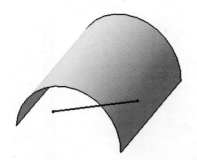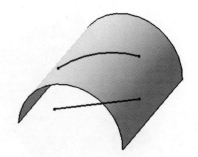

图6-204 "展开曲线"操作

共有3种"展开方法"，其中"展开-展开"方式用于指定沿支持曲面轴系的两端展开线；"展开-投影"方式用于指定沿支持曲面轴系的一端展开线，并沿另一端投影线；"展开-反转展开"方式用于指定先沿支持曲面轴系的一端展开线,再沿另一端展开线,如图 6-205 所示(在旋转面为倾斜面时,这 3 种方式有所区别)。

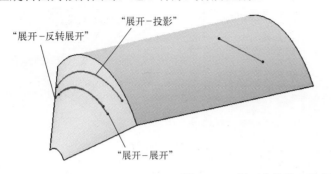

图 6-205 展开曲线的 3 种方法

下面解释一下"展开定义"对话框中其他相关选项的作用。

➢ "发散"文本框:用于指定展开的线上的辐射变形比率。此变换由旋转曲面上轴系原点与旋转轴之间的距离以及"展开定义"对话框中指定的比率定义,如图 6-206 所示(相当于放大或缩小线的长度)。

图 6-206 "发散"设置项的作用

➢ "倾斜"文本框:用于指定默认展开的角度偏差,如图 6-207 所示。

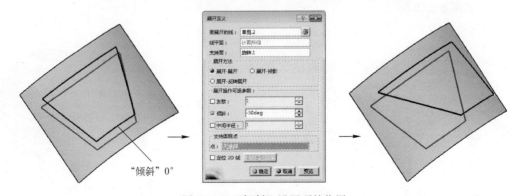

图 6-207 "倾斜"设置项的作用

➢ "中间半径"文本框:在展开线之前沿 y 轴应用到线坐标的比率(即展开操作本身不受影响,仅在展开前沿 y 轴修改线的外形),如图 6-208 所示。

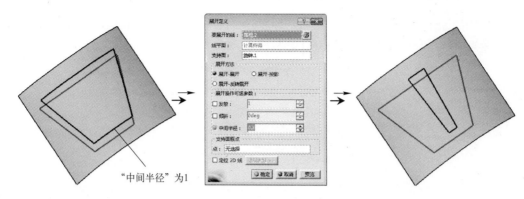

"中间半径"为1

图 6-208 "中间半径"设置框的作用

➤ "支持面原点"下的"点"设置框：单击"点"选择框，并在曲面上选择一个点，可定义支持面轴系原点。轴系被修改，支持面的轴系移动到选定点位置处，而线的轴系保留两个轴系原点间的最短距离，因此，线的位置也会被修改，如图 6-209 所示。

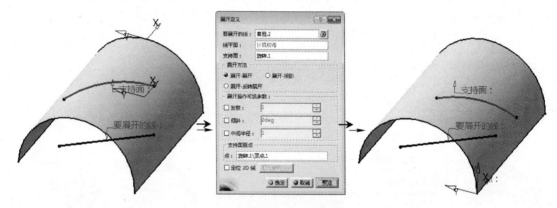

图 6-209 "支持面原点"选择框的作用

➤ "定位 2D 线"复选框：若勾选"定位 2D 线"复选框，然后单击"显示参数"按钮，则在展开的选项中可修改"要展开的线"轴系的位置和方向，从而更改展开线的位置，如图 6-210 所示。

图 6-210 "定位 2D 线"的作用

实例精讲——设计电吹风

下面绘制一个"电吹风"模型（见图6-211），以熟悉本章所学习的创建和编辑曲面方面的知识。

制作分析

本实例主要使用"旋转"曲面和"多截面曲面"创建模型的主体，然后使用"外插延展"曲面、"拉伸"曲面、"修剪"曲面、"分割"曲面等功能对主体模型进行细加工，最后对绘制的面执行"加厚"操作和"布尔"操作，完成整个模型的绘制。

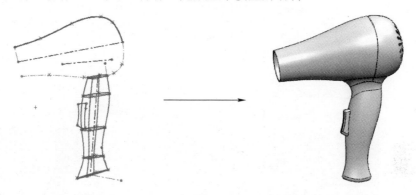

图6-211 "电吹风"轮廓图和创建的电吹风模型

制作步骤

步骤 1 打开本书提供的素材文件"diancuifeng-sc.CATpart"，单击"曲面"工具栏的"旋转"按钮，选择"吹桶曲线"作为轮廓曲线，选择"吹桶中心线"为旋转轴，旋转出"电吹风"的吹筒曲面，如图6-212所示。

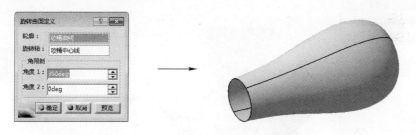

图6-212 旋转出"电吹风"的吹筒曲面

步骤 2 单击"多截面曲面"按钮，打开"多截面曲面定义"对话框，然后自下而上依次选择"截面线.1""截面线.2""截面线.3""截面线.4""截面线.5"作为放样的截面线，然后再顺序选择"引导线.1""引导线.2""引导线.3""引导线.4"作为放样的引导曲线，放样出电吹风的手柄曲面，如图6-213所示。

步骤 3 单击"外插延伸"按钮，选择 步骤 2 创建的"多截面曲面"曲面的上部边线，将曲面延长10，如图6-214所示。

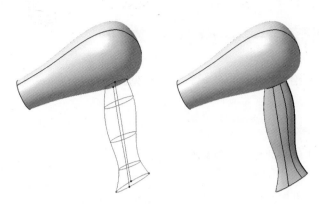

图 6-213　绘制"电吹风"的手柄曲面

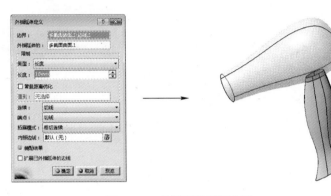

图 6-214　外插延伸手柄曲面

步骤 4　单击"拉伸"曲面按钮,选择"修剪线"作为拉伸的草绘截面,设置向两个方向拉伸,拉伸长度设置为30,创建一个拉伸曲面,如图 6-215 所示。

图 6-215　创建拉伸曲面

步骤 5　单击"修剪"按钮,选择**步骤 4**创建的面和手柄面,然后通过单击"另一侧/下一元素"等按钮,设置要保留的面,对面进行剪裁,效果如图 6-216 所示。

步骤 6　再次单击"修剪"按钮,并分别选中前面步骤创建的两个面作为进行交互修剪的曲面,同样通过单击"另一侧/下一元素"等按钮,设置保留修剪的部分,对电吹风连接部位进行剪裁,如图 6-217 所示。

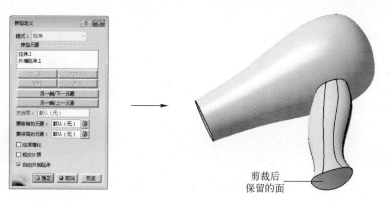

剪裁后
保留的面

图 6-216　用新创建的曲面修剪手柄面

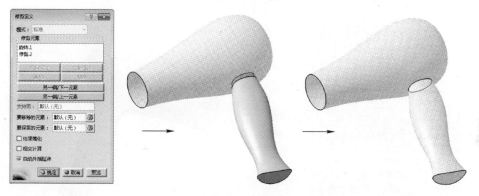

图 6-217　修剪手柄曲面和吹筒面令其相交

步骤 7　单击"圆角"按钮，选中**步骤 6**修剪面后的相交线为"要圆角化的对象"，设置圆角"半径"为 30，选择"端点"方式为"光顺"，"传播"方式为"相切"，单击"确定"按钮，将吹筒面和手柄面使用圆角连接，如图 6-218 所示。

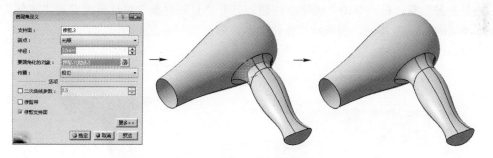

图 6-218　对"电吹风"的面进行圆角处理

步骤 8　再次单击"圆角"按钮，选择吹筒手柄处的"圆角相交线"为"要圆角化的对象"，并选择"端点"方式为"光顺"，"传播"方式为"相切"，单击"确定"按钮，设置圆角"半径"为 8，对手柄面进行圆角处理，如图 6-219 所示。

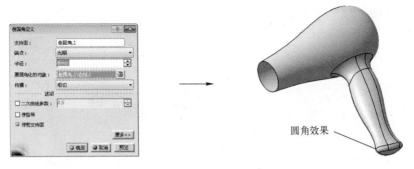

图 6-219 对手柄面进行圆角处理

步骤 9 单击"拉伸"按钮，选择"切除线.1"为草图轮廓线，执行"拉伸"操作，拉伸长度为 150（即超过吹筒面即可），拉伸出一个面，如图 6-220 所示。

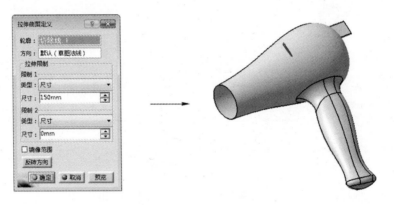

图 6-220 拉伸曲面操作

步骤 10 选择"插入">"操作">"旋转"菜单，打开"旋转定义"对话框，选择 **步骤 9** 创建的面为旋转"元素"，选择"吹筒中心线"为"轴线"，旋转"角度"为 18，并勾选"确定后重复对象"复选框，单击"确定"按钮；打开"复制对象"对话框，设置"实例"个数为 19，单击"确定"按钮，圆周阵列操作曲面，效果如图 6-221 所示。

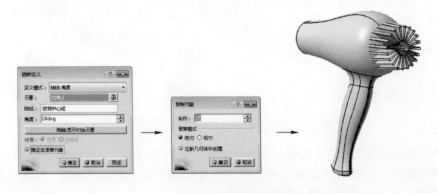

图 6-221 旋转复制面操作

步骤 11 单击"分割"按钮，选择吹筒面为"要切除的元素"，选择 **步骤 10** 创建的曲面为"切除元素"，得到"电吹风"的进风口（将切除面隐藏），如图 6-222 所示。

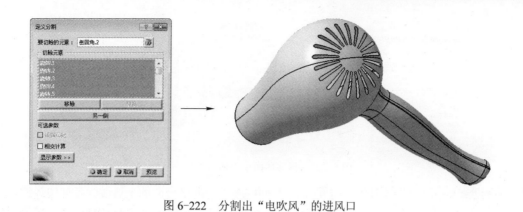

图 6-222　分割出"电吹风"的进风口

步骤 12　拉伸"分割面.1"曲线，得到一个拉伸面，然后通过"分割"操作，使用拉伸出来的面将之前创建的面分割为两个面，如图 6-223 所示。

图 6-223　使用拉伸面"分割"面操作

步骤 13　先选择"插入">"几何体"菜单，插入一个新的几何体，然后切换到"零件设计"操作环境，选择"插入">"基于曲面的特征">"加厚曲面"菜单，打开"定义厚曲面"对话框，选择模型的手柄处的面，设置"第二偏移"为 2，将手柄处的面加厚为实体，如图 6-224 所示（此实体位于新插入的几何体中）。

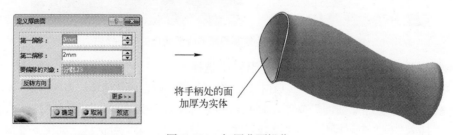

将手柄处的面
加厚为实体

图 6-224　加厚曲面操作

步骤 14　再切换到"线框和曲面设计"操作环境，单击"偏移"按钮，选择"手柄"实体口处的面为要偏移的曲面，"偏移"距离为 0；然后多次执行"偏移"操作，并执行"接合"操作，创建手柄口处的偏移面，如图 6-225 所示。

图 6-225　偏移曲面出手柄口处的面

步骤 15　单击"外插延伸"按钮，选择**步骤 14**创建的接合面的上边线为延伸边界线，延伸"长度"设置为 1，"连续"和"端点"设置为"切线"，对**步骤 14**创建的曲面进行延伸，如图 6-226 所示。

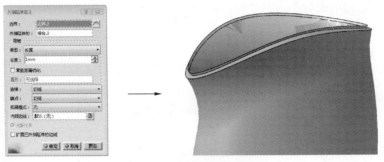

图 6-226　外插延伸出来的面

步骤 16　同样，再切换到"零件设计"操作环境，选择"插入" > "基于曲面的特征" > "加厚曲面"菜单，选择**步骤 15**创建的面，执行向外的厚曲面操作，加厚厚度为 1，将手柄处的面加厚为实体，如图 6-227 所示。

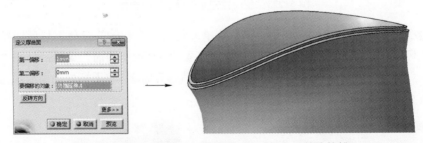

图 6-227　加厚手柄处复制的面形成手柄口处的连接槽

步骤 17　选中"**步骤 13**"插入的"几何体"，选择"编辑" > "复制"菜单，再选择"编辑" > "粘贴"菜单，复制出一个"几何体"（在执行"布尔"操作后，此几何体作为备用几何体）。

步骤 18　执行"加厚曲面"操作，将吹筒的上部面加厚为实体，如图 6-228 左图所示；然后选择"插入" > "布尔操作" > "移除"菜单，弹出"移除"对话框，如图 6-228 中图所示，自刚刚"加厚的曲面"上移除**步骤 16**创建的实体，创建出吹筒的连接槽，如图 6-228 右图所示。

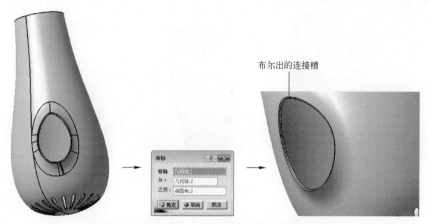

图 6-228　使用布尔操作在吹筒处做出连接槽

步骤 19　通过相同操作，先复制吹筒实体为新的几何体（复制几何体的操作需要执行多次，因为需要执行多次布尔操作，下面不再重复叙述），然后通过"外插延伸"和"加厚曲面"等操作创建吹筒上部左侧的连接槽，如图 6-229 所示。

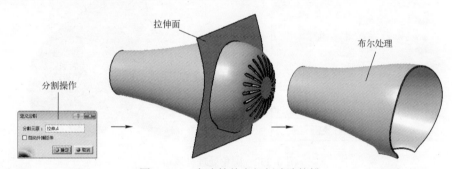

图 6-229　在吹筒前半部创建连接槽

步骤 20　通过分割操作和相同的布尔操作等，创建吹筒上部右侧的连接槽，如图 6-230 所示（基本上完成吹筒的创建）。

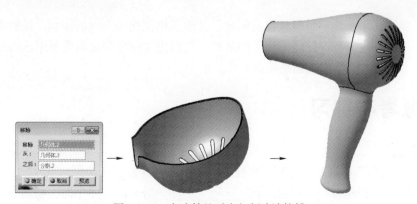

图 6-230　在吹筒处后半部创建连接槽

步骤 21　首先"接合"4 条"按钮线"，然后单击"凸台"按钮，选择接合的曲线，拉伸出"电吹风"的按钮，然后对其进行圆角处理，最后复制按钮几何体，再进行"布尔"操作，如图 6-231 所示。

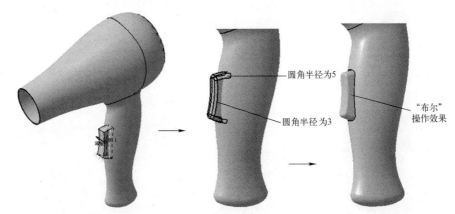

图 6-231 创建"电吹风"的按钮

步骤 22 单击"圆角"按钮，选择电吹风进风口出的边线，对电吹风进风口处进行圆角处理，设置"半径"为1，完成电吹风的创建，效果如图 6-232 所示。

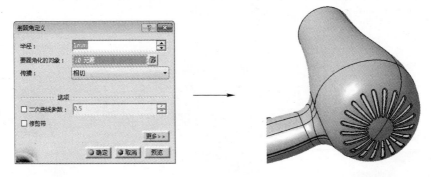

图 6-232 圆角处理进风口

6.6 本章小结

本章主要讲述了创建三维曲线以及创建、处理和检测曲面方面的知识，是整本书的重点也是难点。曲面是对模型进行精细加工的基础，可以更加弹性化地构造模型，因此需要重点掌握。针对本章而言，编辑曲面是难点。

6.7 思考与练习

一、填空题

（1）"面间复制"特征用于在空间中任意两个面间一次复制多个面。当＿＿＿＿＿＿＿＿时，将在两个面间一次创建多个平行面；当＿＿＿＿＿＿＿时，将在两个面间创建间隔相同角度值的多个面。

（2）"扫掠"有4种主类型，分别为＿＿＿＿＿、＿＿＿＿＿、＿＿＿＿＿和＿＿＿＿＿。

（3）＿＿＿＿＿扫掠是需要自定义轮廓的类型（即在创建之前需要绘制扫掠轮廓）。

（4）＿＿＿＿＿扫掠类型是以"圆弧"或"圆"为扫掠轮廓，沿着指定的引导曲线进行扫掠的操作。

（5）使用_____特征可以沿着模型边线、草图或曲线定义的边界对曲面的缝隙（或空洞等）进行修补，从而生成符合要求的曲面区域。

（6）_____，顾名思义，即选择曲面的两个边线（或非共线的两个线段），然后使用曲面将其连接起来。

（7）所谓_____即对曲面执行"缝合"操作，用于将两个或多个曲面缝合成一个面。用于缝合的曲面不必位于同一基准面上，但是曲面的边线必须相邻并且不重叠。

（8）执行_____操作，可在系统可以根据所选的曲面计算出曲面未分割（或未修剪）之前的完整状态时，恢复曲面修剪前的状态。

（9）"修剪"曲面功能与"分割"曲面的不同之处在于，"修剪"可以_____。

二、问答题

（1）"投影"操作中"法线"投影和"沿某一方向"投影有什么区别？

（2）什么是扫掠操作中的"自交区域"？如何添加"自交区域"？如何调整"自交区域"的大小？

（3）解释一下"修复"和"接合"操作的异同点？

（4）"反转方向"特征有什么作用？试举例说明。

（5）"外插延伸"操作时，"内部边线"有何作用？试举例说明。

（6）"展开曲面"时，"要断开的曲线"选项卡和"转移"选项卡有什么作用？并简述设置"变形颜色"相关选项的作用。

三、操作题

（1）打开本书提供的素材文件"LX-shuilongtou-sc.CATpart"，使用本章所学的知识创建图6-233所示的水龙头模型。

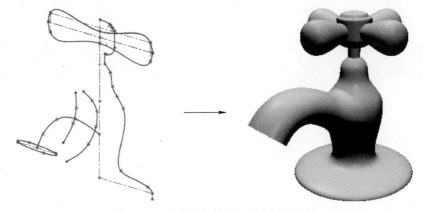

图6-233　需创建的模型文件和其设计树

 提示

本练习素材中已提供了用于创建曲面的曲线，因此只需简单执行旋转、扫掠、修剪等曲面操作即可。

（2）打开本书提供的素材文件"LX-fangxiangpan-sc.CATpart"，使用本章所学的曲面和曲线方面的知识创建一个图 6-234 所示的"方向盘"模型。

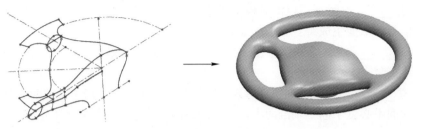

图 6-234　创建的"方向盘"模型

 提示

　　本练习的创作思路非常简单，重点是：先旋转出基体，然后拉伸出边界面，并对面进行适当切割，再使用"填充"曲面功能不断填充，得到方向盘中间的曲面，最后进行"接合"和"对称"操作。

第7章　装　配

本章要点

　📖 导入和管理零部件
　📖 移动零部件
　📖 约束（装配）零部件
　📖 装配分析
　📖 装配特征

学习目标

　　"装配"是 CATIA 中集成的一个重要的应用模块。通过装配，可以将各个零部件组合在一起，以检验各零件之间的匹配情况；同时也可以对整个结构执行爆炸操作，从而清晰地查看产品的内部结构和装配顺序。

　　本章介绍导入零件，并将其装配为某个功能零件或装配为产品的操作。

7.1　导入和管理零部件

　　所谓"装配"，就是将产品所需的所有零部件按一定的顺序和连接关系组合在一起，形成产品完整结构的过程，如图 7-1 所示。

图 7-1　"装配"示意图

　　通过装配，可以查看零件设计是否合理、各零件之间的位置关系是否得当。一旦发现问题，可以立即对零件进行修改，从而避免对生产造成损失。

7.1.1 新建部件、产品和零件

选择"开始" > "机械设计" > "装配设计"菜单，可进入装配设计操作环境，此时在左侧模型树中，系统默认添加了一个"产品"特征和一个 Application（"应用"树节点）如图 7-2 左图所示。

其中"产品"特征代表要装配的产品（其节点下可包含要装配的"产品""部件"或"零件"）；Application 特征点用于存放对装配特征进行"分析"的分析特征，具体可参见 7.4.8 节。

 提示

> 在 CATIA 装配体中，共包含"产品""部件"和"零件" 3 个级别，其中"产品"代表装配的产品，"部件"代表产品的一个组成部分，而"零件"就是具体的一个零件（一个 CATPart）。
>
> 其中，产品和部件的区别不是很明显，都可以互相包含，而且也都可以直接包含"零件"；而"零件"处于最底层，不可以包含上述两者。

在装配设计操作环境中，可通过单击"产品结构工具"工具栏中的 3 个按钮来创建这三类特征。其中，单击"产品"按钮 ![图标]，然后在左侧特征树中单击一个"产品"特征或"部件"特征，即可在此特征下创建"产品"特征，如图 7-2 右图所示。

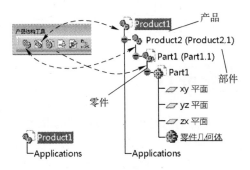

图 7-2 装配默认特征树和 3 类主要"装配"特征

单击"产品结构工具"工具栏中的"部件"按钮 ![图标]，然后在左侧特征树中单击一个"产品"特征或"部件"特征，即可在此特征下创建一个"部件"特征；单击"零件"按钮 ![图标]，然后在左侧特征树中单击一个"产品"特征或"部件"特征，即可在此特征下创建一个"零件"特征。

 知识库

> 创建了这 3 个特征有什么用呢？实际上，这是一种"自上而下"的产品设计方式，最后插入"零件"特征后，双击插入的零件，即可切换到"零件设计"模式，完成零件设计操作后，双击特征树中的"产品"或"部件"特征，即可重新进入"装配设计"模式，从而使用"装配设计"模式中的工具对零件进行"移动"和"装配"等操作，然后添加所有

"零件"，并进行装配，即可完成整个产品或部件的创建。

当然，也可以使用"自下而上"的产品设计方式来设计和装配模型，此时可以先通过前面学习的知识首先设计好要装配的零件，然后通过本章 7.1.2 节将要介绍的导入"现有部件"功能，将其导入到装配体中，然后进行移动和装配。

此外，在装配环境中，要在"产品""部件"和"零件"间切换，既可以通过双击的方式，也可以右击模型树中的此特征，选择相应"编辑"命令（见图 7-3），切换到此级别下，然后对此级别下的特征进行操作。

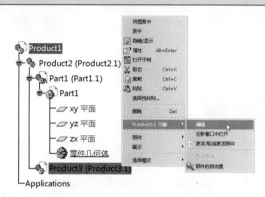

图 7-3　当前"装配"特征的切换

7.1.2　导入"现有部件"

单击"产品结构工具"工具栏中的"现有零件"按钮，然后在左侧特征树中单击"产品"或"部件"特征，在弹出的对话框中选择一个设计好的零件文件（CATPart），单击"打开"按钮，即可在此"产品"或"部件"特征下添加现有部件，如图 7-4 所示。

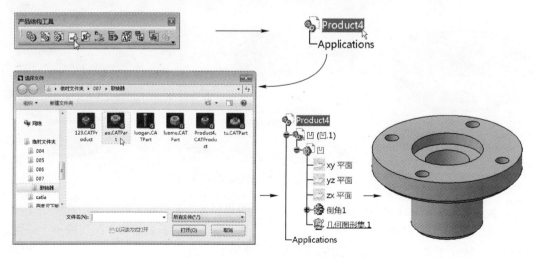

图 7-4　导入"现有部件"操作

7.1.3　导入"具有定位的现有部件"

导入"具有定位的现有部件"是指在导入部件的过程中，"顺带"对部件进行定位的导入部件操作。下面看一个导入"具有定位的现有部件"的操作。

步骤 1 这里接着 7.1.2 节中的实例进行操作。单击"产品结构工具"工具栏中的"具有定位的现有部件"按钮 ，然后在左侧特征树中单击"产品"或"部件"特征（如这里单击 Product1 特征），打开"选择文件"对话框，选择要导入的文件，如图 7-5 所示，单击"打开"按钮。

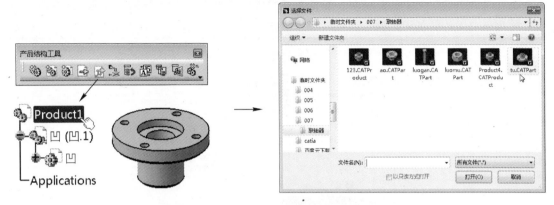

图 7-5　执行导入"具有定位的现有部件"操作

步骤 2 系统导入了 **步骤 1** 选定的文件，并弹出"智能移动"对话框；选中新导入的零件，向上拖动，将其移动到先期导入模型的上部，如图 7-6 所示。

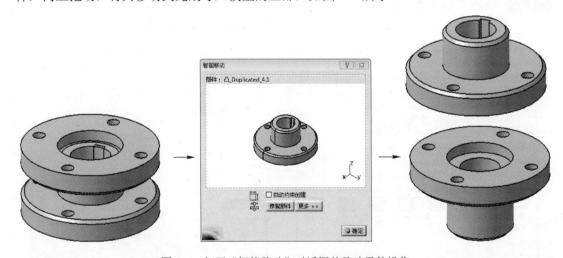

图 7-6　打开"智能移动"对话框并移动零件操作

步骤 3 在"智能移动"对话框中勾选"自动约束创建"复选框，然后顺序选中上下模型的圆柱面，并单击空白处添加"相合"约束，选中"凸"模型下表面和"凹"模型上表面，再单击空白处，添加"曲面接触"约束，如图 7-7 所示。

步骤 4 完成上述操作后，在"智能移动"对话框中单击"确定"按钮，完成导入"具有定位的现有部件"操作。若此时导入的零件并未按照添加的约束定位模型位置，可右击左侧特征树中的某个约束，选择"更新"菜单，更新此约束，从而令模型处于正确的位置处，如图 7-8 所示。

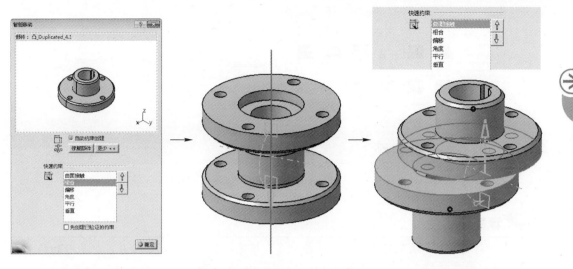

图 7-7 自动添加"约束"操作

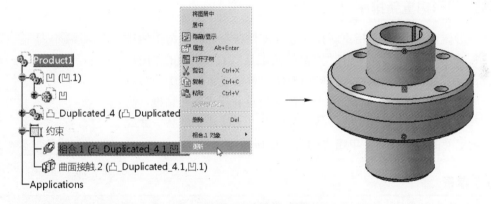

图 7-8 "更新"模型位置操作

这里再介绍一下"智能移动"对话框中相关选项的作用。

➢ "自动约束创建"复选框：勾选此复选框，将在操作时自动创建约束；否则，即使自动判断并移动了零件位置，也不会创建约束。

➢ "修复部件"按钮：单击此按钮后，将会为当前导入的零部件添加"修复部件" （即"固定"）约束。

➢ "先创建已验证的约束"复选框：勾选此复选框后，将根据上面有序列表中的顺序创建第一个已验证的约束（此功能作用不明显，选与不选区别不大）。

7.1.4 替换部件

替换部件是指使用其他零件替换当前装配体中的部件。单击"产品结构工具"工具栏中的"替换部件"按钮 ，然后在操作区中单击要替换的部件，打开"选择文件"对话框，选中要替换的文件，单击"打开"按钮，打开"对替换的影响"对话框，选择"是"或"否"单选按钮，单击"确定"按钮，即可将选中部件替换，如图 7-9 所示。

图 7-9 "替换部件"操作

 提示

在"对替换的影响"对话框中，选择"是"单选按钮，将自动替换并匹配原有的约束；选择"否"单选按钮，将不替换和匹配原有约束，此时完成操作后，需要重新配置原有约束。

7.1.5 图形树重新排序

"图形树重新排序"是指重新排序导入零件在左侧特征树中的排列顺序。如图 7-10 所示，单击"产品结构工具"工具栏中的"图形树重新排序"按钮，然后在左侧模型树中单击要重新排序的节点（如一个"产品"或"部件"），打开"图形树重新排序"对话框，然后在左侧列表中选中要移动的产品，再单击"上移选定产品" 或"下移选定产品" 按钮，单击"确定"按钮即可。

图 7-10 "重新排序"操作

 提示

"移动选定产品"按钮 的作用是移动选定产品到单击产品的后部。操作时，先在"图形树重新排序"左侧列表中选中要移动的产品，然后单击此按钮，再在左侧列表中单击一个产品，选中产品将移动到单击产品的后部。

7.1.6 生成编号

"生成编号"特征用于为导入的模型添加自动排序的编号，该编号可用于在工程图中，为装配体模型自动添加零件序号（见图 7-11）。

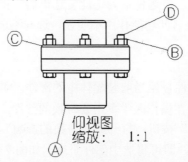

仰视图
缩放：   1:1

图 7-11 工程图中的序号

单击"产品结构工具"工具栏中的"生成编号"按钮，然后在操作区中单击要生成编号的产品或部件，打开"生成编号"对话框，如图7-12所示，选择编号模式（整数或字母），单击"确定"按钮，即可为选中的产品（或部件）下的零件添加编号。

提示

> "整数"编号，即1、2、3…类型的编号模式；"字母"编号，即A、B、C…类型的编号。
>
> "保留"和"替换"单选按钮在重新为模型添加编号时可用，其中"保留"单选按钮的作用是保留已经为零件添加的编号；"替换"单选按钮的意义是，执行"生成编号"操作后"替换"原来添加的零件编号。

添加编号后，右击添加了编号的零件，选择"属性"命令，可在打开的"属性"对话框"产品"选项卡的"编号"文本框中见到为零件添加的编号，如图7-13所示。

图7-12 "生成编号"对话框

图7-13 "属性"对话框

7.1.7 选择性加载

选择"工具">"选项"菜单，切换到"常规"选项卡，取消勾选"加载参考的文档"复选框，如图7-14所示，"选择性加载"操作可发挥作用。它的作用是，加载在打开文件时未加载的产品、部件或零件。

单击"产品结构工具"工具栏中的"选择性加载"按钮，然后在操作区中单击未加载的产品或部件（或其上级节点），打开"产品加载管理"对话框，单击"选择性加载"按钮，然后单击"应用"按钮，即可将此产品或部件中未加载的部分加载进来，如图7-15所示。

在"产品加载管理"对话框的"打开深度"下拉列表框中，共有三个选项可以选择，其中"1"是加载1级树目录内的模型，"2"是加载2级树目录内的模型，"All"是加载此树下的所有模型。

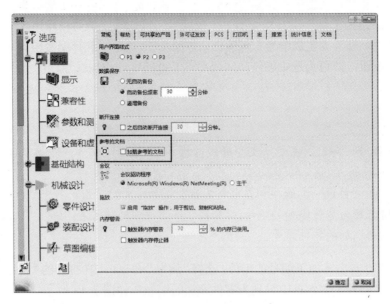

图 7-14　取消勾选"加载参考的文档"复选框操作

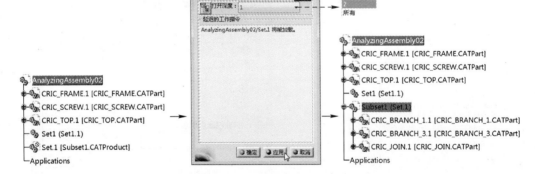

图 7-15　"选择性加载"操作

在左侧特征树中，图标 表示路径下文件存在，但是未加载；图标 表示路径下文件不存在，零件的无法加载；图标 表示已经加载的零件。

7.1.8　管理展示

"管理展示"特征的作用类似 SolidWorks 软件中的"配置"管理，即一个产品可以有多个展示方式（相当于 SolidWorks 中的多个配置），不同展示下，文件可以有多个特征也可以有单个特征，所以零件的显示样式是不同的。下面看一个"管理展示"操作。

步骤 1　打开本书提供的素材文件"ManageRep.CATProduct"，单击"产品结构工具"工具栏中的"管理展示"按钮 ，在左侧特征树中单击某个要管理关联的零件（此处单击 Cylindre.1 零件），打开"管理展示"对话框，如图 7-16 所示，单击"关联"按钮。

图 7-16 "管理展示"操作

步骤 2 系统打开"关联展示"对话框,选中本书提供的素材文件"Cylindre_d.CATShape",单击"打开"按钮,回到"管理展示"对话框,选中新添加的文件,并单击"激活"和"默认设置"按钮,如图 7-17 所示,然后单击"关闭"按钮。

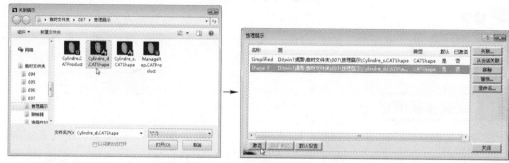

图 7-17 "关联"操作

步骤 3 可以发现,模型自图 7-18 左图所示的样式变为了图 7-18 右图所示的样式,这就是"管理展示"特征的作用。

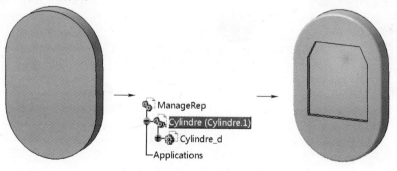

图 7-18 "管理展示"效果

> "管理展示"对话框中,"从会话关联"按钮的作用为从当前会话中选取关联(其他几个按钮的作用较简单,此处不再赘述)。
>
> 此外,可以将".cgr"".model"和".CATShape"文件与3D图形设置关联(从而为其设置多种格式),".CATShape"文件用作零部件、产品或部件中的展示,可在DMU中进行设置,此处不再进行过多讲解。

7.1.9 快速多实例化

"快速多实例化"特征用于快速复制多个零件。单击"产品结构工具"工具栏中的"快速多实例化"按钮，然后在操作区中单击要复制的零件，即可以复制选中的模型，如图 7-19 所示。

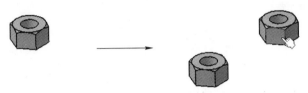

图 7-19 "快速多实例化"操作

 提示

"快速多实例化"操作中，复制间距和个数等可通过 7.1.10 节中的"定义多实例化"特征进行设置。

7.1.10 定义多实例化

"定义多实例化"特征用于阵列零件。单击"产品结构工具"工具栏中的"定义多实例化"按钮，打开"多实例化"对话框，然后在操作区中单击要复制零件，根据需要设置一种阵列方式，并设置"新实例"和"间距"等参数，以及阵列方向，单击"确定"按钮，即可在"装配体"中阵列选中的零件，如图 7-20 所示。

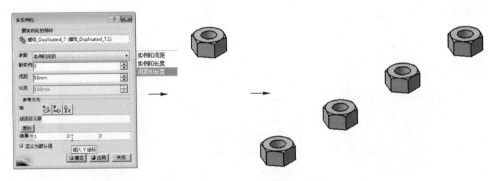

图 7-20 "定义多实例化"操作

知识库

"多实例化"对话框中，结果的 3 个文本框用于设置一个相对坐标值，使用这个坐标位置与所选零件原点的位置定义一个方向，然后在这个反向上对零件进行阵列操作。

如果勾选"定义为默认值"复选框，那么可将本次阵列操作的值设置为"多实例化"的默认值，这样在执行 7.1.9 节中的"快速多实例化"操作时，将使用此处设置的值进行。

7.2 移动零部件

当零部件所在的位置不便于装配操作时，可以移动零部件的位置，也可以在移动零件时自动为零部件添加约束，本节介绍相关操作。

7.2.1 操作

"操作"特征用于移动（或旋转）零件。单击"移动"工具栏中的"操作"按钮，打开"操作参数"对话框，通过单击对话框中的按钮选择一个移动方向，然后拖曳操作区中的零件，即可沿选中的方向移动零部件，如图7-21所示。

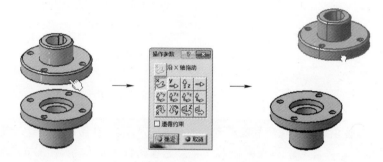

图7-21 "操作"零件操作

勾选"操作参数"对话框中的"遵循约束"复选框，在操作零件的过程中，将在已有约束的规范下移动或旋转零部件。

7.2.2 捕捉

"捕捉"特征用于快速移动零件。单击"移动"工具栏中的"捕捉"按钮，选择要移动零件的一个面或边线等，然后单击另外一个面或边线等，可令模型自第一个选中的面（或线）位置移动到第二个选中面（或线）位置，从而达到快速移动零件的目的，如图7-22所示（操作完成后，可单击预览箭头令零件位置反转）。

图7-22 "捕捉"移动零件操作

7.2.3 智能移动

"智能移动"特征是通过添加约束（或虚拟添加约束）的方式来移动零件位置的操作（实

际上，与7.1.3节中介绍的导入"具有定位的现有部件"操作中调整零件位置的操作是一样的）。

单击"移动"工具栏中的"智能"按钮🎇，打开"智能移动"对话框，如图7-23所示，然后在操作区中单击对应位置（单击两次），即可智能移动零件。

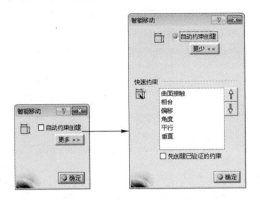

图7-23 "智能移动"对话框

提示

同7.1.3节中的介绍，若在"智能移动"对话框中勾选"自动约束创建"复选框，则在智能移动的过程中，将自动添加相关约束，其余选项的作用可参考7.1.3节中的讲述。

7.2.4 在装配设计中分解

当导入的零件过多时，零件可能互相重叠，有些小的零件可能被遮盖，因此难于操作，此时可通过"在装配设计中分解"特征，直接将导入的零件"爆炸"开来，令其互相不重叠（然后添加相关约束将其装配到一起）。

单击"移动"工具栏中的"在装配设计中分解"按钮🗲，打开"分解"对话框，然后在左侧特征树中选中一个要进行分解的产品，单击"应用"按钮，即可将选中的产品"爆炸"开来（此时，还可通过"3D指南针"移动爆炸后的零件），如图7-24所示。

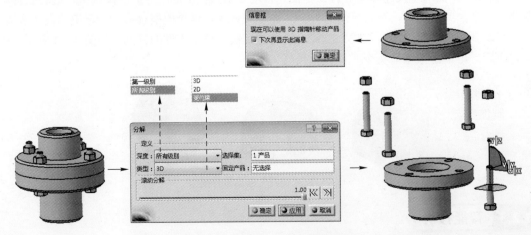

图7-24 "在装配设计中分解"操作

下面解释一下"分解"对话框中相关选项的作用。

➤ "深度"下拉列表框：用于选择要分解产品的深度，包括 "第一级别"和"所有级别"两个选项，操作时按需要选择使用即可。

➤ "类型"下拉列表框：用于设置爆炸的方式，有 3 种类型，其中"3D"类型为在 3D 空间中爆炸移动模型（模型可能有遮挡）；"2D"类型为在 2D 平面中爆炸移动模型，此时，在观察反向上，模型不会存在遮挡现象；"受约束"类型指在爆炸移动模型时，考虑添加的约束（即移动操作不会违背约束）。

➤ "固定产品"选择框：此选择框用于在爆炸移动模型的过程中选择模型固定不动的部分。

➤ "滚动分解"滑块：拖动此滑块，可调整模型"爆炸"后零件之间的相对距离。

7.2.5 碰撞时停止操作

单击选中"移动"工具栏中的"碰撞时停止操作"按钮，在使用其他移动零件的特征移动零件时，模型碰撞后将停止移动（再次单击此按钮，可取消其选中状态）。

实例精讲——装配"轴承座"

下面讲一个"轴承座"装配的操作实例，效果如图 7-25 所示（在装配的过程中，部分操作会涉及 7.3 节中的"约束"内容）。

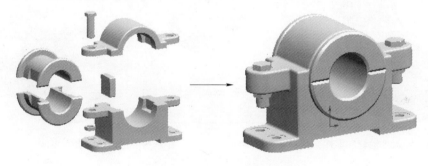

图 7-25 "轴承座"装配操作

制作分析

本实例主要用到导入"现有部件"、导入"具有定位的现有部件"、快速多实例化、操作和分解等操作，在操作的过程中应注意零部件的导入和相关约束的添加技巧。

制作步骤

步骤 1 选择"开始">"机械设计">"装配设计"菜单，进入装配设计操作环境，单击"产品结构工具"工具栏中的"现有零件"按钮，然后在左侧特征树中单击"Product1"特征，在弹出的对话框中选择 zcdz.CATPart 文件，导入此零件，如图 7-26 所示。

步骤 2 右击导入的模型，选择"轴承座底.|对象">"固定"菜单，为其添加"固定"约束，如图 7-27 所示。

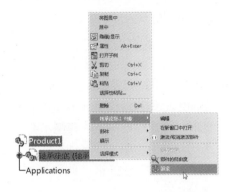

图 7-26　导入轴承基座　　　　　　　　　图 7-27　将"轴承基座"设置为固定零件

步骤 3　单击"产品结构工具"工具栏中的"具有定位的现有部件"按钮，然后在左侧特征树中单击"Product1"特征，打开"选择文件"对话框，选择"zt.CATPart"文件，将其（轴套）导入，如图 7-28 所示。

步骤 4　在"智能移动"文本框中勾选"自动约束创建"复选框，然后单击"轴套"外圆面和"轴承基座"的内圆面，为其添加"相合"约束，单击"轴套"平面和"轴承基座"上平面，添加"相合"约束令其对齐，再添加侧边的"曲面接触"约束，完成"轴套"的定位，最后单击"确定"按钮即可，如图 7-29 所示。

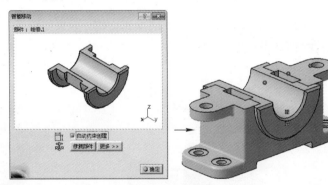

图 7-28　导入"轴套"零件　　　　　　　　图 7-29　定位"轴套"零件

步骤 5　通过与步骤 3 和步骤 4 相同的操作，导入"卡销"（"kx.CATPart"文件），并通过自动添加约束定义其位置，如图 7-30 所示。

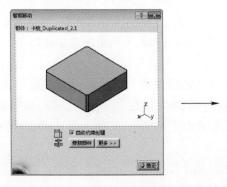

图 7-30　导入"卡销"操作

步骤 6 单击"产品结构工具"工具栏中的"快速多实例化"按钮 ，单击"卡销"零件，复制出一个"卡销"零件，然后单击"约束"工具栏中的"相合约束"按钮 ，单击相应面，在轴套和基座间添加"相合"约束（重复操作添加 3 个"相合"约束），定位复制出来的这个"卡销"零件的位置，如图 7-31 所示。

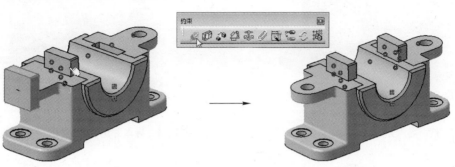

图 7-31　复制"卡销"并通过添加"相合约束"定义其位置

 提示

　　如果在操作的过程中，某些面被遮挡无法选择，可单击"移动"工具栏中的"操作"按钮，将其移开后再添加"相合约束"等。

　　此外，添加约束后，零件位置默认不发生变化，此时可在左侧特征树中右击添加的约束，选择"更新"菜单，令零件在此约束下移动到相应的位置处。

步骤 7 通过与 步骤 6 相同的操作，复制出一个"轴套"零件，并通过添加"相合约束"定义其位置，如图 7-32 所示。

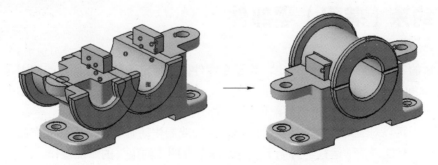

图 7-32　复制"轴套"并定义其位置

步骤 8 单击"产品结构工具"工具栏中的"具有定位的现有部件"按钮 ，单击"Product1"特征，选择"zcdb.CATPart"文件，将其（轴承顶部）导入，并为其添加自动约束，定位其位置，如图 7-33 所示。

步骤 9 通过与 步骤 8 相同的操作，导入螺杆（"lg.CATPart"文件）和螺母（"lm.CATPart"文件）零件，并定义其位置，如图 7-34 所示。

步骤 10 单击"产品结构工具"工具栏中的"快速多实例化"按钮，复制"螺杆"和"螺母"，并单击"约束"工具栏中的"相合约束"按钮，定义其位置，完成所有零件的导入，并添加相关约束，完成轴承座的装配操作，如图 7-35 所示。

图 7-33 导入并定位"轴承顶部"零件

图 7-34 导入并定位"螺杆"和"螺母"零件

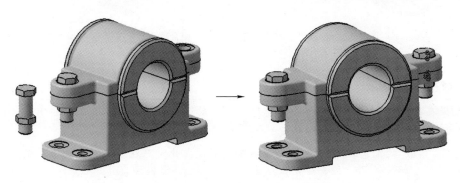

图 7-35 复制"螺杆"和"螺母"并定义复制件的位置

7.3 约束（装配）零部件

导入后的零件位置难以符合规定，为了令零件位于特定的位置处，并能够固定不动（即完全约束），可以为零件添加各种"约束"特征，令其"装配"起来（就像是现实中安装一台机器一样），得到我们需要的产品装配模型（或部件），

装配后，可以对装配后的产品执行分析、渲染或制作动画等，从而验证产品零件的设计有无缺陷、产品能否正常运行、有无干涉等。本节介绍"约束"的添加操作。

7.3.1 相合

"相合"约束用于对齐元素。根据所选元素（可为点、线、面、轴系），可在两个元素间设置同心度、同轴度或同面度的相合约束。

单击"约束"工具栏中的"相合约束"按钮 ，然后在操作区中单击要添加约束的两个零件的对应元素，如图 7-36 所示，即可添加"相合"约束。

"相合"约束添加后，并不会立即发生作用，可右击左侧特征树中新添加的"相合"约束，选择"更新"菜单，令零件移动到"约束"规定的位置处。

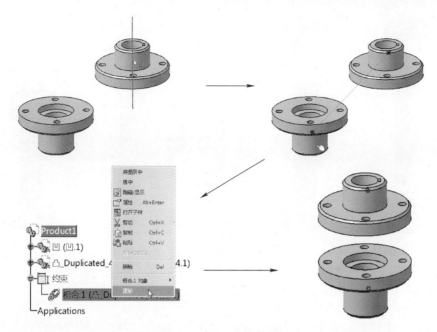

图 7-36 "约束"操作

7.3.2 接触

"接触"约束是令两个面接触（而不是对齐）。单击"约束"工具栏中的"接触约束"按钮 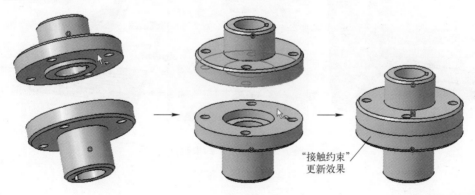，然后在操作区中单击要添加约束的两个零件的对应面，如图 7-37 所示，即可添加"接触"约束。

图 7-37 "接触"约束操作

7.3.3 偏移

"偏移"约束是定义两个元素间的距离。单击"约束"工具栏中的"偏移约束"按钮，然后在操作区中单击要添加约束的两个零件的对应元素，如图 7-38 所示，即可添加"偏移"约束（并弹出"约束属性"对话框，在此对话框中输入"偏移"距离，单击"确定"按钮，再更新此约束，即可见到"偏移"约束发生作用）。

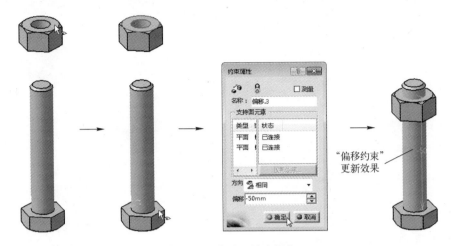

图7-38 "偏移"约束操作

7.3.4 角度

"角度"约束是定义两个元素间的角度。单击"约束"工具栏中的"角度约束"按钮 ，然后在操作区中单击要添加约束的两个零件的对应元素，打开"约束属性"对话框，如图7-39所示，在"角度"文本框中输入角度值，单击"确定"按钮，即可令两个零件以所选元素为参照成角度约束。

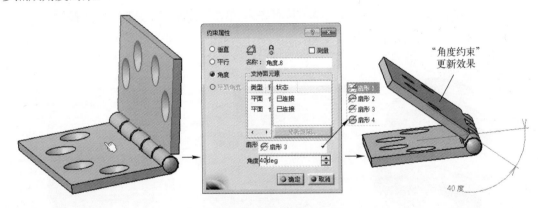

图7-39 "角度"约束操作

提示

  在"约束属性"对话框的"扇形"下拉列表框中，可以设置角度在两面间的位置。选中"垂直"单选按钮，直接令两个元素互相垂直；选中"平行"单选按钮，则令两个元素互相平行；选中"平面角度"单选按钮，用于定义在与某轴垂直的平面中定义围绕该轴的两个平面之间的角度约束。勾选"测量"复选框，角度约束为参考值。

7.3.5 固定（修复部件）

  "固定"约束（即"修复部件"约束）是令选定的元素固定不动。单击"约束"工具栏中的"修复部件"按钮，然后选中要添加"固定"约束的零件，如图 7-40 所示，即可令选中的零件固定不动。

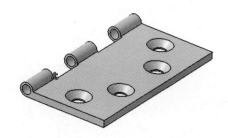

图 7-40 "固定"约束操作

7.3.6 固联

"固联"约束用于将选定的元素连接在一起（可以选择任意多个零件，令其固联，只是选中的部件必须为活动部件），当在一个零件与一组添加了"固联"的零件（任意一个零件）间添加约束时，所有固联零件都将受到影响。

"固联"的添加非常简单，单击"约束"工具栏中的"固联"按钮，打开"固联"对话框，然后在操作区中选中要进行固联的零件，单击"确定"按钮，即可令选定的零件固联，如图 7-41 所示。

图 7-41 "固联"约束操作

> **提示**
> "固联"内的零件仍然可以添加约束（也可以使用相关工具在约束范围内移动）。"更新"操作将首先求解"固联"内部的约束，然后再求解"固联"外部的约束。

7.3.7 快速约束

"快速约束"即在两个选择的元素间自动添加可以添加的约束（与执行导入"具有定位的现有部件"操作中的"自动约束创建"功能是一致的），操作时，单击"约束"工具栏中的"快速约束"按钮，然后选择两个对应元素即可。

7.3.8 柔性/刚性子装配

"柔性/刚性子装配"是令某个子部件（或子产品）内的零件为"柔性"装配或"刚性"装配。如果子部件（或子产品）为"柔性"装配，那么可通过"3D 指南针"直接移动"部件"

内的零件，此时子部件（或子产品）内的其他零件不受影响（见图7-42）；如子部件（或子产品）为"刚性"装配，那么通过"3D指南针"移动"部件"内的零件时，此部件（或产品）内的其他零件将同时移动（见图7-43）。

提示

"子部件"（或"子产品"）默认为"刚性"装配。

单击"约束"工具栏中的"柔性/刚性子装配"按钮，然后单击左侧特征树中的某个子部件（或子产品），可以令此部件切换"柔性"和"刚性"装配状态。"柔性"装配的产品图标为，刚性的图标为。

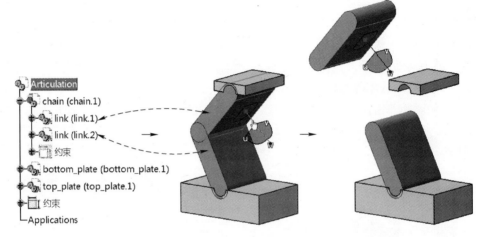

图 7-42 "柔性"装配移动操作

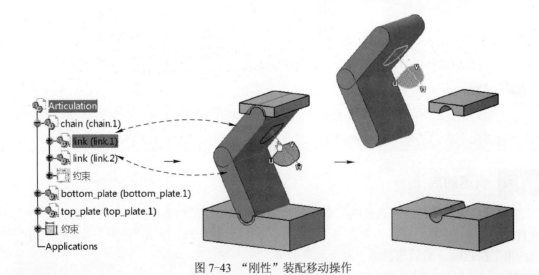

图 7-43 "刚性"装配移动操作

7.3.9 更改约束

单击"约束"工具栏中的"更改约束"按钮，然后在左侧特征树中选中要更改的约束，系统弹出"可能的约束"对话框，如图 7-44 所示，选择一个要替换为的约束类型，单击"确定"按钮，即可更改约束。

7.3.10 重复使用阵列（阵列操作）

"重复使用阵列"特征即为装配空间中的"阵列操作"，与"零件空间"中的阵列不同，此特征要以某个零件的"阵列特征"为基础来阵列装配空间中的零件。

如图 7-45 所示，单击"约束"工具栏中的"重复使用阵列"按钮 ，打开"在阵列上实例化"对话框，先选择要阵列的零件，然后在左侧特征树中选中某个零件的阵列特征，单击"确定"按钮，即可阵列装配体中选中的零件。

图 7-44 "可能的约束"对话框

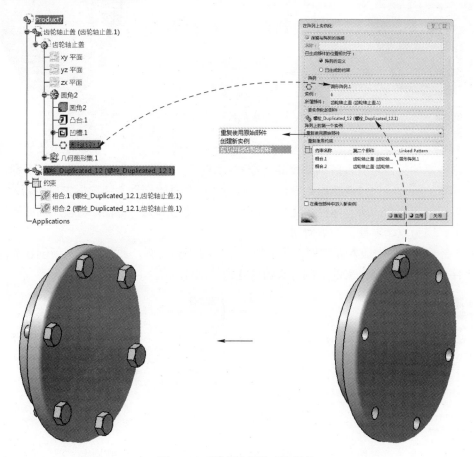

图 7-45 "重复使用阵列"操作

下面解释一下"在阵列上实例化"对话框中相关选项的作用。

➢ "保留与阵列的链接"复选框：勾选此复选框，将令"重复使用阵列"特征与操作时选中的阵列特征保持链接关系，这样当此阵列特征发生变化时，"重复使用阵列"特征也将跟随改变。

➢ "阵列的定义"单选按钮：选中此单选按钮，将令"重复使用阵列"特征中生成的零件的位置，只受"重复使用阵列"特征的约束（而不复制被阵列零件上原添加的特征）。

➢ "已生成的约束"单选按钮：选中此单选按钮，在此对话框下面的"重复使用约束"列表中将会列出所选零件的所有原始约束，此时可以定义在阵列零件时要复制的约束，如图 7-46 所示。

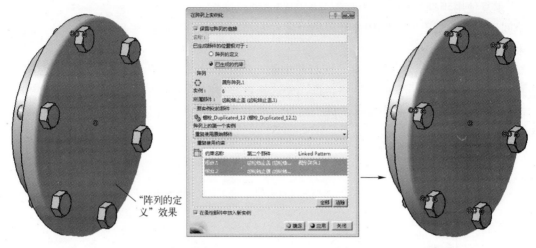

图 7-46　选中"已生成的约束"单选按钮阵列操作

➢ "阵列上的第一个实例"下拉列表框：共有 3 个选项，其中"重复使用原始部件"选项指原始部件不变，阵列创建其余零件；"创建新实例"选项指原始部件不变，创建阵列的所有零件（包括原始零件）；"剪切并粘贴原始部件"选项指先剪切原始部件，然后创建阵列的所有零件（此时，删除"重复使用阵列"特征，将会一同删除原始零件，因为原始零件已经被剪切了）。

➢ "在柔性部件中放入新实例"复选框：指收集阵列实例，并将其放入新创建的同一部件中（否则阵列出来的实例与原始被阵列的部件同级），如图 7-47 所示。

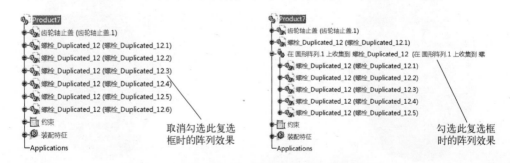

图 7-47　"在柔性部件中放入新实例"复选框的作用

实例精讲——装配"膜片弹簧离合器"

本实例将讲解使用 CATIA 设计膜片弹簧离合器装配体的操作。在执行装配操作之前，应该了解膜片弹簧离合器的工作原理，如图 7-48 所示，离合器默认处于闭合状态，当需要令其

分离时，拨叉通过分离套筒推动膜片弹簧，通过膜片弹簧拖动压盘和从动盘，令其与飞轮分离，使摩擦力消失，从而中断动力传动。

制作分析

图 7-49 所示为本文要设计的膜片弹簧离合器装配体，在设计的过程中将主要用到各种约束、重复使用阵列等本节中介绍的相关操作。

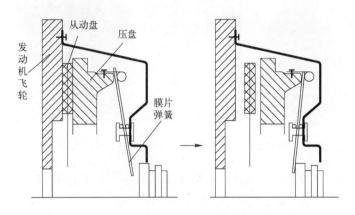

图 7-48 离合器从闭合到分离状态的转换过程　　　　图 7-49 本节要装配的离合器

制作步骤

本实例将以图 7-50 所示的离合器爆炸图为参照，在 CATIA 中完成膜片弹簧离合器的装配操作，步骤如下。

图 7-50 离合器爆炸图

（**步骤 1**）先装配"从动盘"。新建"装配设计"类型的文件，单击"产品结构工具"工具栏中的"现有部件"按钮，导入本书提供的素材文件"jzq.CATProduct"（减振器装配体），如图 7-51 所示（此处不再单独介绍减振器的装配操作）。

（**步骤 2**）继续导入"bxthp.CATPart"（波形弹簧片）文件，然后将其装配到（**步骤 1**）导入的减振器装配体上（可使用"接触约束"和"重合约束"），如图 7-52 所示（注意波形弹簧片的方向）。

（**步骤 3**）单击"约束"工具栏中的"重复使用阵列"按钮，选择减振器装配体中"从动片"零件中的"圆形阵列.1"特征，进行阵列操作，效果如图7-53所示。

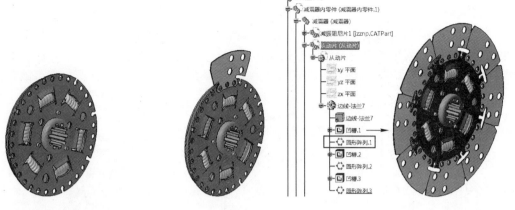

图7-51　导入减震器装配体　　图7-52　导入波形弹簧片　　图7-53　阵列波形弹簧片

步骤 4 导入两个"mcp.CATPart"（摩擦片）文件，并将其装配到波形弹簧片的两边（对称错开放置，同样可使用"接触约束"和"重合约束"），如图7-54所示。

步骤 5 导入"bxthpmcld.CATPart"（波形片与传动片铆钉）文件，并将其装配到合适位置，如图7-55所示。

步骤 6 单击"约束"工具栏中的"重复使用阵列"按钮 ，选择减震器装配体中"从动片"零件中的"圆形阵列.2"特征，阵列铆钉，如图7-56所示。

  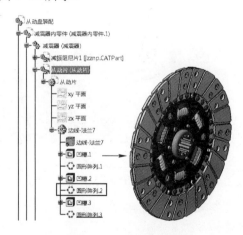

图7-54　插入摩擦片并装配　　图7-55　插入铆钉并装配　　图7-56　阵列铆钉操作

步骤 7 导入两个（或导入一个后，使用"快速多实例化"特征复制出一个）"bxpld.CATPart"（波形弹簧片与摩擦片铆钉）文件，并将其装配到合适位置，然后选择"mcp"（摩擦片）零件中的"圆形阵列.1"特征，执行"重复使用阵列"操作，效果如图7-57所示。

步骤 8 同**步骤 7**所示，再次导入"bxpld.CATPart"（波形弹簧片与摩擦片铆钉）文件，并执行装配，然后同样选择"mcp"（摩擦片）零件中的"圆形阵列.1"特征，执行"重复使用阵列"操作，效果如图7-58所示。

步骤 9 导入"xwx.CATPart"（限位销）文件，并将其装配到合适位置，然后选择减震器装配体中"从动片"零件中的"圆形阵列.3"特征，执行"重复使用阵列"操作，效果如图7-59所示（完成操作后，将文件保存为cdp.CATProduct即可）。

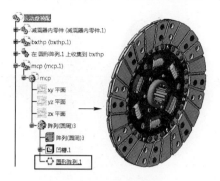

图7-57 插入铆钉并阵列　　图7-58 插入另一面铆钉并阵列　　图7-59 插入限位销并阵列

步骤10 下面开始创建总装配体。新建"装配设计"类型文件，单击"产品结构工具"工具栏中的"现有部件"按钮，导入本书提供的素材文件"lhqg.CATProduct"（离合器盖）、"cdp.CATProduct"（从动盘）和"yp.CATPart"（压盘）文件，如图7-60所示。

步骤11 单击"约束"工具栏中的"相合约束"按钮，定义导入的零件在一条中轴线上，并为"从动盘"和"压盘"定义"接触约束"约束，如图7-61所示。

图7-60 新建装配体并插入子装配　　　　图7-61 定位压盘

步骤12 导入"cdp.CATPart"（传动片）文件，并将其定义到压盘耳处圆孔和离合器盖外边缘的圆孔处；导入两个"cdpld.CATPart"（传动片铆钉）文件，并定义其位置，如图7-62所示。

步骤13 选择离合器盖装配体中"离合器盖子"零件的"圆形阵列.1"特征，执行"重复使用阵列"操作，阵列导入的传动片和铆钉，效果如图7-63所示。

步骤14 同**步骤12**和**步骤13**操作，导入"gh.CATPart"（勾簧），并定义其位置，然后同样选择离合器盖装配体中"离合器盖子"零件的"圆形阵列.1"特征，执行执行"重复使用阵列"操作阵列勾簧，效果如图7-64所示。

图7-62 插入并定位传动片和铆钉　　图7-63 阵列铆钉　　图7-64 插入并定位勾簧

步骤 15 导入 "zc.CATProduct"（轴承）、"z.CATPart"（轴）和 "fltt.CATPart"（分离套筒）文件，并定义其位置，即可完成模型的装配，如图 7-65 所示。

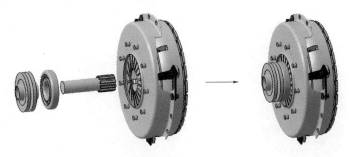

图 7-65　插入其他零部件并进行定位

7.4　装配分析

装配的另外一个主要目的就是检验零件的设计是否合理，零部件间是否有冲突（干涉），并进行各种测量操作等，以避免错误或生产出残次品，本节主要对这些内容进行讲述。

7.4.1　显示"更新"状态

选择"分析">"更新"菜单，打开"更新分析"对话框，通过此对话框中的"分析"选项卡，可以找到"要更新的部件约束"；通过"更新"选项卡，可以找到"要更新的部件"（选中某个部件，然后单击右侧的"更新"按钮 ，对约束进行更新即可），如图 7-66 所示。

图 7-66　"更新分析"对话框

7.4.2　显示"约束"状态

选择"分析">"约束"菜单，打开"约束分析"对话框，通过此对话框中的"约束"选项卡，可以查看当前装配体中零件的约束状态；通过"未更新"选项卡，可以找到未更新的约束，如图 7-67 所示。

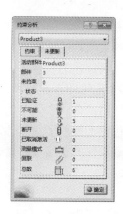 

图 7-67 "约束分析"对话框

7.4.3 分析产品"自由度"

选择"分析">"自由度"菜单，打开"自由度分析"对话框，通过此对话框，可以查看当前装配体中所编辑零件的自由度状态，如图 7-68 所示。

图 7-68 "自由度分析"对话框

7.4.4 分析"依赖项"

选择"分析">"依赖项"菜单，可打开"装配依赖项结构树"对话框，通过此对话框，可以查看当前编辑对象所添加约束的依赖关系，如图 7-69 所示（双击某些节点，可以将其展开）。

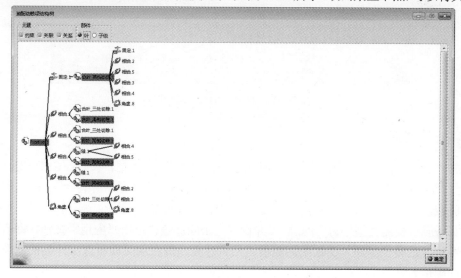

图 7-69 "装配依赖项结构树"对话框

下面解释一下"装配依赖项结构树"对话框中相关选项的作用。

➢ "约束"复选框：勾选此复选框，将显示约束依赖的零件。

➢ "关联"复选框：勾选此复选框，将显示关联依赖的零件（例如，装配体中 A 零件的某些特征是依赖 B 特征创建的，那么这两个零件即存在这种"关联"关系）。

➢ "关系"复选框：勾选此复选框，将显示使用"公式"关联的依赖零件。

➢ "子级"单选按钮：选中此单选按钮，可包含部件的子级零件。

➢ "叶"单选按钮：选中此单选按钮，可隐藏部件的子级零件。

7.4.5 分析"机械结构"

选择"分析">"机械结构"菜单，打开"机械结构树"对话框，可以查看当前所编辑零件的机械结构，如图 7-70 所示（实际上就是"产品">"部件">"零件"的结构树，此外，此结构树下不显示柔性子装配的节点，而只显示刚性子装配的节点）。

提示

> 可右击结构树空白处，选择"全部打印"菜单，将机械结构树打印出来，此外，在"机械结构树"对话框中，有"reference component"（参考元件）和"instance component"（实例组件）两个选项，目前这两个选项的功能不详。

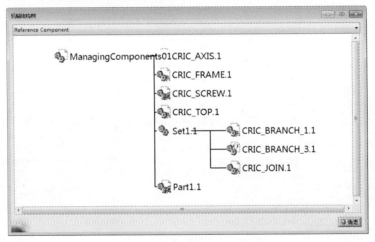

图 7-70 "机械结构树"对话框

7.4.6 计算碰撞

选择"分析">"计算碰撞"菜单，打开"碰撞检测"对话框，按住〈Ctrl〉键，选择两个零件（或多个零件），单击"应用"按钮，即可查看两个零件是否存在"干涉"（即是否有重叠的区域）。

如果设置"检测类型"为"间隙"，并设置一个间隙值，单击"应用"按钮，即可以检测这两个零件（或多个零件）在这个间隙值内是否存在违例现象（即所选零件间的间隙是否小于这个间隙值）。

存在"干涉"和"间隙违例"的区域，会以不同颜色显示出来，如图 7-71 所示。

图 7-71 "计算碰撞"操作

此外，选择"分析">"碰撞"菜单，打开"检查碰撞"对话框，单击"应用"按钮，即可以检测所有部件间（默认）的"干涉"（冲突和接触）状态，如图 7-72 所示。

下面解释一下"检查碰撞"对话框中相关选项的作用。

➢ "类型"下拉列表框：用于选择干涉类型，共有 4 种，其中"接触+碰撞"用于检查两个产品是否干涉（占用同一空间区域）以及两个产品是否接触；"间隙+接触+碰撞"除了检测干涉和接触外，还可检查两个产品间的间隔是否小于预定义的间隙距离；"已授权的贯通"允许定义临界区，两个产品在此临界区内可占用同一空间区域，而不检测为干涉；"碰撞规则"允许使用"计算碰撞"特征中设置的碰撞规则进行检测。

➢ "检测范围"下拉列表框：有 4 种计算类型，"在所有部件之间"用于检测所有产品间的干涉；"一个选择之内"用于检测所选任何一个零件与其他产品的干涉；"选择之外的全部"根据所有其他产品来检测选择的每个产品；"在两个选择之间"用于检测两个产品间的干涉。

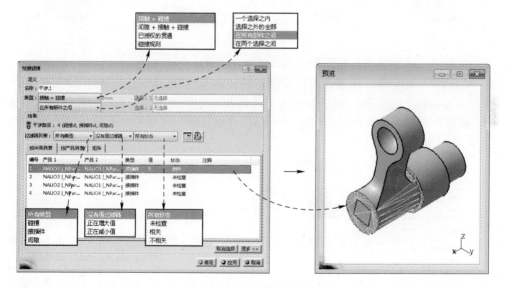

图 7-72 "检查碰撞"操作

➢ "过滤器列表"设置："所有类型"下拉列表框可以设置要显示的干涉类型，其中"碰撞"选项只显示碰撞干涉，其他选项如字面意思；"值过滤器"用于设置干涉的排序；"所有状态"用于设置显示某状态下的干涩。

➢ "结果窗口"按钮：显示或隐藏干涉的"预览"窗口。

➤ "导出为"按钮：将碰撞检测结果导出为 txt 等文件。

➤ "更多"按钮：显示扩展选项，用于设置预览窗口中可以显示的元素。

提示

> "按冲突列表""按产品列表"和"矩阵"选项卡用于以不同方式显示当前产品中的干涉，选中列表中的"干涉"或"产品"等，可在结果窗口中预览干涉的零件和干涉的区域。

7.4.7 测量

选择"分析">"测量项"菜单，打开"测量项"对话框，选中任意几何图形（点、面、边线、产品等），即可以对所选对象进行测量（如测量出某个曲面的面积和半径等），如图 7-73 所示。

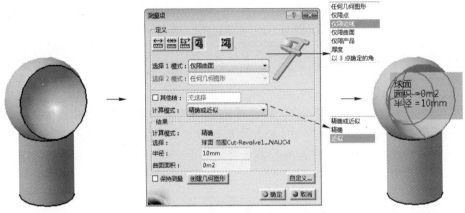

图 7-73 "测量"操作

下面解释一下"测量项"对话框中相关选项的作用。

➤ "测量项"按钮：测量任何选定图形的可测项的值，如面积、体积、弧长等。

➤ "测量间距"按钮：测量所选两个几何图形间的距离值（此时，与选择"分析">"测量"菜单操作相同），单击此按钮后，"测量项"对话框将转变为"测量间距"对话框，如图 7-74 所示。

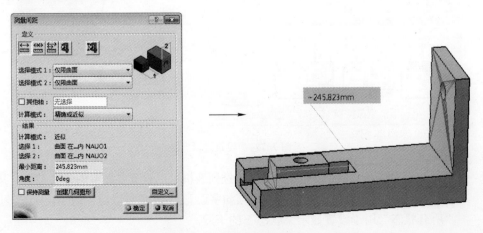

图 7-74 "测量间距"操作

> "在链式模式中测量间距"按钮 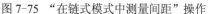：连续测量两个几何元素间的距离值（需要连续选择多对面），如图 7-75 所示。

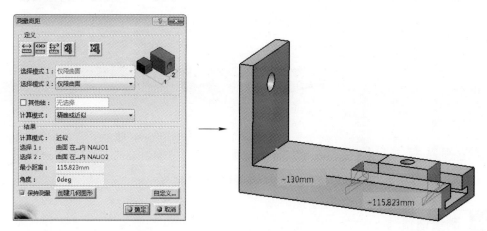

图 7-75 "在链式模式中测量间距"操作

> "在扇形模式中测量间距"按钮 ：测量起始几何元素和多个结束几何元素间的距离值（第一个单击的元素为起始元素，其后选择的其余元素为结束元素），如图 7-76 所示。

> "测量厚度"按钮 ：测量任何选定几何图形的厚度，如图 7-77 所示。

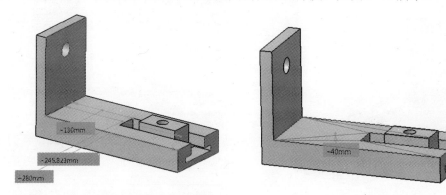

图 7-76 "在扇形模式中测量间距"操作   图 7-77 "测量厚度"操作

> "其他轴"选择框：用于选择其他轴系，然后测量操作以此轴系为参照，执行相关测量操作。

> "保持测量"复选框：如果勾选此复选框，"测量"结果将作为特征保留，并且在结构树的 Applications 节点中显示出来。

> "创建几何图形"按钮：单击该按钮后，将从测量结果创建几何图形，并将其添加到新零部件或现有零部件的"几何图形集"下的结构树中。

> "自定义"按钮：自定义显示的值，不同测量方式可以设置的值也不一样。其中"本地规格"用于设置主要测量项，显示选项用于设置详细显示的项，3D 是在操作区中显示的测量值，面板则是在面板中显示的测量值。如图 7-78 所示。

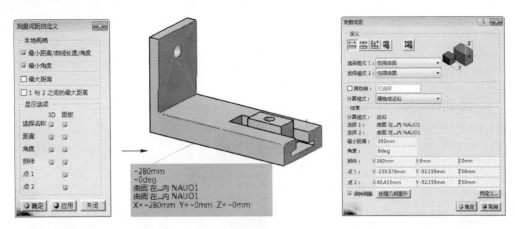

图 7-78 "测量间距自定义"操作

7.4.8 测量惯量

    选择"分析">"测量惯量"菜单，打开"测量惯量"对话框，单击"测量 3D 的惯量"按钮，然后选择任意几何图形（点、面、边线、零件、产品等），即可计算出所选对象的体积、质量、密度和重心位置等信息，如图 7-79 所示。

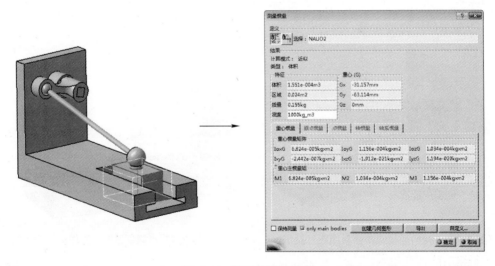

图 7-79 "测量惯量"操作

    若勾选"测量惯量"对话框中的"only main bodies"（只有主体）复选框，表示只对主物体测量惯性。"保持测量""创建几何图形""导出""自定义"等项的作用可参照 7.4.7 节中的讲述。

    如测量操作时，单击"测量 2D 的惯量"按钮，可以计算出选中面的面积、重心等信息，如图 7-80 所示。

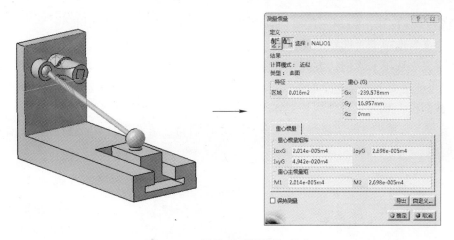

图 7-80 "测量 2D 的惯量"操作

7.4.9 剖切分析

选择"分析">"切割"菜单，打开"切割定义"对话框，保持系统默认设置或通过一些选项调整"剖切截面"的位置等（具体操作见下面对各个选项的解释），单击"确定"按钮，即可创建当前位置处的截面图形，如图 7-81 所示。

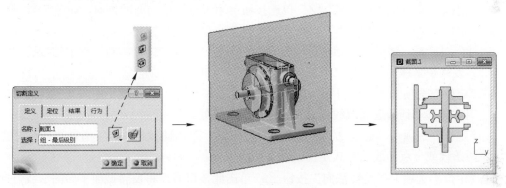

图 7-81 "剖切分析"操作

在执行剖切平面的过程中，可通过拖动截面的边线调整剖切截面的大小，通过竖向拖动截面调整截面的切面位置，如图 7-82 所示。

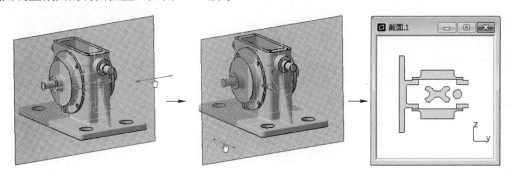

图 7-82 "定义截面位置"操作

下面解释一下图 7-80 所示的"切割定义"对话框中相关选项的作用。

➢ "定义"选项卡"选择"选择框：用于选择要剖切的产品。

➢ "定义"选项卡"剖切方式"下拉选项：共有 3 种剖切方式，其中"截面平面" ⬚ 方式为使用一个平面定义截面；"截片" ⬚ 方式是使用两个平面定义截面（见图 7-83）；"截面框" ⬚ 方式是使用长方体面定义截面（见图 7-84）。

➢ "定义"选项卡"剪切包络体"按钮 ⬚：单击后将使用设置的截面进行剖切，如图 7-85 所示。

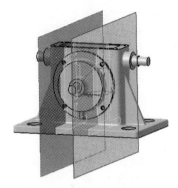 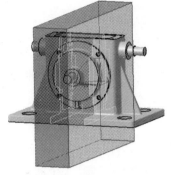 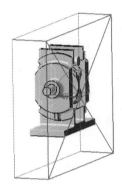

图 7-83 "截片"切割效果   图 7-84 "截面框"效果   图 7-85 "剪切包络体"效果

➢ "定位"选项卡"X""Y""Z"单选按钮：用于设置剖切面的方向，如图 7-86 所示。

➢ "定位"选项卡"编辑位置和尺寸"按钮 ⬚：单击此按钮后，将打开"编辑位置和尺寸"对话框，通过此对话框可以设置剖切面的位置和方向。此对话框中的按钮用于增加或减少平移的单位值（或旋转的角度值），如图 7-87 所示。

➢ "定位"选项卡"几何目标"按钮 ⬚：单击此按钮后，选择某个面或某条线，可以将剖切面移动到所选面或线（垂直与线）的位置处。

➢ "定位"选项卡"通过 2/3 选择定位"按钮 ⬚：单击此按钮后，可通过选择 3 个点、两条线或一点一线的方式定位截面平面的位置。

➢ "定位"选项卡"反转法向"按钮 ⬚：单击此按钮后，将反转截面平面的法线方向。

➢ "定位"选项卡"重置位置"按钮 ⬚：单击此按钮后，将重置截面大小和位置。

图 7-86   更改切割方向操作   图 7-87 "编辑位置和尺寸"对话框

➢ "结果"选项卡"导出并打开"按钮 ⬚：将生成的截面图形导出为新的零件文件或工程图文件，并打开导出的文件。

➢ "结果"选项卡"导出为"按钮 ⬚：将生成的截面图形导出为新的零件文件、工程图文件或其他类型文件（如 DWG 文件）中。

➤ "结果"选项卡"在已有零件中导出"按钮：将生成的截面图形导出到某个选中的零件中，如图 7-88 所示。

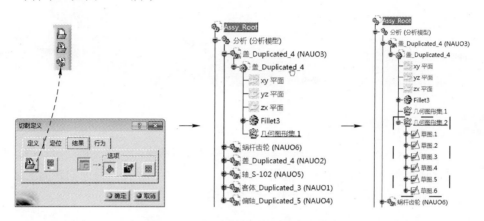

图 7-88　"在已有的零件中导出"操作

➤ "结果"选项卡"编辑网格"按钮：单击此按钮，将打开"编辑网格"对话框，通过此对话框可以设置结果窗口中网格的模式和样式，如图 7-89 所示。

➤ "结果"选项卡"结果窗口"按钮：单击此按钮，将根据右侧选项的设置在结果窗口中显示截面效果，否则显示预览窗口。

➤ "结果"选项卡"填充截面"按钮：使用某个颜色填充截面区域。

➤ "结果"选项卡"碰撞检测"按钮：检测截面上模型间是否具有碰撞区域，并使用红圈标识，如图 7-90 所示。

➤ "结果"选项卡"网格"按钮：单击选中或取消选中此按钮，将在结果窗口中打开或关闭网格。

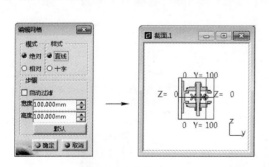

图 7-89　"编辑网格"效果

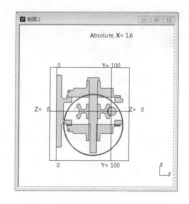

图 7-90　"碰撞检测"效果

➤ "行为"选项卡：用于设置模型更改后（如模型位置调整后）如何更新截面曲线。选择"手动更新"单选按钮，将需要手动更新生成切割平面后左侧模型树中的"截面"特征（见图 7-91）；选中"更新"单选按钮，将自动更新截面；选择"冻结截面"单选按钮，将不更新截面曲线。

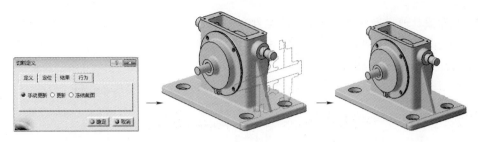

图 7-91 "手动更新"模式更新效果

7.4.10 距离和区域分析

选择"分析">"距离和区域分析"菜单，打开"编辑距离和区域分析"对话框，保持系统默认设置，选择两个产品，单击"应用"按钮，即可分析出两个产品间的距离（最小值或沿某个方向上的距离值等），并显示出来，如图 7-92 所示。

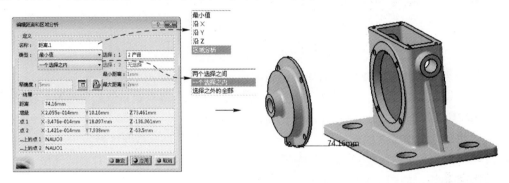

图 7-92 "编辑距离和区域分析"操作

在"编辑距离和区域分析"对话框的"类型"下拉列表框中选择"区域分析"选项，可以设置一个"最小距离"和"最大距离"，然后分析 2 个产品间隙处的距离状况，如图 7-93 所示（其中"红色"区域为距离小于"最小距离"的区域，绿色区域为距离大于"最小距离"而小于"最大距离"的区域）。

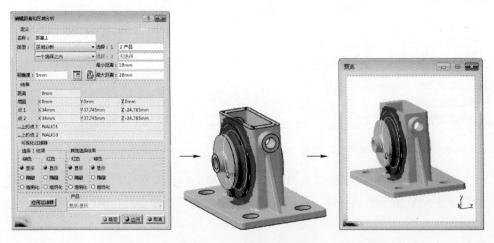

图 7-93 "区域分析"操作

下面解释一下图 7-93 所示的"编辑距离和区域分析"对话框中部分选项的作用。

- ➤ "导出为"按钮：将距离结果导出到.model 文件中。
- ➤ "结果窗口"按钮：单击后显示结果窗口，不单击显示预览窗口。
- ➤ "应用过滤器"按钮：将此按钮上面的可视化设置应用到当前结果。

实例精讲——装配并检查"汽车制动器"

本实例将讲解使用 CATIA 设计盘式制动器装配件的操作（这里主要使用本书提供的素材文件分析装配体的干涉情况），如图 7-94 所示。在设计的过程中将主要用到碰撞计算和切割等相关操作。

图 7-94 车辆中的制动器及本实例要设计的制动器装配图

制作分析

本实例将主要使用 CATIA 提供的工具检查汽车制动器装配体有无错误，如存不存在干涉、内部结构是否正确、间隙是否符合标准等。

制作步骤

步骤 1 打开本书提供的素材文件"zdqzz.CATProduct"（制动器总装），选择"分析"＞"碰撞"菜单，打开"检查碰撞"对话框，单击"应用"按钮，即可查看零件的干涉位置（5个碰撞，即干涉；20 个接触区域），如图 7-95 所示。

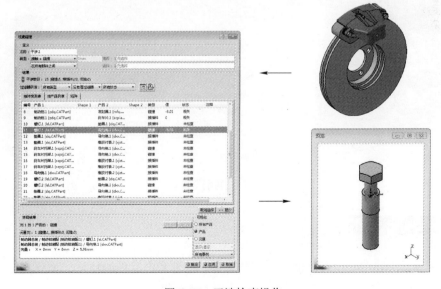

图 7-95 干涉检查操作

> **提示**
>
> 　　装配中存在干涉，说明零件与零件之间存在重叠区域，此时选择某个干涉，在"预览"对话框中将以不同颜色标注出此干涉，然后零件设计人员可以根据干涉大小和位置等选择忽略此干涉，或对零件进行适当的调整。

　　步骤 2 选择"分析" > "计算碰撞"菜单，打开"碰撞检测"对话框，然后选择"制动盘"的一个侧面和其临近的刹车片托架的面，设置"间隙"为 2，单击"应用"按钮，即可检测这两个面的间距是否小于 2，如图 7-96 所示（由于实际间距只有 1，所以系统给出了"间隙违例"的提示）。

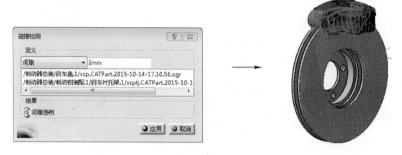

图 7-96 "碰撞检测"操作

　　步骤 3 选择"分析" > "切割"菜单，打开"切割定义"对话框，切换到"定位"选项卡，单击"几何目标"按钮，选择顶部的竖面为参照面，然后移动切割面的位置（到中点位置处）；切换到"定义"选项卡，单击"剪切包络体"按钮，查看切割效果，如图 7-97 所示。

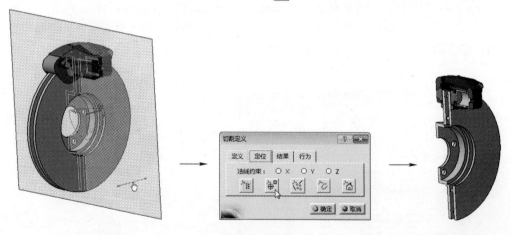

图 7-97 "切割"操作

7.5　装配特征

　　在装配设计环境中，也可以创建一些除零件、部件和产品外的特征，如分割、孔等，并可设置模型之间的关联关系，本节主要对这些内容进行讲述。

7.5.1 分割、孔、凹槽、添加和移除

在装配设计环境中添加分割、孔和凹槽的操作，与在"零件设计"环境中基本相同，唯一不同之处在于，添加此类特征时，可以设置要添加的特征将会影响到的零件。在单击"装配特征"工具栏中的"凹槽"按钮 执行凹槽操作时，可单击"定义装配特征"对话框中间的 4 个按钮 ⩔、⩔、⩕、⩕，添加受影响的零件或排除某些零件，如图 7-98 所示。

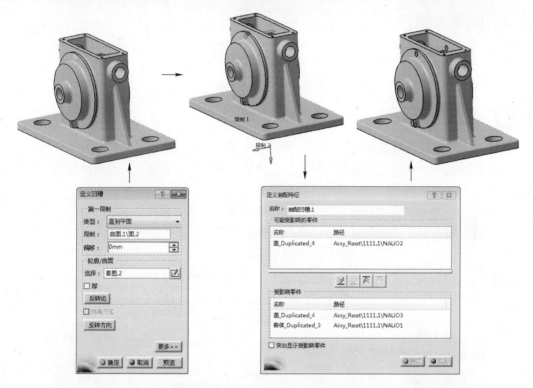

图 7-98 装配环境中的"凹槽"操作

分割、孔、添加和移除操作与上面的操作基本相同，此处不再重复叙述。

7.5.2 对称

单击"装配特征"工具栏中的"对称"按钮 ，先选择对称面，再选择"要变换的产品"，打开"装配对称向导"对话框，单击"确定"按钮，即可对称复制选中的零件。

在"装配对称向导"对话框中，"选择部件的对称类型"选项组中的选项用于设置对称的方式（如设置创建"旋转"对称）；"要在新零件中镜像的几何图形"选项组中的选项用于设置在新零件中将镜像哪些几何体。"对称"操作如图 7-99 所示。

 提示

"装配对称向导"对话框中"包含子级 OGS"选项中的 OGS 意为"有序几何图形集"，GS 意为"几何图形集"。

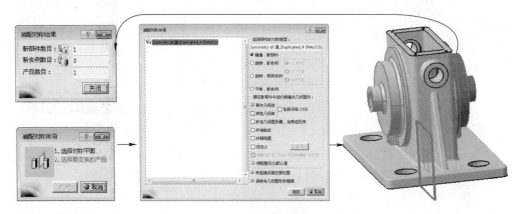

图 7-99 "对称"操作

7.5.3 关联

此工具用于创建关联几何体（以选中的产品为基础，展开此产品下的所有零件体，创建"已关联的零件"几何体；"已关联的零件"几何体不含特征，表面上只是原特征的一个实体备份）。

如图 7-100 所示，先设计编辑某个产品，然后单击"装配特征"工具栏中的"关联"按钮 ，打开"装配零件关联"对话框，单击"确定"按钮，即可创建关联零件。

图 7-100 "关联"零件操作

 提示

"装配零件关联"对话框"要关联的几何图形"选项组中的选项用于设置所生成的关联几何体中要包含的几何图形。

勾选"在 BOM 中显示已关联的零件"复选框后，将在"物料清单"中显示已关联的零件；勾选"可以发布已关联的零件"复选框，将发布已关联几何体中的零件（选择"工具">"发布"菜单，可以发布几何元素）。

7.5.4 添加到已关联的零件

此工具用于将某几何元素（某产品、零件等）添加到已创建的"已关联的零件"几何体中。

如图 7-101 所示，单击"装配特征"工具栏中的"添加到已关联的零件"按钮 ，打开"添加到已关联的零件"对话框，在"已关联的零件"选择框中选择"已关联的零件.｜"特征，在"要关联的零件"列表框中选择要添加的几何元素，单击"确定"按钮，即可完成添加关联零件的操作。

图 7-101 "添加到已关联的零件"操作

实例精讲——关联设计"定滑轮"

本实例将通过定滑轮的"支座"来设计定滑轮装配体的其他零部件，如图 7-102 所示（其中部分零件采用导入方式，其余零件都在装配体文件中进行关联设计）。

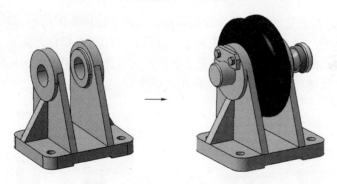

图 7-102 关联设计"定滑轮"装配体操作

制作分析

本实例的关键是应用了在装配体中零件的参照关系，在装配体中数次插入新零件，并通过捕捉"支座"的相关边界来创建零件。

制作步骤

步骤 1 新建一个装配体文件，进入装配设计环境，首先导入本书提供的素材文件"zz.CATPart"（定滑轮），如图 7-103 左图所示，然后单击"产品结构工具"工具栏中的"零件"按钮，插入一个零件（芯轴）。首先创建一个经过轴承孔中点的基准面，然后选中此基准面，绘制草图，如图 7-103 中图所示；最后旋转出实体，如图 7-103 右图所示。

步骤2 继续创建此"芯轴"零件，在其一侧中点位置创建一个螺纹孔，孔的规格如图 7-104 左图所示（受影响零件，保持系统默认设置即可），效果如图 7-104 右图所示。

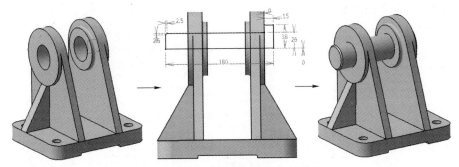

图 7-103　创建草图并进行旋转操作

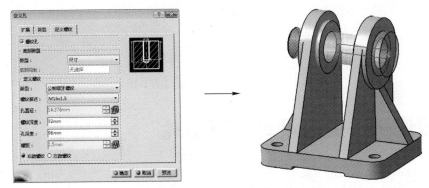

图 7-104　创建螺纹孔

步骤3 在 **步骤1** 创建的基准面中绘制草图，如图 7-104 左图所示，然后执行"旋转槽"操作；再次绘制草图，如图 7-105 右图所示，并执行"凹槽"操作，完成"芯轴"零件的创建（在创建草图时，如果某些参照边线无法旋转，可首先将参照零件的轮廓线映射到当前草图中，并设置为"构造元素"，然后再执行相关操作）。

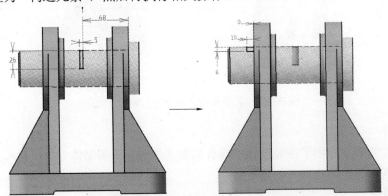

图 7-105　创建草图操作并执行"旋转槽"和"凹槽"操作

步骤4 再次单击"产品结构工具"工具栏中的"零件"按钮，插入一个零件（芯轴），并选择 **步骤1** 创建的基准面绘制草图；再执行"旋转体"操作，创建实体，并在实体内部执行半径为 5 的圆角操作，创建"滑轮"，如图 7-106 所示。

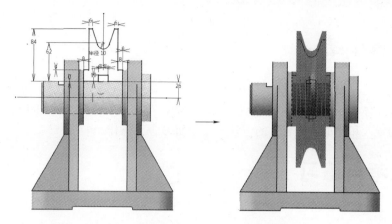

图 7-106　创建新的关联零件并执行旋转操作

步骤 5 单击"产品结构工具"工具栏中的"零件"按钮，再插入一个零件（卡板），选择"支座"的一个侧面为草图面，创建草图，如图 7-107 左图所示；然后对草图执行拉伸操作，拉伸长度为 10，如图 7-107 右图所示；再在"装配设计"空间中创建此零件（卡板）上的两个孔（操作时需要选择"支座"为受影响零件）。

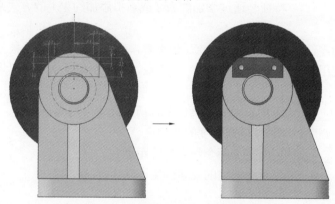

图 7-107　创建新零件并创建关联特征

步骤 6 完成关联零件的创建后，保存装配体，并为新插入的每个零件设置保存的文件名，再导入本书提供的其余零件，添加约束关系，完成"定滑轮"的创建，如图 7-108 所示。

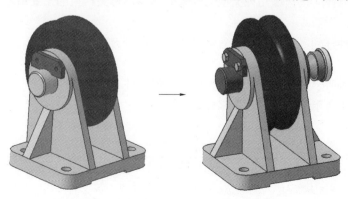

图 7-108　完成设计，并导入其余装配文件

7.6　本章小结

　　装配是检验对象设计合理性的重要操作。本章主要介绍了零部件装配、爆炸视图的创建、干涉检查和装配体中相关特征（如分割、孔、凹槽、对称和关联等）的创建等操作，其中重点是零部件的导入和添加"配合"的方法，应熟练掌握其操作。

7.7　思考与练习

　　一、填空题

　　（1）"生成编号"特征用于为导入的模型添加自动排序的编号，该编号可用于在_____中，为装配体模型自动添加零件序号。

　　（2）_____特征用于快速复制多个零件。

　　（3）装配体中，"定义多实例化"特征用于_____零件。

　　（4）"操作"特征用于_____零件。

　　（5）_____特征是通过添加约束（或虚拟添加约束）的方式来移动零件位置的操作。

　　（6）当导入的零件过多时，零件可能互相重叠，有些小的零件可能被遮盖，导致难于操作，此时可通过使用_____特征，直接将导入的零件"爆炸"开来，令其互相不重叠。

　　（7）_____约束用于对齐元素。根据所选元素（可为点、线、面、轴系），可在两个元素间设置同心度、同轴度或同面度的此约束。

　　（8）_____约束是定义两个元素间的距离。

　　（9）_____约束是令选定的元素固定不动。

　　二、问答题

　　（1）在 CATIA 装配体中，有 3 种级别的几何体，它们都是哪种几何体？请叙述一下它们在装配体中的用途。

　　（2）共有几种"插入零部件"的方式？请简述每种方式的区别。

　　（3）可为零部件间设置哪几种类型的约束？请简述每类约束的主要用途（至少列举 3 种约束类型）。

　　（4）有哪几种阵列零部件的方式？请简述每种阵列方式的主要作用。

　　三、操作题

　　（1）使用本章所学的知识，以本书提供的素材文件（"取暖器"文件夹下的文件）为零部件，创建图 7-109 所示的"取暖器"零件装配。

提示

　　本装配较简单，只有 3 个组件，在装配时可令"发热管"位于"外罩"的内部平台上，然后令外罩位于"底托"上。

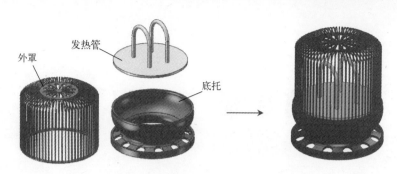

图 7-109 需创建的"取暖器"装配模型

（2）试使用本书提供的素材文件装配图 7-110 所示的蜗轮箱。

（3）试使用本书提供的素材文件装配图 7-111 所示的齿式离合器

（4）试使用本书提供的素材文件（见图 7-112）进行干涉检查、剖切分析和间隙验证等操作，并分析检查结果。

图 7-110 需装配的蜗轮箱　　图 7-111 需装配的齿式离合器　　图 7-112 需进行检查的弹簧装配

第8章 工 程 图

 本章要点

    📖 工程图概述

    📖 建立视图

    📖 编辑视图

    📖 标注工程图

    📖 设置和打印输出工程图

 学习目标

    工程图是工程技术人员交流的重要载体，是表达设计思想、表现加工制造装配零部件的依据。由于三维模型不能将加工的尺寸精度、几何公差和表面粗糙度等参数完全表达清楚，所以通常在完成模型设计后需要绘制并打印工程图。本章讲述建立工程图、编辑工程图和标注工程图等知识。

8.1 工程图概述

    在 CATIA 中可以将绘制好的三维模型通过投影变换等方式转换为二维工程图。二维工程图与三维模型的数据相关联，即三维模型被修改后二维工程图将自动更新。本节主要介绍工程图的构成要素、工程图环境和简单工程图的创建。

8.1.1 工程图的组成要素

    工程图简单地说就是通过二维视图反映三维模型的一种方式，通常被打印出来，并装订成图集，作为后续加工制作的参照。工程图通常具有如下几个构成要素（见图 8-1）。

    ➢ 视图：是模型在某个方向上的投影轮廓线，包括基本视图（前视图、后视图、左视图和右视图等）、剖视图和局部视图等。

    ➢ 标注：在视图上标识模型的尺寸、公差和表面粗糙度等参数，加工人员可以根据这些参数来加工模型。

    ➢ 标题栏：标明工程图的名称和制作人员等。

    ➢ 技术要求：顾名思义，用于标明模型加工的技术要求，如要求进行高频淬火等。

    ➢ 图框：标明图样的界限和装订位置等，超出图框的图形将无法打印。

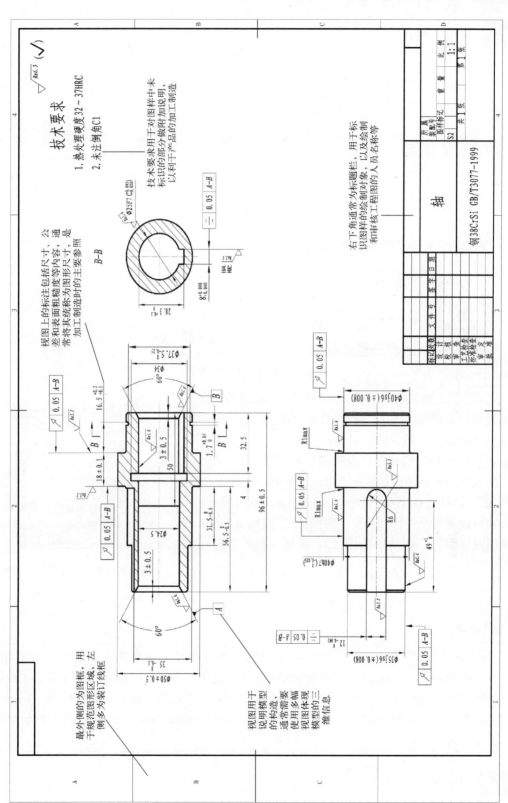

图 8-1 工程图的组成要素

8.1.2 新建工程图

打开要创建工程图的零件（或产品），选择"开始">"机械设计">"工程制图"菜单，打开"创建新工程图"对话框，选择一种布局方式（这里选择"正视图、俯视图和右视图"方式 ），单击"确定"按钮，即可新建工程图，如图 8-2 所示。

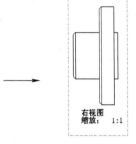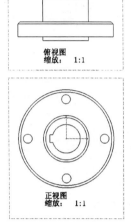

图 8-2 "新建工程图"操作

如在"创建新工程图"对话框中选择"空图纸"布局，将创建空白工程图；选择"所有视图"布局 将创建模型所有方向上的视图（俯、仰、右、正、左等轴测和背视图）；如选择"正视图、俯视图和左视图"布局，将创建正视图、俯视图和左视图；如单击"修改"按钮，将打开"新建工程图"对话框，如图 8-3 所示，通过此对话框中的相关选项，可以设置图纸"标准"和"图纸样式"（如 A0 ISO，即 ISO 国际标准的、A0 大小的图纸），以及令图纸"纵向"和"横向"等。

图 8-3 "新建工程图"对话框

提示

在 CATIA 工程图中，可以选用 JIS 标准（日本标准）、ISO 标准（国际标准）、ASME 标准（美国机械工程师协会标准）和 ANSI 标准（美国国家标准）。CATIA 暂不提供 GB 标准，如要使用 GB 标准，可下载定制好的 GB.xml 文件，然后将文件复制到 X:\Program Files\Dassault Systemes\B24\win_b64\resources\standard\drafting 目录。图纸大小通常为 A0、A1、A2、A3、A4 等。

8.1.3 新建图纸

单击"工程图"工具栏中的"新建图纸"按钮，可以为当前工程图文件添加新的图纸，一个工程图文件中可包含多张图样，如图 8-4 所示。

 提示

> 可通过双击左侧特征树中的图纸特征来切换当前图纸，此外，也可通过顶部标签栏来切换当前图纸，如图 8-5 所示。

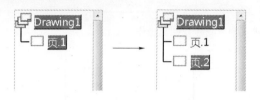

图 8-4 "新建图纸"操作　　　　　　　　　　　　　图 8-5 图纸的切换

8.1.4 新建详图

详图是专门存放 2D 零件的视图，2D 零件相当于 AutoCAD 软件中的"块"。在 8.1.3 节中创建的图纸视图中，详图可被重复插入（关于 2D 零件，详见 8.1.6 节中的讲述）。

单击"工程图"工具栏中的"新建详图"按钮，可以添加一个详图页面，并自动创建一个 2D 零件，此时可在此 2D 零件视图中绘制图线，以作为详图或块对象等插入到前面创建的其他图纸的视图中，如图 8-6 所示。

图 8-6 "新建详图"操作

8.1.5 新建视图

新建视图，可以理解为创建不以实体为参照的视图，即与 AutoCAD 一样的 2D 视图。

新建视图主要有两个作用：一是在普通图纸中创建多个方向的视图，如正视图、左视图、右视图等，如图 8-7 所示（然后通过"几何图形创建"工具栏中的特征绘制各种图线等，从而绘制工程图，这与 AutoCAD 的传统制图方法是完全一致的）；另外一个作用是在详细视图中添加新的视图，以创建更多的可直接插入（或引用）的几何元素，如图 8-8 所示。

单击"工程图"工具栏中的"新建视图"按钮，在当前页面中单击即可添加空白的正视图（然后单击"投影视图"按钮创建其余视图）或空白 2D 部件视图。

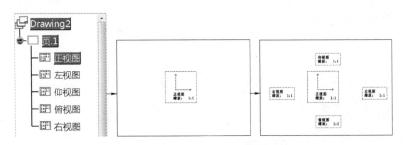

图 8-7　在普通图纸页中"新建视图"操作

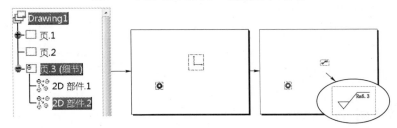

图 8-8　在"详图"图纸中"新建视图"操作

8.1.6　实例化 2D 零件

实例化 2D 零件用于将详图中的 2D 零件插入到当前视图中。如图 8-9 所示，单击"工程图"工具栏中的"实例化 2D 零件"按钮，先选择详图页面中的某个 2D 零件，再选中非详图页面中的某个视图（如某个"正视图"），即可将 2D 零件添加到此视图中。

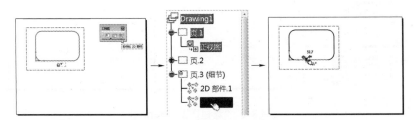

图 8-9　"实例化 2D 零件"操作

8.2　建立视图

视图是指从不同的方向观看三维模型而得到的不同视角的二维图形（即将模型朝某个方向投影得到的轮廓图形）。为了反映模型的详细构造，需要使用多种视图对模型进行描述，经常使用的有正视图、投影视图和辅助视图等，本节介绍其创建方法。

8.2.1　正视图

"正视图"是从某个方向上观察，最能反应模型基本形状的视图（通常可选择"前视图""后视图""左视图""右视图"等为正视图，也可自定义正视图的方向）。

单击"视图"工具栏中的"正视图"按钮，切换到零件模型空间，选择此正视图的参照（如某个面、线等），再回到工程图空间，在图纸中单击即可创建此零件在方向上的正视图，如图 8-10 所示。

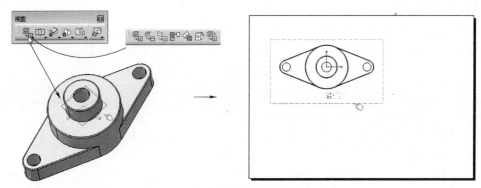

图 8-10 "正视图"创建操作

下面解释一下"视图"工具栏"正视图"下拉按钮中部分按钮的作用。

➤ "展开视图"按钮：单击"视图"工具栏中的此按钮，可创建钣金件的展开视图（由于篇幅限制，本书暂不介绍此按钮的作用）。

➤ "3D 视图"按钮：单击此按钮所创建的视图是指在当前图纸中，通过"标注"工具栏中的相关按钮创建并插入到三维装配空间中的"视图"，如图 8-11 所示。

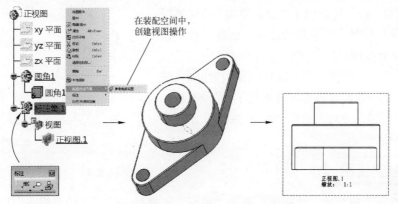

图 8-11 "3D 视图"的创建操作

➤ "高级正视图"按钮：单击此按钮后，可在创建正视图时打开"视图参数"对话框，通过此对话框，可设置所创建的"视图名称"和视图"标度"（其他操作与"正视图"的创建操作相同），如图 8-12 所示。

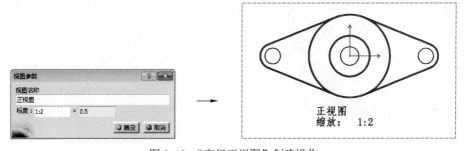

图 8-12 "高级正视图"创建操作

8.2.2 投影视图

投影视图是标准视图在某个方向的投影，用于辅助说明零件的形状。首先双击某个视图的边线，将此视图设置为当前视图，然后单击"视图"工具栏中的"投影视图"按钮🔳，向某个方向移动鼠标，即可创建此方向上的投影视图，如图 8-13 所示。

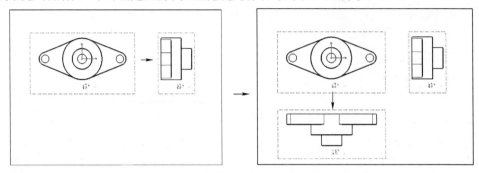

图 8-13 "投影视图"创建操作

8.2.3 辅助视图

"辅助视图"是一种类似于"投影视图"的派生视图，通过在现有视图中选取参考边线，创建垂直于该参考边线的展开视图。

单击"视图"工具栏中的"辅助视图"按钮🔳，选中某个视图中的一条模型边线，向某个方向移动鼠标，然后单击即可创建此方向（垂直于所选边线）上的辅助视图，如图 8-14 所示。

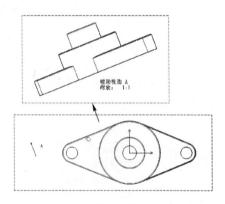

图 8-14 "辅助视图"创建操作

8.2.4 等轴测视图

等轴测视图为模型的三维视图。单击"视图"工具栏中的"等轴测视图"按钮🔲，单击打开的某个零件文件（或装配体文件等），在工程图的某个视图中单击，即可创建"等轴测视图"，如图 8-15 所示。

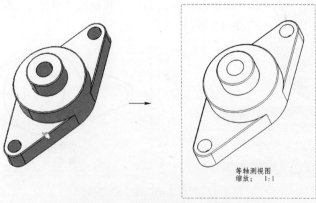

图 8-15 "等轴测视图"创建操作

8.2.5 偏移剖视图（剖视图）

在某些软件中，偏移剖视图也称为截面视图或剖面视图、剖视图。在绘制工程图时，一些实体的内部构造较复杂，需要创建剖面视图才能清楚地了解其内部结构。用假想的剖切面在适当的位置对视图进行剖切后，沿指定的方向进行投影，并为剖切到的部分标注剖面符号，由此得到的视图被称为剖面视图。

单击"视图"工具栏中的"偏移剖视图"按钮 ，在某个视图（应激活此视图）上连续单击创建剖面线（通过双击结束剖面线的创建），移动鼠标到剖切视图的一侧并单击，即可创建此位置处的"偏移剖视图"，如图 8-16 所示。

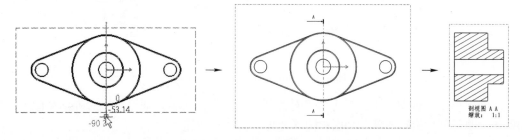

图 8-16 "偏移剖视图"操作

此外，单击"视图"工具栏中的"对齐剖视图"按钮 ，在某个视图（应激活此视图）上连续单击创建剖面线（如创建两条成一定角度的剖切线），并通过双击结束剖面线的创建，移动鼠标到剖切视图的一侧并单击，即可创建"对齐剖视图"，如图 8-17 所示。

 提示

"对齐剖视图"是两条或多条折线剖切面的合并视图。

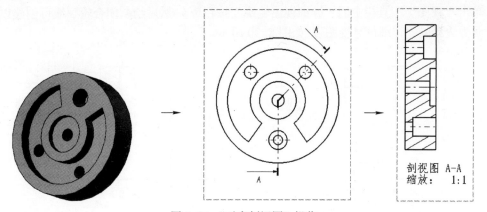

图 8-17 "对齐剖视图"操作

单击"视图"工具栏中的"偏移截面分割"按钮 ，在某个视图（应激活此视图）上连续单击创建剖面线，通过双击结束剖面线的创建，移动鼠标到剖切视图的一侧并单击，即可创建"部分割面"视图，如图 8-18 所示。

提示

"部分割面"视图模式只显示割面，而不显示模型的其他边线。

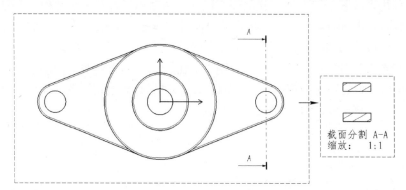

图 8-18 "部分割面"视图的创建

此外，单击"视图"工具栏中的"对齐截面分割"按钮，通过与"对齐剖视图"一样的操作，即可创建旋转的部分割面视图（此处不再详细叙述）。

8.2.6 详细信息视图

当需要表达零件的局部细节时，可以用圆形或其他闭合曲线通过框选的方式（可框选正视图、投影视图或剖面视图等的某个区域）来创建原视图的局部放大图，即本节要讲的"详细信息视图"。

CATIA 中共有 4 种创建"详细信息视图"的方式。其中一种方式是，单击"视图"工具栏中的"详细视图"按钮，然后在要创建详图的视图上绘制圆，拖曳后再单击，即可创建以虚线圆为界线的"详细信息视图"，如图 8-19 所示。

单击"视图"工具栏中的"详细视图轮廓"按钮，然后绘制闭合轮廓线可创建以闭合轮廓线为边界的"详细信息视图"，如图 8-20 所示。

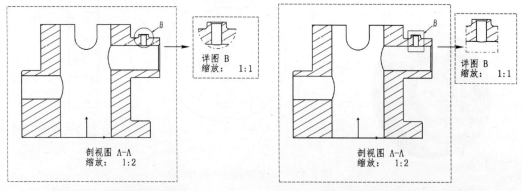

图 8-19 "详细视图"操作　　　　　　　　图 8-20 "详细视图轮廓"操作

此外，单击"视图"工具栏中的"快速详细视图"按钮和"快速详细视图轮廓"按钮，可创建完整边界的"详细信息视图"（这两个按钮与前两个按钮的不同点在于，放大视图的轮廓线是完整的，其余操作相同），如图 8-21 和图 8-22 所示。

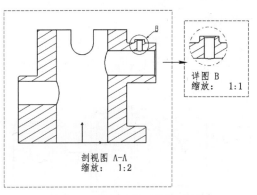

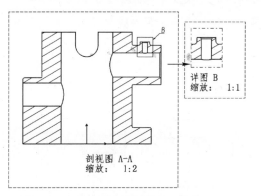

图 8-21 "快速详细视图"操作   图 8-22 "快速详细视图轮廓"操作

 提示

右击创建的详细视图边线，选择"属性"选项，打开"属性"对话框，通过此对话框中的"缩放"文本框（见图 8-23），可设置"详细视图"的缩放比例。此外，双击详细视图的界限，可进入详细视图编辑模式，此时可对详细视图的边线进行编辑或替换，如图 8-24 所示。

图 8-23 调整缩放比例操作

图 8-24 "编辑/替换"工具栏

8.2.7 裁剪视图

可将标准视图和投影视图等进行裁剪，以简化视图的表达，使视图看起来更加清晰明了，而没有多余的部分。

"裁剪视图"的操作过程与"详细信息视图"的创建过程基本相同，只是"详细信息视图"

是创建放大视图，而"裁剪视图"是对当前视图进行裁剪。

此外，"裁剪视图"的创建方式同样也有 4 种，其对应的创建按钮分别为"裁剪视图"按钮、"裁剪视图轮廓"按钮、"快速裁剪视图"按钮、"快速裁剪视图轮廓"按钮，这 4 个按钮对应的创建效果如图 8-25～图 8-28 所示。

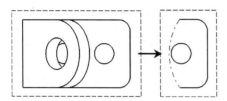

图 8-25 "裁剪视图"操作

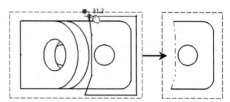

图 8-26 "裁剪视图轮廓"操作

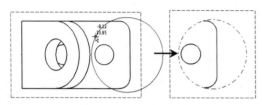

图 8-27 "快速裁剪视图"操作

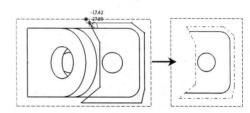

图 8-28 "快速裁剪视图轮廓"操作

8.2.8 局部视图（断裂视图）

当零件很长，在一张图纸上无法对其进行完整表述时，可以创建带有多个边界的局部视图（这种视图也称作"断裂视图"）。

单击"视图"工具栏中的"局部视图"按钮，在当前激活的视图中单击两个点绘制一条线（水平或竖向），拖曳鼠标到另外一个位置处单击创建另外一条线，再在视图外部空白处单击，即可创建局部视图，如图 8-29 所示。

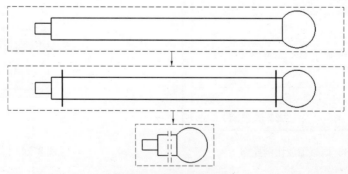

图 8-29 "局部视图"操作

此外，单击"视图"工具栏中的"剖面视图"按钮，在当前激活的视图中绘制一条闭合的图线，打开"3D 查看器"对话框，然后在所选视图的投影视图中单击一个几何元素作为参照，并设置"深度"值，单击"确定"按钮，可创建"断开的剖视图"，如图 8-30～图 8-33 所示。

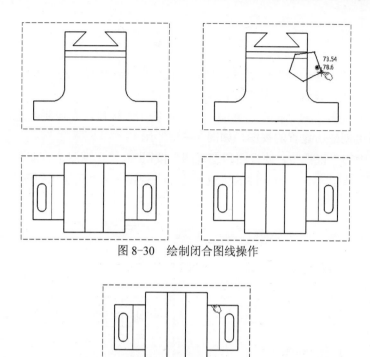

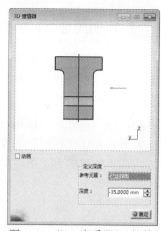

图 8-30 绘制闭合图线操作

图 8-31 "3D 查看器"对话框

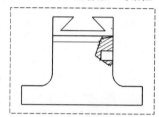

图 8-32 选择"投影视图"中的边线

图 8-33 "剖面视图"效果

在"3D 查看器"对话框中勾选"动画"复选框，将光标移动到所绘制的闭合曲线内部，可查看此方向的零件实体。

 提示

"断开的剖视图"为现有视图（如正视图或投影视图）的一部分，是指用剖切平面局部地剖开模型所得到的视图。"断开的剖视图"用剖视的部分表达机件的内部结构，不剖的部分表达机件的外部形状。

单击"视图"工具栏中的"添加 3D 裁剪"按钮，打开"裁剪视图"对话框，拖曳"裁剪平面"的位置，单击"创建"按钮，即可创建"裁剪平面"通过零件实体处的视图，如图 8-34 所示。

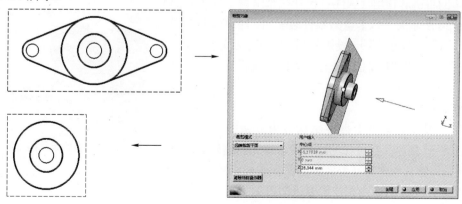

图 8-34 "添加 3D 裁剪"操作

8.2.9 视图向导

单击"视图"工具栏中的"视图创建向导"按钮，打开"视图向导（步骤 1/2）:预定义配置"对话框，单击左侧相关按钮，设置创建某一套视图，单击"下一步"按钮继续；切换到"视图向导（步骤 2/2）:布置配置"对话框操作界面，单击左侧相关按钮，添加要创建的视图，单击"完成"按钮，即可创建所设置的视图，如图 8-35 所示。

此外，单击"视图"工具栏中的"正视图、俯视图和左视图"按钮、"正视图、俯视图和右视图"按钮和"所有视图"按钮，可一次性的快速创建多个视图（与"新建工程图"中的操作类似）。

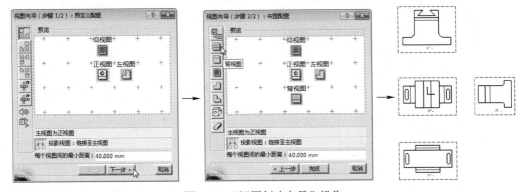

图 8-35 "视图创建向导"操作

 提示

实际上，"视图向导"就是通过向导设置要创建的视图，并一次性创建多个视图的操作。

实例精讲——绘制"三爪卡盘"工程图

本实例将讲解使用 CATIA 设计三爪卡盘工程图的操作，图 8-36 所示为三爪卡盘的零件装配图。在设计的过程中将主要用到创建正视图、投影视图、偏移截面分割视图、偏移剖视图、对齐剖视图、裁剪视图以及编辑视图边线等操作。

制作分析

本节主要设计三爪卡盘中结构较为复杂的外壳工程图，如图 8-37 所示。在设计的过程中，首先创建外壳的几个主要视图，然后创建特殊位置的剖面视图和旋转剖视图，再对视图添加相应的标注和技术要求即可。

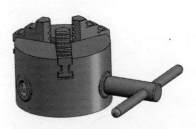

图 8-36 本实例设计的三爪卡盘

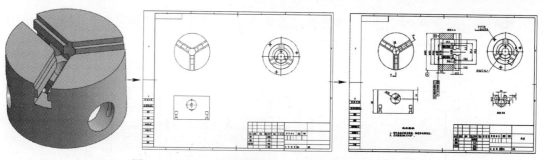

图 8-37 设计"三爪卡盘"壳体工程图的主要操作过程

制作步骤

步骤 1 新建"工程图"文件,创建大小为"A3 ISO"的空白工程图,然后打开本书提供的素材文件"wk.CATPart"(外壳)。

步骤 2 单击"视图"工具栏中的"正视图"按钮,选择打开的"外壳"文件的"yz 平面"为正视图参照面,在工程图图样中单击,创建一个正视图,如图 8-38 所示。

步骤 3 右击"正视图",选择"属性"菜单,在打开的"属性"对话框中设置视图旋转的"角度"为 180deg,单击"应用"按钮旋转视图,如图 8-39 所示。

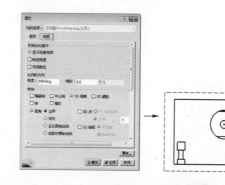

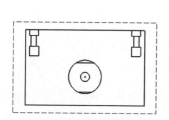

图 8-38 创建正视图   图 8-39 旋转视图操作

步骤 4 单击"视图"工具栏中的"投影视图"按钮,选择**步骤 3**旋转的标准视图,向上拖曳并单击,创建一个投影视图,然后向下拖曳,创建另外一个视图,取消下部视图与主视图的"参考定位"关系,将其拖曳到顶部投影视图的右侧位置处,如图 8-40 所示。

步骤 5 单击"对齐剖视图"按钮,在上部投影视图中绘制两条剖切线(剖切线与两侧的边线平行,操作时可将鼠标移动到相邻边线位置处,再移动到中线位置处,可令要创建的线与参照线平行),然后向右拖曳绘制旋转剖视图,如图 8-41 所示。

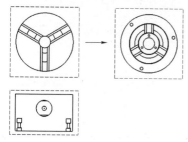

图 8-40 创建投影视图效果

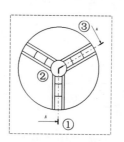 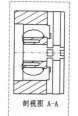

图 8-41 创建"旋转剖视图"操作

391

步骤 6 右击 **步骤 5** 创建的剖视图内部的某些边线，在弹出的快捷菜单中选择"隐藏/显示"菜单，将几个杂乱的边线隐藏，如图 8-42 所示。

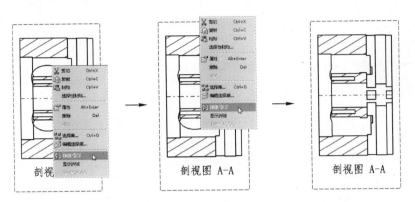

图 8-42　隐藏视图边线操作

步骤 7 在图 8-43 左图所示的视图中绘制直线（并定义到相关线的几何关系），然后单击"偏移截面分割"按钮，选择绘制的线，拖曳鼠标在适当的位置单击，创建局部剖切视图，如图 8-43 所示。

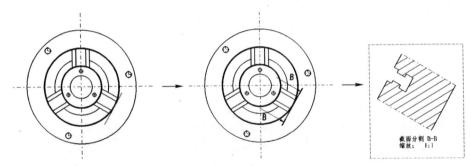

图 8-43　创建局部剖切视图操作

步骤 8 右击局部剖切视图，选择"视图定位">"使用元素对齐视图"菜单，选择上侧的一条边线以及其他视图的一条水平天线，令截面视图旋转为水平，如图 8-44 所示。

步骤 9 单击"快速裁剪视图"按钮，在局部剖切视图上绘制一个圆，创建裁剪视图，如图 8-45 所示。

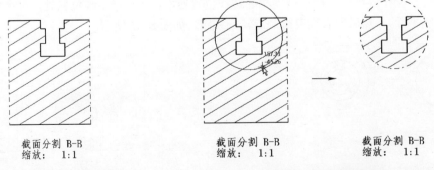

图 8-44　对齐视图操作效果　　　　　　图 8-45　剪裁视图操作

步骤 10 单击"尺寸标注"工具栏的"尺寸"按钮□、"半径尺寸"按钮 R，"标注"工具栏的"带引出线的文本"按钮 等，为视图添加相应的标注，效果如图 8-46 所示（同草图中的操作，详见 8.4 节中的讲述）。

步骤 11 单击"尺寸标注"工具栏中的"基准特征"按钮 A，设置基准标号分别为 A 和 D，并在图 8-47 所示位置分别单击，添加参考基准（详见 8.4 节中的讲述）。

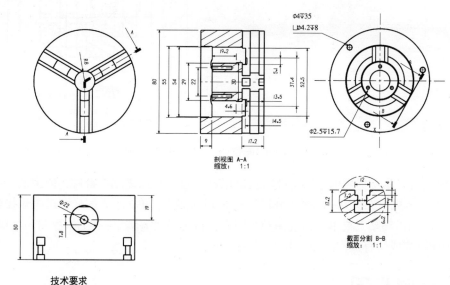

图 8-46 添加尺寸标注效果

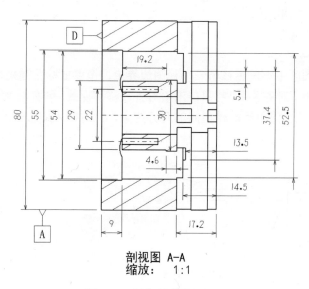

图 8-47 添加基准特征操作

步骤 12 单击"尺寸标注"工具栏中的"形位公差"按钮 ，打开"形位公差"对话框，如图 8-48 所示，并设置公差数据为 ⊚ 0.015 A 和 ⊥ 0.015/100 D ，在如图所示位置添加形位公差标注信息，如图 8-48 右图所示（详见 8.4 节中的讲述）。

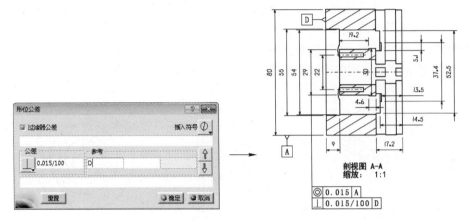

图 8-48 添加"形位公差"操作和添加效果

步骤 13 打开本文提供的素材文件"kt.CATDrawing"，全选复制此素材文件中的所有图线，然后在"三抓卡盘"工程图中选择"编辑">"图纸背景"菜单，进入图样背景编辑操作界面，选择"文件">"粘贴"菜单，为视图粘贴图框，再选择"编辑">"工作视图"菜单，切换回工作视图，完成所有操作，效果 8-37 右图所示。

8.3 编辑视图

视图创建完成后，可以对其进行编辑，例如移动视图、对齐视图、旋转视图定位视图和定位尺寸等，本节介绍相关操作。

8.3.1 移动视图

可以直接在绘图区中将鼠标移至一个视图边界上，拖曳鼠标左键来移动视图。在移动过程中如系统自动添加了对齐关系，将只能沿着对齐线移动视图。可右击视图选择"视图定位">"不根据参考视图定位"菜单解除模型间的对齐约束，此时即可随意移动模型了，如图 8-49 所示。

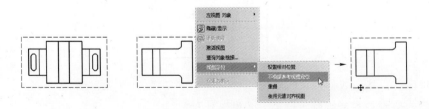

图 8-49 "解除视图对齐关系"及"移动视图"操作

8.3.2 隐藏视图框架

右击某个视图，选择"属性"菜单，打开"属性"对话框，取消勾选"显示视图框架"

复选框，单击"确定"按钮，隐藏视图框架，如图 8-50 所示。

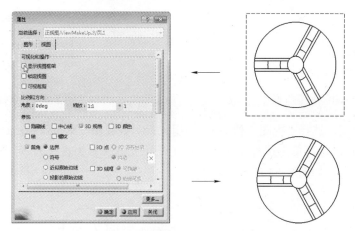

图 8-50 "隐藏视图框架"操作

8.3.3 旋转视图

右击某个视图，选择"属性"菜单，打开"属性"对话框，在"角度"文本框中设置一个角度值，从而旋转视图，如图 8-51 所示。

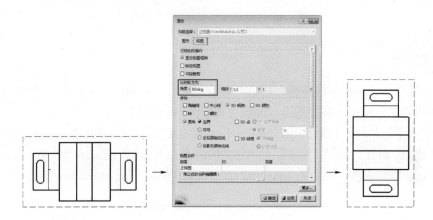

图 8-51 "旋转视图"操作

8.3.4 对齐和定位视图

右击视图框架，选择"视图定位">"不根据参考视图定位"菜单，解除模型间的对齐约束并移动视图；此后可重新右击视图框架，选择"视图定位">"根据参考视图定位"菜单，将视图重新定位到与参考视图相关的位置处。

右击视图框架，选择"视图定位">"设置相对位置"菜单，单击相对位置点，再单击选择一个视图，可令相对位置点移动到所选视图的中心点位置处（此外拖曳相对外置视图，可沿相对位置线移动视图），如图 8-52 所示。

右击视图框架，选择"视图定位">"重叠"菜单，单击另外一个视图，可令两个视图在中心点位置处重叠，如图 8-53 所示。

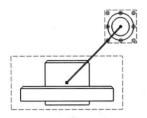

图 8-52 "设置相对位置"操作

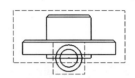

图 8-53 "重叠"操作

右击视图框架，选择"视图定位">"使用元素对齐视图"菜单，单击选择本视图中的一个元素（多为直线），再单击选择相对视图中的一个元素（多为直线），可令两个视图依据所选的元素自动对齐，如图 8-54 所示。

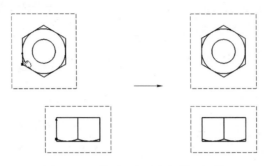

图 8-54 "使用元素对齐视图"操作

8.3.5 定位尺寸

使用"定位"工具栏中的按钮，可以对标注的尺寸（和视图等）进行对齐和分布等操作（本节中介绍的相关尺寸的添加方法，可参考 8.4 节中的讲解）。

"定位"工具栏共有 4 个按钮。选中要对齐的元素（如"带引出线的文本"元素）后，单击"元素定位"按钮 ，打开"定位"对话框，单击相关按钮（"上对齐"按钮 和"水平分布"按钮 ），设置对齐方式，即可令选中的元素"上对齐"并"水平分布"，如图 8-55 所示。

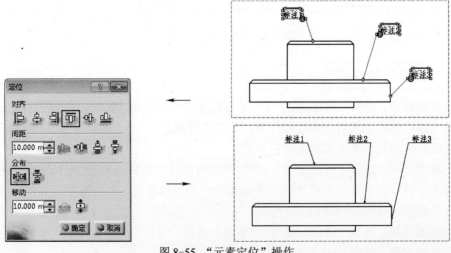

图 8-55 "元素定位"操作

"定位"对话框中的相关按钮与 Word 等常用软件中的基本相同，每个按钮的作用此处不再赘述。此外，需要注意的是，"元素定位"操作对"尺寸"等元素无效，不过"元素定位"操作可用于视图间的对齐。

　　"排列"工具用于令选中的元素与目标元素对齐（或间隔一定距离），或令选中的元素在设置的值范围内自动对齐。

　　单击"定位"工具栏中的"排列"按钮，先选择一个元素（如一个"尺寸"），然后选择目标元素（如一条直线或另外一个尺寸），打开"排列"对话框，设置"参考的偏移值"（或保持 0），单击"确定"按钮，即可执行"排列"操作，如图 8-56 所示。

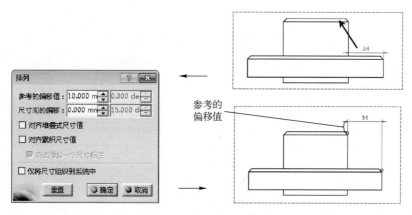

图 8-56 "排列"操作

　　在"排列"对话框中，"尺寸间的偏移"文本框用于设置所选多个尺寸间排列后的间隔距离值，如图 8-57 所示（要执行图示操作，可先选中左侧多个尺寸，然后单击"定位"工具栏中的"排列"按钮，再单击"视图"外任意空白处，打开"排列"对话框，然后设置"尺寸间的偏移"值，单击"确定"按钮即可）。

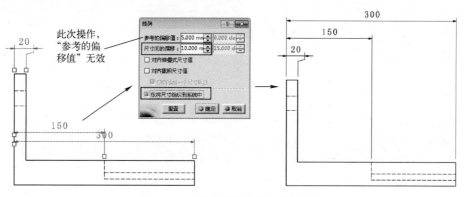

图 8-57 "尺寸间的偏移"值的作用

提示

　　"排列"对话框中，勾选"仅将尺寸组织到系统中"复选框，所选尺寸中的最小尺寸值的位置将不动，取消勾选此复选框的效果如图8-58所示；勾选"对齐堆叠式尺寸值"复选框，将对齐堆叠尺寸的尺寸值，如图8-59所示。

　　勾选"对齐累积尺寸值"复选框，将在对齐操作后对齐累积尺寸的值；勾选"自动添加一个尺寸标注"复选框，将在没有尺寸标注就无法正确显示尺寸值时自动添加尺寸标注（该选项不常用）。

　　"参考的偏移值"和"尺寸间的偏移值"的角度部分，在选择角度类尺寸时有效。

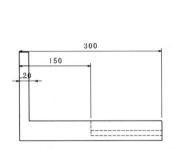
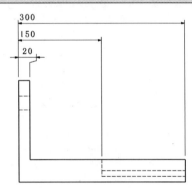

图8-58　取消勾选"仅将尺寸组织到系统中"复选框　　图8-59　勾选"对齐堆叠式尺寸值"复选框的效果

　　选中多个要对齐的元素，单击"定位"工具栏中的"在系统中对齐"按钮，将按照系统设置自动调整所选尺寸的位置，如图8-60所示。

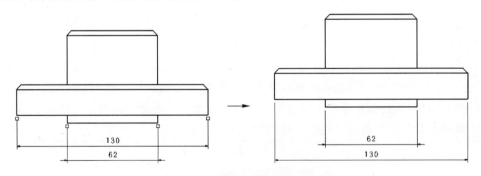

图8-60　"在系统中对齐"操作

提示

　　要设置系统默认的尺寸"排列"方式和间隔值等参数，可选择"工具"＞"选项"菜单，打开"选项"对话框，然后在"选项"＞"机械设计"＞"工程制图"选项的"尺寸"选项卡下，在"排列"选项组中进行相关设置，如图8-61所示。

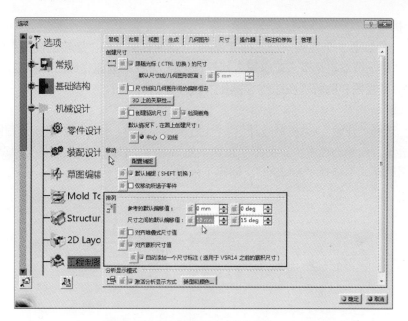

图 8-61　设置系统默认排列值操作

"定位"工具栏中的"尺寸定位"按钮用于主视图定位尺寸，即在激活某个视图后，单击此按钮，可令激活视图中的尺寸位置全部进行自动重新定位。

实例精讲——绘制"泵盖"工程图

下面绘制一个"泵盖"工程图（如图 8-62 所示，左侧为泵盖模型图），以熟悉前面所学的编辑视图等知识。

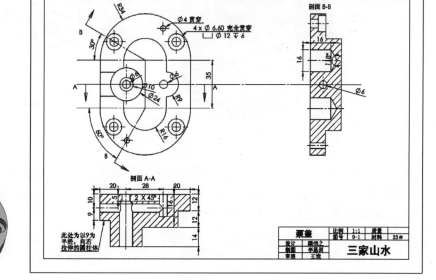

图 8-62　"泵盖"模型和要创建的"泵盖"工程图

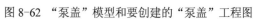

制作分析

本实例主要创建 3 个视图——"标准视图""剖面视图"和"旋转剖视图"（其中"旋转剖视图"的创建是难点也是重点，应领会其设计思路），并在创建完成后对视图进行适当的调整，如执行对齐视图和隐藏视图边线等操作，以符合制图规范。

制作步骤

步骤 1 选择"开始"＞"机械设计"＞"工程制图"菜单，打开"创建新工程图"对话框，如图 8-63 所示，先单击选中"空图纸"按钮，然后单击"修改"按钮，打开"新建工程图"对话框，"图纸样式"选择"A4 ISO"，创建工程图。

图 8-63 新建工程图操作

步骤 2 先打开本书提供的素材文件"bg.CATPart"，然后在创建的工程图中，单击"视图"工具栏中的"正视图"按钮，选中素材文件的上表面，在工程图图样中单击，创建一个正视图，如图 8-64 所示。

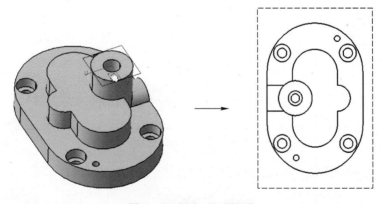

图 8-64 创建正视图操作

步骤 3 单击"视图"工具栏的"偏移剖视图"按钮，在绘图区的标准视图上绘制一条经过模型中心的横向剖面线，再向下拖曳创建一个剖面视图，如图 8-65 所示（可双击系统自动创建的视图名称，在打开的对话框中修改视图名称）。

步骤 4 单击"几何图形创建"工具栏的"通过单击创建点"按钮，在图 8-66 左图所示的 2 个位置绘制 2 个点，然后单击"直线"按钮，绘制一条经过这 2 个点和相关圆心的线，如图 8-66 右图所示。

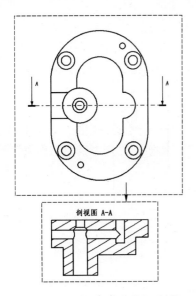

图 8-65 创建"剖视图"操作

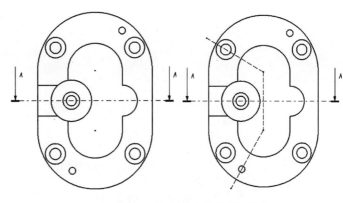

图 8-66 创建"辅助线"操作

步骤 5 单击"视图"工具栏的"对齐剖视图"按钮,绘制与**步骤 4**所绘线段重合的线,如图 8-67 左图所示,拖曳鼠标,单击鼠标左键创建一个旋转剖视图,如图 8-67 右图所示。

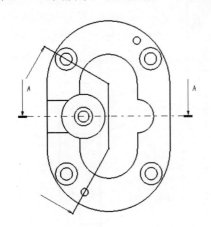

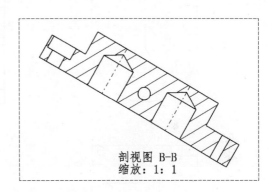

剖视图 B-B
缩放:1:1

图 8-67 创建"旋转剖视图"操作

步骤 6 双击**步骤 5**创建的剖视图的视图名称文本,在打开的对话框中将视图名称更改为"剖视图 B-B",如图 8-68 左图所示;然后右击视图框架,选择"视图定位">"选择元素对齐视图"菜单,选择新创建的旋转剖视图的底部边线,再选择另外一个视图中的水平边线,令旋转剖视图水平对齐,如图 8-68 右图所示。

步骤 7 单击"修饰"工具栏中的"中心线"按钮⊕,单击视图中的圆(需要添加中心线的位置),添加多个中心线(其中"剖视图 B-B"中所添加的中心线方向不正确,可选择此中心线,然后选择"插入">"几何图形修改">"变换">"旋转"菜单,按照之前的讲述,旋转此中心线图形至正确的方向),如图 8-69 所示。

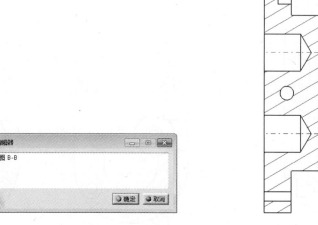

图 8-68　编辑"视图名称"并执行对齐操作

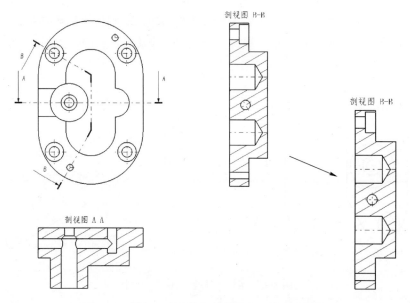

图 8-69　添加"中心线"并调整中心线方向操作

步骤 8 单击"尺寸标注"工具栏中的"尺寸"按钮，"半径"按钮等，按照图 8-70 所示为视图添加尺寸标注（与草图中的操作类似，部分位置需要创建辅助线）。

步骤 9 单击"标注"工具栏中的"带引出线的文本"按钮，单击"剖面 A-A"竖孔上侧倒角位置的边线，拖曳鼠标并单击创建此处的倒角尺寸，如图 8-71 左图所示（通过相同操作，使用"带引出线的文本"工具创建文字注释）。

步骤 10 再次使用"带引出线的文本"工具，为标准视图上侧的两个孔添加孔标注（孔标注中的相关符号，可通过"文本属性"工具栏进行输入），如图 8-71 右图所示。

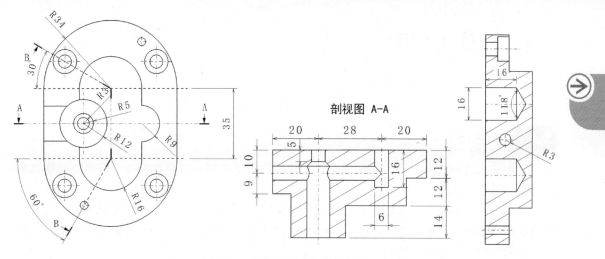

图 8-70　使用"尺寸"进行标注

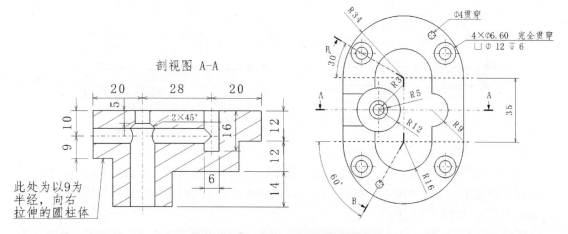

图 8-71　标注孔、倒角和文字注释

步骤 11　选择"编辑">"图样背景"菜单，进入图样背景编辑空间，首先以当前视图显示的边界为依据，单击"矩形"按钮创建一个与此边界大小相同的边框，然后单击"偏移"按钮，向内偏移创建一个距离此边框 10 的内边框。

步骤 12　单击"标注"工具栏中的"表"按钮⊞，插入一表格，将其移动到视图的右下角，再为其添加文字，如图 8-72 所示，完成工程图的创建。

泵盖		比例	1:1	质量	
		图号	9-1	材料	23#
设计	顾恺之	**应天设计**			
制图	李思训				
审核	王诜				

图 8-72　创建图框和标题栏

8.4 标注工程图

标注是工程图的第二大组成要素，由尺寸、公差和表面粗糙度等组成，用于向工程人员提供详细的尺寸信息和关键技术指标，下面介绍在 CATIA 中如何标注工程图。

8.4.1 标注尺寸

视图的尺寸标注和"草图"模式中的"约束"方法类似，只是在视图中不可以对物体的实际尺寸进行更改。

单击"尺寸标注"工具栏中的"尺寸"按钮，可以为视图标注大多数尺寸，如水平、竖直、直径、半径、角度等尺寸标注，如图 8-73 所示（其操作方法可参考前面"草图"工作空间中的"约束"工具的讲解）。

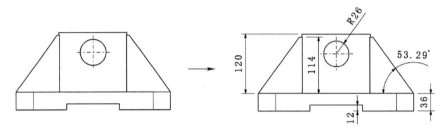

图 8-73 标注尺寸操作效果

此外，在视图中还可以由系统根据已有约束自动地标注尺寸。

选择"插入">"生成">"生成尺寸"菜单，打开"生成的尺寸分析"对话框，选中要生成尺寸的视图，单击"确定"按钮，即可自动标注尺寸（然后再对自动标注的尺寸进行适当调整即可），如图 8-74 所示。

选择"插入">"生成">"逐步生成尺寸"菜单，将打开"逐步生成"对话框，如图 8-75 所示，单击"下一个尺寸生成"按钮，可逐个将草图中的尺寸约束生成为尺寸。

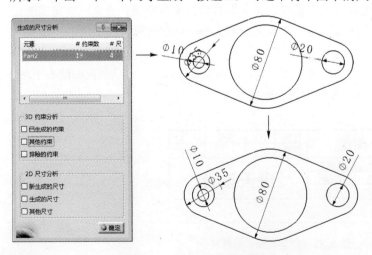

若勾选"在3D中可视化"复选框，将在生成尺寸的同时在3D空间查看要生成的尺寸，其余按钮可自行尝试

图 8-74 自动生成尺寸操作　　　　图 8-75 "逐步生成"对话框

在绘制尺寸的过程中，将显示"工具控制板"工具栏 ，通过此工具栏中的相关按钮，可以控制创建尺寸的方式和位置，具体如下。

➤ "投影的尺寸"按钮 ：选中此按钮，创建的尺寸将随鼠标的位置不同而呈现水平、竖直或与所选边线平行的状态。

➤ "强制标注元素尺寸"按钮 ：选中此按钮，所创建的尺寸将与所选边线平行。

➤ "强制尺寸线在视图中水平"按钮 ：标注水平尺寸。

➤ "强制在视图中垂直标注尺寸"按钮 ：标注竖直尺寸。

➤ "强制沿同一方向标注尺寸"按钮 ：选中此按钮后，先选择一参照边线，然后选择要标注的边线，可以标注与所选边线垂直的尺寸，如图 8-76 所示。

➤ "实长尺寸"按钮 ：选中此按钮，用于标注实长尺寸（此功能必须应用于关联尺寸才有效）。此外，使用实长尺寸前，须确保在"工具">"选项">"机械设计">"工程制图"的"尺寸"选项卡中，单击"3D 上的关联性"按钮，在打开的对话框中未选中"仅创建无关联性的尺寸"选项。

➤ "检测相交点"按钮 ：选中此按钮，在标注尺寸时将自动检测线的相交点，并自相交点位置处开始标注，如图 8-77 所示。

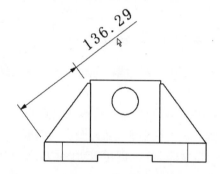

图 8-76　"强制沿同一方向标注尺寸"操作

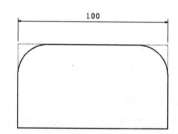

图 8-77　"检测相交点"标注尺寸操作

"尺寸标注"工具栏中的"长度/距离尺寸"工具 用于标注长度、距离和弧长等；"角度尺寸"工具 用于标注角度；"半径尺寸"工具 用于标注半径；"直径尺寸"工具 用于标注直径。

下面解释一下其他尺寸标注按钮的作用。

➤ "链式尺寸"按钮 ：用于创建"链式尺寸"，操作时首先以创建尺寸的方式绘制第一个链式尺寸，然后再次单击此按钮，选择前一个尺寸，再连续单击多点，拖动后放置链式尺寸即可，如图 8-78 所示。

➤ "累积尺寸"按钮 ：用于创建以一个相同位置为起始位置的"累积尺寸"，如图 8-79 所示（其操作方法，与"链式尺寸"相同）。

➤ "堆叠式尺寸"按钮 ：用于创建以一个相同位置为起始位置的"堆叠尺寸"，如图 8-80 所示（其操作方法与"链式尺寸"相同）。

➤ "倒角尺寸"按钮 ：单击此按钮后，选择倒角处的斜线，拖曳并单击，可创建倒角尺寸，如图 8-81 左图所示。在创建倒角的过程中，会显示"工具控制板"工具栏，通过此工具栏可以调整倒角的显示方式，其中单击选中"双符号"按钮 ，可水平或竖直放置倒角尺寸，如图 8-81 右图所示。

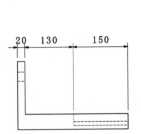

图 8-78 "链式尺寸"效果

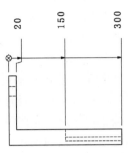

图 8-79 "累积尺寸"效果

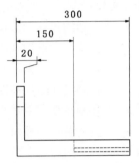

图 8-80 "堆叠式尺寸"效果

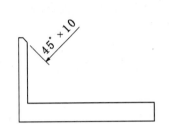

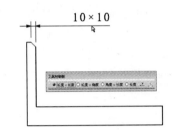

图 8-81 创建的倒角和倒角"工具控制板"工具栏调整效果

- ➢ "螺纹尺寸"按钮：单击此按钮后，选择视图中的螺纹线，可在视图中标注螺纹，如图 8-82 所示。
- ➢ "坐标尺寸"按钮：单击此按钮后，在视图中单击一个点，可标注此点的坐标，如图 8-83 所示（操作时，如选中"工具控制板"工具栏中的"2D 坐标"按钮，将标注 2D 坐标值；如选中"3D 坐标"按钮，将参照 3D 点创建 3D 坐标）。

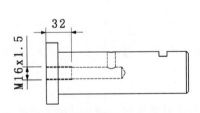

图 8-82 "螺纹尺寸"效果

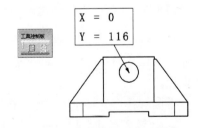

图 8-83 "坐标尺寸"效果

- ➢ "孔尺寸表"按钮：单击此按钮后，选择一个孔的边线，打开"轴系和表参数"对话框，输入孔"标题"，并通过其他参数设置"孔尺寸表"中要显示的元素，单击"确定"按钮（如在显示"轴系和表参数"对话框的过程中再次单击某个点，可令此点位置处为坐标原点位置），并再次单击，即可为孔添加孔表标注，如图 8-84 所示。
- ➢ "坐标尺寸表"按钮：	"坐标尺寸表"的创建与"孔尺寸表"的创建基本相同，"坐标尺寸表"创建的是某个点的尺寸表，而"孔尺寸表"创建的是孔的尺寸表。
- ➢ "技术特征尺寸"系列按钮：此系列按钮主要为技术特征（如电气线束）创建尺寸，

也可以在技术特征（如结构板）之间创建尺寸（本文对此不进行过多介绍）。

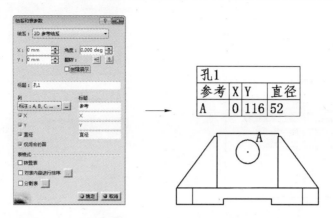

图 8-84 "孔表尺寸"操作效果

8.4.2 尺寸公差

尺寸创建完成后，选中创建的尺寸，可在"尺寸属性"工具栏的相关下拉列表框中为此尺寸值设置公差，如图 8-85 所示。

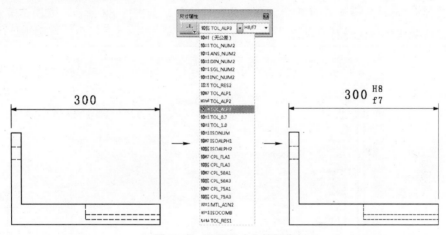

图 8-85 设置尺寸公差操作

8.4.3 尺寸样式

尺寸创建完成后，选中创建的尺寸可通过"文本属性"工具栏的相关按钮设置尺寸文本的字体、字号、加粗、倾斜和下画线等样式；可通过"图形属性"工具栏设置尺寸文字和尺寸边线的颜色，以及尺寸边线的线型和线宽等；此外，可通过"数字属性"工具栏设置数值的精度等，如图 8-86 所示。

此外，可右击尺寸选择"属性"菜单，打开"属性"对话框，在"尺寸线"选项卡中设置尺寸线的样式（如箭头的形状等），如图 8-87 所示。

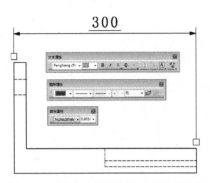

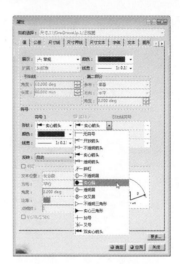

图 8-86　通过工具栏设置尺寸样式操作　　　　图 8-87　通过"属性"对话框设置尺寸样式操作

 提示

CATIA 工程图中，默认使用"开放箭头"，若要将默认箭头设置为"实心箭头"，可首先打开"运行"对话框，执行"cnext -admin"命令，进入 CATIA 的管理员模式，然后选择"工具">"标准"菜单，打开"标准定义"对话框，如图 8-88 所示，在图示节点下，即可对默认箭头的格式进行更改。

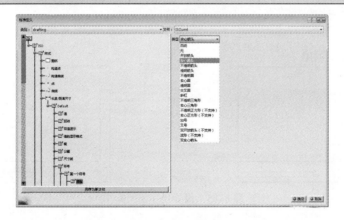

图 8-88　更改尺寸标准默认箭头效果操作

8.4.4　基准特征和形位公差

形位公差包括形状公差和位置公差，机械加工后零件的实际形状或相互位置与理想几何体规定的形状或相互位置不可避免地存在差异，形状上的差异就是形状误差，相互位置的差异就是位置误差，这类误差影响机械产品的功能，设计时应规定相应的公差并按规定的符号标注在图样上，即标注所谓的形位公差。

单击"尺寸标注"工具栏中的"基准特征"按钮 Ａ，然后单击模型的一条边线，并在拖曳后单击，打开"创建基准"对话框，输入基准符号，如 A 或 B 等，即可创建基准特征，如

图 8-89 所示。

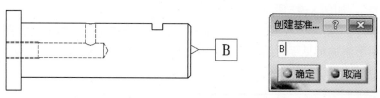

图 8-89 创建"基准特征"操作

单击"尺寸标注"工具栏中的"形位公差"按钮 A，然后单击模型的一条边线，并在拖曳后单击，打开"形位公差"对话框，根据需要选择"公差特征修饰符" ⊥，输入公差值，然后设置参考的"基准特征"（输入基准特征符号），单击"确定"按钮，即可创建形位公差，如图 8-90 所示。

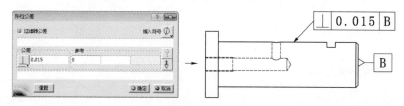

图 8-90 创建"形位公差"操作

下面解释一下"形位公差"对话框中部分选项的作用。

➢ "过滤器公差"复选框：若勾选此复选框，将根据选中的对象过滤形位公差图标符号列表，而只保留可用的符号（否则显示所有符号）。

➢ "插入符号"下拉列表框：用于在不同文本框中插入可用的图形符号，如"直径"符号 ⌀、"最大材质条件"符号 Ⓜ、"最小材质条件"符号 Ⓛ、"投影公差"符号 Ⓟ 等。

➢ "上部文本"文本框：在"形位公差"上部添加说明性文本。

➢ "公差特征修饰符"下拉列表框：通过此下拉列表框，可设置公差符号，如"直形" ⎯、"平形" ⟋、"圆形" ○ 和"圆柱形" ⌀ 等形状公差符号，"直线轮廓" ⌒ 和"曲面轮廓" ⌒ 等形状和位置公差符号，"平行" ∥、"垂直" ⊥、"尖角性" ∠、"环向跳动" ↗、"全跳动" ↗、"定位" ⊕、"同心" ◎ 和"对称" ═ 等位置公差符号。

➢ "下一直线"按钮 ↓：添加"下一条"形位公差（或切换"上一条"和"下一条"行为公差）。

➢ "下部文本"文本框：在"形位公差"下部添加说明性文本。

8.4.5 标注文本、引出线和零件序号

单击"标注"工具栏中的"文本"按钮 T，在工程图中单击，在打开的"文本编辑器"对话框中输入要添加的文本，单击"确定"按钮即可标注文本。

单击"标注"工具栏中的"带引出线的文本"按钮 ⬈，在工程图中单击零件边线，拖曳后单击，在打开的"文本编辑器"对话框中输入要添加的文本，单击"确定"按钮，即可添加"带引出线的文本"（可用于标注"孔标注"），如图 8-91 所示。

单击"标注"工具栏中的"零件序号"按钮 ⓪，单击装配工程图中的某个零件，拖曳后

单击，在打开的"创建零件序号"对话框中输入"零件序号"文字，单击"确定"按钮即可标注"零件序号"，如图 8-92 所示。

此外，选择"插入">"生成">"零件序号生成"菜单，可在装配工程图的当前激活视图中，为装配图形添加可见零件的所有序号，如图 8-93 所示（添加零件序号之前，应在装配图中，单击"生成编号"按钮，为所有零件添加编号，详见 7.1.6 节）。

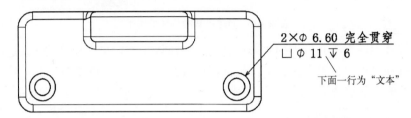

图 8-91　创建"带引出线的文本"和"文本"效果

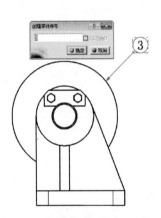

图 8-92　创建"零件序号"操作

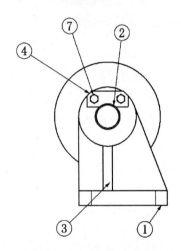

图 8-93　"零件序号生成"效果

这里再对"标注"工具栏"文本"下拉列表框中的其他 3 个按钮略做解释。

➤ "文本复制"按钮：用于复制文本，此文本应首先与某实体对象相链接（如与某孔相链接）。操作之前，应首先选择实体中的此对象，然后再执行"文本复制"操作。

➤ "放置文本模版"按钮：用于使用目录中存储的文本模板标注工程图。

➤ "基准目标"按钮：主要用于在建筑图中绘制"详图索引"符号（用于指定此处详图的图号）。

8.4.6　标注粗糙度和焊接符号

模型加工后的实际表面是不平的，不平表面上最大峰值和最小峰值的间距即为模型此处的表面粗糙度，其标注值越小，表明此处要求越高，加工难度越大。

单击"标注"工具栏的"粗糙度符号"按钮，在要标注的模型表面单击，打开"粗糙度符号"对话框，在此对话框中输入粗糙度值等，单击"确定"按钮，即可标注表面粗糙度，如图 8-94 所示。

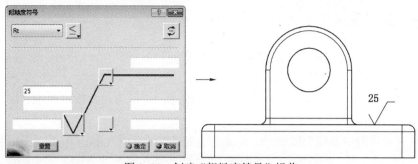

图8-94　创建"粗糙度符号"操作

 提示

> "粗糙度符号"对话框中各相关选项的意义可参考相关制图标准，并按制图标准的要求添加相关参数，此处不再赘述（这里只说明一项，单击"反转"按钮 ⟳，可反转粗糙度符号到附着线的另外一侧）。

单击"标注"工具栏的"焊接符号"按钮 ⤬，单击要标注焊接符号交点处的两条边线，拖曳后单击，打开"焊接符号"对话框，在此对话框中输入焊接大小和焊接长度等参数，单击"确定"按钮，即可在此处添加焊接符号标注，如图8-95所示。

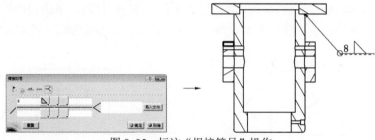

图8-95　标注"焊接符号"操作

 提示

> "焊接符号"对话框中各相关选项的意义请参考相关制图标准，然后按制图标准的要求添加相关参数，此处不再赘述。

此外，单击"标注"工具栏中的"焊接"按钮 ◣，单击要标注焊接符号交点处的两条边线，打开"焊接编辑器"对话框，在此对话框中设置焊接厚度、角度和焊接类型，单击"确定"按钮，即可在此处添加"焊接"标注符号，如图8-96所示。

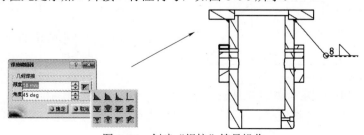

图8-96　创建"焊接"符号操作

8.4.7 标注修饰符号

通过"修饰"工具栏，可以为视图添加各种修饰符号，如中心线符号、螺纹符号、轴线、填充线和箭头线等。下面进行介绍。

➤ "中心线"按钮⊕：单击视图中的任意圆或圆弧，可以为此元素添加中心线，如图 8-97 所示。

➤ "具有参考的中心线"按钮⊠：用于创建特定方向的中心线。单击视图中的任意圆或圆弧，然后单击一条边线作为参照线，可为圆或圆弧添加此方向上的中心线，如图 8-98 所示。

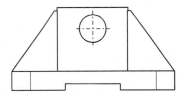 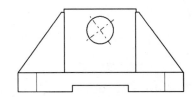

图 8-97　创建"中心线"效果　　　　图 8-98　创建"具有参考的中心线"效果

➤ "螺纹"按钮⊕：单击视图中的任意圆或圆弧，可以为此元素添加螺纹线，如图 8-99 所示。

➤ "具有参考的螺纹"按钮⊠：用于创建特定方向的螺纹线。单击视图中的任意圆或圆弧，然后单击一条边线作为参照线，可为圆或圆弧添加此方向上的螺纹线，如图 8-99 所示。

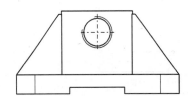 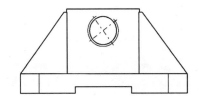

图 8-99　创建"螺纹"符号效果　　　　图 8-100　创建"具有参考的螺纹"符号效果

➤ "轴线"按钮⊞：单击此按钮后，单击任意可能具有中心线的实体（如圆柱体、圆锥体等）的视图边线，可直接生成轴线，如图 8-101 所示。也可单击两条平行直线，生成这两条直线间的中心线。

➤ "轴线和中心线"按钮⊠：单击此按钮后，顺序单击任意两个圆边线或圆弧边线，可生成这两个圆边线的中心线，同时生成连接这两个圆的轴线，如图 8-102 所示。

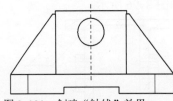 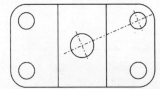

图 8-101　创建"轴线"效果　　　　图 8-102　创建"轴线和中心线"效果

➤ "创建区域填充"按钮▨：在要填充的区域内单击，即可填充闭合的区域，如图 8-103 所示。

双击创建的填充区域，可在打开的"属性"对话框中，对填充间距、角度、线型和线框等进行修改。

➢ "修改区域填充"按钮 ![]：先单击选中要修改的填充，然后在其他闭合区域单击，即可将此填充移动到新的填充区域，如图 8-104 所示。

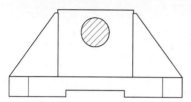

图 8-103 "创建区域填充"效果

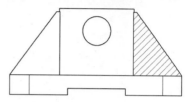

图 8-104 "修改区域填充"效果

➢ "箭头"按钮 ![]：单击任意两点，创建带箭头的连线。

8.4.8 插入表格

插入的表格可用于创建"标题栏"。单击"标注"工具栏中的"表"按钮 ![]，打开"表编辑器"对话框，输入"行数"和"列数"，然后单击"确定"按钮，并在适当位置单击即可插入"表"，如图 8-105 所示，插入"表"后可以根据需要对其执行拖曳和合并等操作（其操作与 Word 中的表格操作基本相同，此处不再赘述），双击表格可对表格进行编辑（拖曳外侧边线可调整表格大小），双击单元格后，可以在其中输入文字。

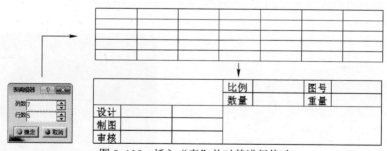

图 8-105 插入"表"并对其进行修改

此外，单击"标注"工具栏中的"从 CSV 创建表"按钮 ![]，可导入 CSV 文件创建表格。"CSV 文件"可通过 Excel 等文件创建（在 Excel 中输入相关数据，完成后，另存为 CSV 文件即可）。

可通过右击选择"位置链接">"创建"菜单，如图 8-106 所示，然后单击一个点，令插入的表格链接到此点（可用于对齐表格）。此外，右击表格选择"属性"菜单，打开"属性"对话框，可在"文本"选项卡"定位点"下拉列表框中设置表格定位点的位置，如图 8-107 所示（通过这两项操作，即可将表格对齐到想要的位置处了）。

图 8-106 创建"表格链接"操作

图 8-107 表格"属性"对话框

8.4.9 插入对象和图片

　　CATIA 支持插入多种类型的文件，选择"插入">"对象"菜单，打开"插入对象"对话框，如图 8-108 所示，然后可采用"新建"或"由文件创建"等方式嵌入要插入到工程图中的文件（可参照 Word 中插入对象的操作）。

　　选择"插入">"图片"菜单，然后在打开的对话框中选择要插入的图片，对于插入的图片，可通过四周的角点调整显示的大小和长宽等，如图 8-109 所示。

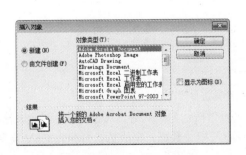

图 8-108 "插入对象"对话框

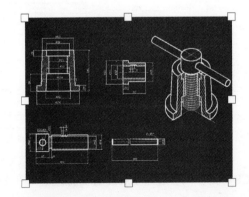

图 8-109 插入的"图片"效果

8.4.10 生成物料清单

　　生成"物料清单"操作可用于创建装配工程图的配件明细表，如图 8-110 所示，在装配工程图中，选择"插入">"生成">"物料清单">"物料清单"菜单，然后在工程图内任意位置单击，即可插入物料清单。

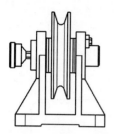

物料清单：定滑轮

数量	零件编号	类型	术语	版本
1	支座	零件		
1	芯轴	零件		
1	滑轮	零件		
1	卡板	零件		
1	油杯	零件		
1	旋盖	零件		
2	螺钉	零件		

摘要说明：定滑轮
不同零件：7
全部零件：8

数量	零件编号
1	支座
1	芯轴
1	滑轮
1	卡板
1	油杯
1	旋盖
2	螺钉

图 8-110 "生成物料清单"效果

如选择"插入">"生成">"物料清单">"高级物料清单"菜单，可打开"创建物料清单"对话框，如图 8-111 所示，通过此对话框，可调整物料清单表头的位置或对物料清单进行分割等。

8.4.11 尺寸编辑

通过"尺寸标注"工具栏中的"重设尺寸"系列工具，如图 8-112 所示，可以对创建的尺寸进行一些编辑操作，如打断尺寸，修剪尺寸等（下面逐一介绍其作用）。

图 8-111 "创建物料清单"对话框

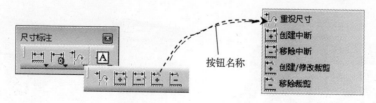

图 8-112 "尺寸编辑"工具

➤ "重设尺寸"按钮：单击此按钮后单击某尺寸，然后通过单击顺序设置与此尺寸定义相同的边线等（原尺寸定义时有几个边线，此处就需要设置几个边线），可将尺寸移动到新的位置处。

➤ "创建中断"按钮：单击此按钮后，单击某尺寸，再在尺寸的一侧边界线单击两点，可中断尺寸线，如图 8-113 所示。

➤ "移除中断"按钮：单击此按钮后，再单击创建了中断的尺寸线，可将尺寸线恢复到原始状态。

➤ "创建/修改裁剪"按钮：单击此按钮，单击选中要修改的尺寸，然后单击一点，确定尺寸线不被裁剪的一端,再单击尺寸线要裁剪的一端,即可裁剪尺寸线,如图 8-114 所示。

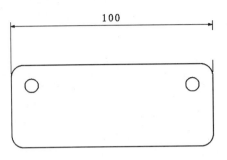

图 8-113　"创建中断"效果

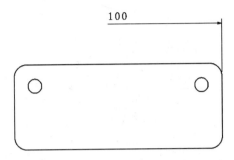

图 8-114　"创建/修改裁剪"效果

 提示

　　如果单击"创建/修改裁剪"按钮后,单击选择已经被裁剪的尺寸,重复剪裁尺寸的全部操作,可对裁剪尺寸进行修改(如更改修剪侧等)。

➤ "移除裁剪"按钮■:单击此按钮后,再单击裁剪了的尺寸线,可将尺寸线恢复到原始状态。

实例精讲——标注"旋锁"工程图

　　本实例将讲解如何使用 CATIA 设计图 8-115 所示的旋锁相关工程图的操作。在设计的过程中将主要用到 CATIA 中为工程图添加标注的相关操作,如添加尺寸标准、尺寸公差、形位公差和孔标注等。

旋锁

图 8-115　吊具中的"旋锁"和本实例要设计的"旋转"及其剖视图

制作分析

　　本实例主要创建旋锁壳体的工程图(主要讲述标注过程),如图 8-116 所示。在创建的过程中应注意孔标注、尺寸公差、表面粗糙度和焊接符号等的添加技巧。

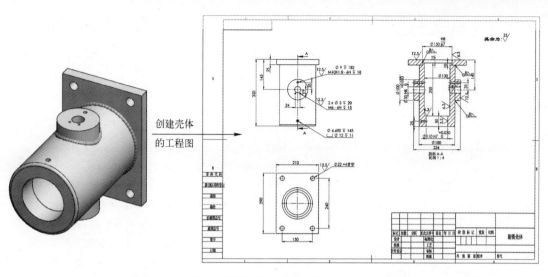

创建壳体
的工程图

图 8-116 设计"悬索"相关零件工程图的主要操作过程

制作步骤

步骤 1 新建"工程图"文件,设置图纸大小为"A3 ISO"、空白图纸,然后打开素材文件"xskt.CATPart"(旋锁壳体),创建工程图,并添加部分位置的中心线,如图 8-117 和图 118 所示。

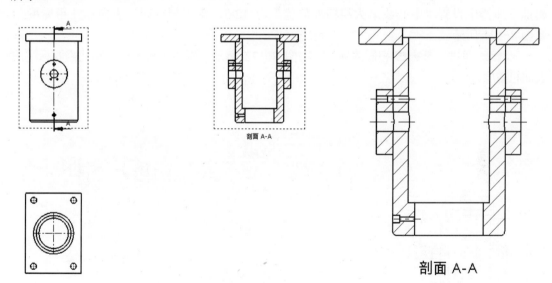

图 8-117 创建正视图、投影视图和剖视图　　　　图 8-118 添加中心线

步骤 2 单击"尺寸标注"工具栏中的"尺寸"按钮，以类似于草图中标注尺寸的方式为视图添加图 8-119 所示的标注。

步骤 3 单击"标注"工具栏中的"带引出线的文本"按钮，分别选择图 8-120 所示位置的孔，并向外拖曳，创建孔标注。

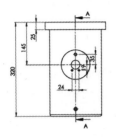

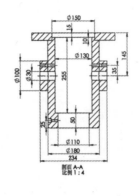

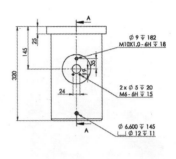

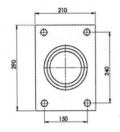

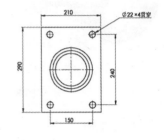

图 8-119　添加尺寸标注　　　　　　　　　　　　　　　图 8-120　添加孔标注

步骤 4 单击"标注"工具栏中的"粗糙度符号"按钮√，在打开的"表面粗糙度"属性管理器中设置"中心线最大粗糙度的值"为 12.5，单击剖视图上表面标注粗糙度，如图 8-121 所示。

步骤 5 通过与**步骤 4**相同的操作，在图 8-122 所示位置为工程图标注其他需要标注的表面粗糙度。

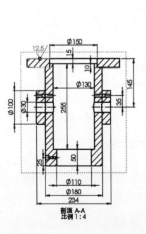

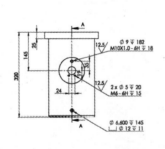

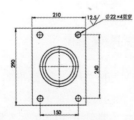

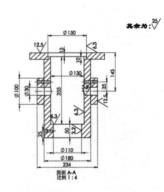

图 8-121　添加粗糙度标注　　　　　　　　　　　　　图 8-122　添加所有其他粗糙度标注

步骤 6 单击"标注"工具栏中的"焊接符号"按钮 ，打开"焊接符号"对话框，设置焊缝大小为 8，并单击选中"焊点包围符号"按钮 ，再设置焊接类型为"填角焊接" ，单击剖视图内部角位置两侧的边线，添加焊接标注，如图 8-123 所示。

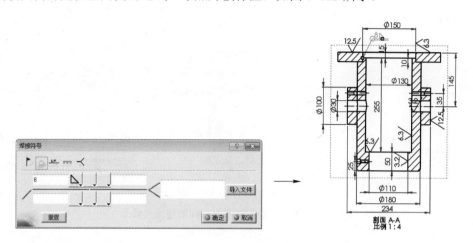

图 8-123 添加焊接符号标注

步骤 7 同**步骤 6**操作，设置焊角大小和焊接位置等，为视图标准其他焊接符号，如图 8-124 所示（也可进行连续标注）。

步骤 8 选中剖视图顶部的尺寸标注，通过顶部的"尺寸属性"工具栏为其设置"公差"，如图 8-125 所示。然后通过相同操作，为剖视图左侧孔的直径标注，添加公差，再为壳体底部孔设置"孔套和"的公差值，如图 8-126 所示。

步骤 9 选择"文件">"页面设置"菜单，打开"页面设置"对话框，单击 Insert Background View... 按钮，选择本书提供的素材文件"A3.CATDrawing"作为背景文件，完成图样的创建，如图 8-127 所示。

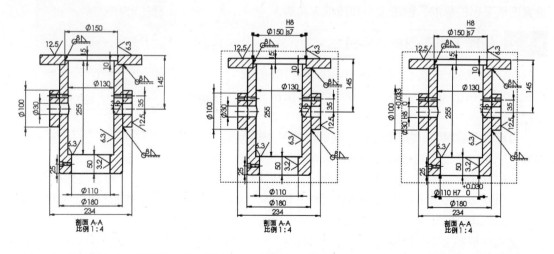

图 8-124 所有添加的焊接标注效果　　图 8-125 设置加工精度　　图 8-126 设置另外两个公差精度

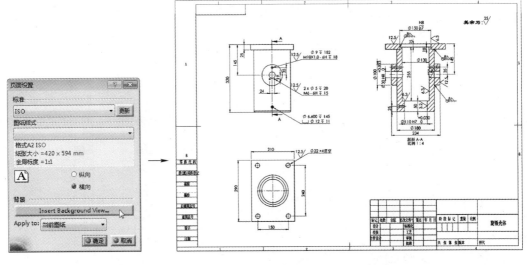

图 8-127　插入背景图框完成图样创建操作效果

8.5　设置和打印输出工程图

通过对工程图进行相应设置可以更改工程图的页面大小、设置默认输出的打印机等，从而实现清晰打印等，本节介绍相关操作。

8.5.1　页面设置

选择"文件" > "页面设置"菜单，打开"页面设置"对话框，如图 8-128 所示，通过此对话框，可以设置图纸采用的标准、图纸大小和图纸方向等。

8.5.2　创建工程图图框和标题栏

CATIA 默认未提供包含图框和标题栏的图纸模板，所以在出图时，通常需要自行创建图框和标题栏。

可选择"编辑" > "图纸背景"菜单，进入"图纸背景"空间，通过绘制矩形（与图纸大小相同）并偏

图 8-128　"页面设置"对话框

移矩形的方式绘制图框，如图 8-129 所示；然后绘制表格，创建标题栏（对表格执行合并等操作），如图 8-130 所示（将表格移动到右下角即可，如果部分文字无法添加，也可以通过"文本"工具创建）。

完成图框和文本框的创建后，选择"编辑" > "工作视图"菜单，回到"工作视图"环境，然后可继续对工程图视图进行编辑。

图 8-129　绘制图框

图 8-130　创建的标题栏

8.5.3　打印机设置

选择"文件">"打印机设置"菜单，打开"打印机"对话框，如图 8-131 所示，通过此对话框，可以执行添加打印机、设置默认打印机和配置打印机等操作。

配置打印机操作与打印机驱动程序有关，不同打印机设置通常都不相同，不过通常只需设置好正确的纸张尺寸大小即可。

图 8-131　"打印机"对话框

8.5.4　打印输出

选择"文件">"打印"菜单，打开"打印"对话框，如图 8-132 所示，通过此对话框，可以根据预览图提示旋转图样，或根据输出图样大小缩放图样等。

通常使用 100%"所见即所得"的方式进行打印，即将 A4 大小的图纸打印输出到 A4 纸张上（同理，A3 输出到 A3，A2 输出到 A2 等），这样的好处是，设计时标注的字号在打印输出后不会改变，可防止图样输出后标注无法辨识（或过大过小等问题）。

如在"打印"对话框中选中"适合页面"单选按钮后，仍然无法将页面调整到 100% 大小，可单击"页面设置"按钮，打开"页面设置"对话框，如图 8-133 所示，在此对话框中，将页边距全部设置为 0 即可。

提示

即使将页边距设置为 0，打印输出后，页面最外侧的框仍然是打印不出来的，这是因为打印机本来就是这样设计的，通常都会留有一定的页边距。

不过在设计图样时，图框都是由内框和外框两个边框构成的，这样即使外侧边框打印不出来，也不妨碍图样的阅览（设计时，不要将设计内容放到内侧边框外即可，当然内外侧边框应大于所输出的打印机最大边距值）。

图 8-132 "打印"对话框

此外，单击"打印"对话框中的"选项"按钮，打开"选项"对话框，在颜色选项卡中选中"单色"单选按钮，可进行单色打印输出，如图 8-134 所示。

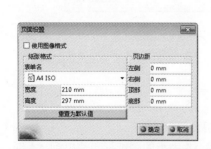

图 8-133 "页面设置"对话框

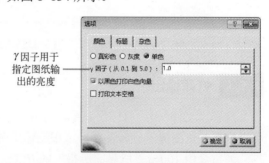

图 8-134 "选项"对话框

如选中"打印"对话框中的"拼贴"按钮，单击"定义"按钮，打开"选项"对话框，如图 8-135 所示，通过此对话框，可设置执行"拼贴"打印，即将一个工程图打印到两页纸张上（如将一个 A3 图纸打印到两张 A4 图纸上）。

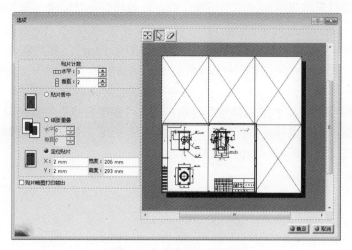

图 8-135 "选项"对话框

实例精讲——设计和打印装配工程图

下面设计并打印一个"凸缘联轴器"的装配工程图,如图 8-136 所示,以复习本节所学习的工程图打印输出知识。

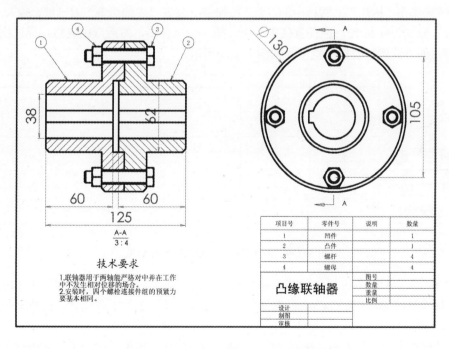

图 8-136 "凸缘联轴器"的装配工程图

制作分析

本实例将导入设计好的零件视图,然后绘制图样图框、标题栏和材料明细表,并添加技术要求等对图样进行辅助说明，完成上述操作后，对图样执行打印输出操作。

制作步骤

步骤 1 打开本文提供素材文件"dyzpgct-SC.CATDrawing"，然后新建一个"A4 ISO"标注的空白图纸，然后复制素材文件中的所有图线到新创建的工程图文件中，如图 8-137 所示。

步骤 2 选择"编辑">"图纸背景"菜单，进入"图纸背景"空间，首先绘制与图纸大小相同的矩形，然后向内偏移矩形图线 5，再向内偏移左侧图线 10，删除额外的图线并进行修剪等操作，创建工程图图框，如图 8-138 所示。

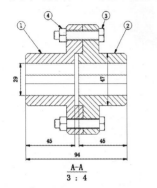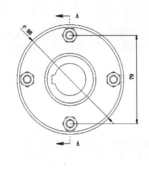

图 8-137 复制素材文件中图形效果 　　　　　图 8-138 绘制的图框效果

步骤 3 单击"标注"工具栏中的"表"按钮▦，打开"表编辑器"对话框，输入"行数"和"列数"分别为 4 和 12，在任意位置单击，插入一个表格，然后双击表格，通过拖曳表格外侧调整点的方式调整表格的宽度，如图 8-139 所示。

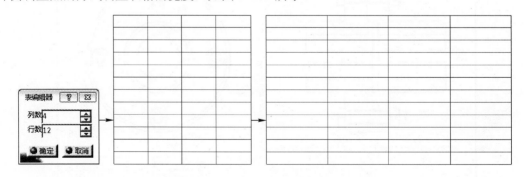

图 8-139 插入表格并调整表格宽度效果

步骤 4 合并表格中的部分区域，并通过双击的方式输入表格内容，如图 8-140 所示，添加标题栏和材料明细表（"凸缘联轴器"文字可通过"文本"工具创建，否则此处文字无法居中）。

步骤 5 右击创建的表格，选择"位置链接">"创建"菜单，然后单击**步骤 2**绘制的图样内边框的右下角点为链接位置。

步骤 6 右击创建的表格，选择"属性"菜单，打开"属性"对话框，在"文本"选项卡的"定位点"下拉列表框中选择"底部右侧"方式，如图 8-141 所示。

图 8-140 使用表创建的"标题栏"和"材料明细表"　　图 8-141 表格"属性"对话框

步骤 7 完成上述操作后，用鼠标拖曳"标题栏"和"材料明细表"表格右下角点到内边框右下角点位置处，令所选表格自动对齐到此角点位置，如图 8-142 所示。

步骤 8 选择"编辑">"工作视图"菜单，返回"工作视图"编辑空间，单击"标注"工具栏中的"文本"按钮，选择合适的字体，在工程图左下角的空白区域为工程图添加技术要求，如图 8-143 所示，完成工程图的创建（下面要将其打印出来）。

项目号	零件号	说明	数量
1	凸件		1
2	凹件		1
3	螺杆		4
4	螺母		4
凸缘联轴器		图号	
		数量	
		重量	
		比例	
设计			
制图			
审核			

技术要求

1.联轴器用于两轴能严格对中并在工作中不发生相对位移的场合。
2.安装时，四个螺栓连接件组的预紧力要基本相同。

图 8-142 对齐"表格"效果　　　　图 8-143 添加的"技术要求"

步骤 9 选择"文件">"打印"菜单，打开"打印"对话框，如图 8-144 所示，选用"Microsoft XPS Document Writer"打印机（Windows 7 操作系统默认安装的虚拟打印机），然后单击"属性"按钮，打开此打印机的"Microsoft XPS Document Writer 高级文档属性"对话框，在"纸张/输出"下拉列表框中设置纸张大小为 A4，如图 8-145 所示。

步骤 10 回到"打印"对话框，选中"适合页面"单选按钮，单击"页面设置"按钮，打开"页面设置"对话框，将所有"页边距"都设置为 0，如图 8-146 所示。

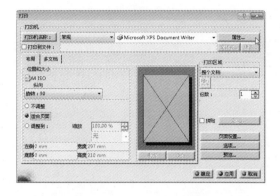

图 8-144 "打印"对话框

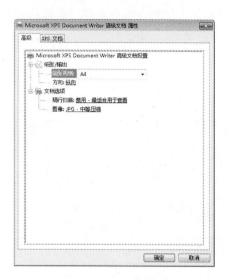

图 8-145 打印机"Microsoft XPS Document Writer 高级文档属性"对话框

步骤 11 在"打印"对话框中单击"确定"按钮，打开"文件另存为"对话框，如图 8-147 所示，为打印输出的 XPS 文件设置一个名称，单击"保存"按钮，即可完成打印操作（双击打印输出的 XPS 文件，可查看打印输出效果，如图 8-148 所示）。

图 8-146 "页面设置"对话框

图 8-147 "文件另存为"对话框

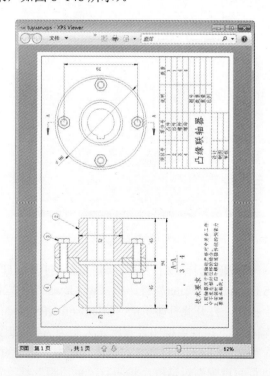

图 8-148 "XPS"文件预览界面

8.6 本章小结

工程图是 CATIA 的重要模块,结合灵活快捷的建模方式,通过标准化的视图和视图标注,可以高效率地创建和打印工程图。本章主要讲述了创建视图、编辑视图和添加视图标注的方法,其难点是视图标注。另外学习本章应首先了解机械制图等方面的基础知识,否则有些概念性的指标将难以理解,会妨碍学习的进程。

8.7 思考与练习

一、填空题

(1)详图是专门存放_____的视图,_____相当于 AutoCAD 软件中的"块"。

(2)新建视图,可以理解为创建不以_____为参照的视图,即与 AutoCAD 一样的 2D视图。

(3)实例化 2D 零件,用于将_____中的 2D 部件插入到当前视图中。

(4)_____是标准视图在某个方向的投影,用于辅助说明零件的形状。

(5)在绘制工程图时,一些实体的内部构造较复杂,需要创建_____才能清楚地了解其内部结构。

(6)_____是一种类似于"投影视图"的派生视图,通过在现有视图中选取参考边线,创建垂直于该参考边线的展开视图。

(7)形位公差包括_____和_____,机械加工后零件的实际形状或相互位置与理想几何体规定的形状或相互位置不可避免地存在差异,形状上的差异就是_____,而相互位置的差异就是_____。

二、问答题

(1)工程图通常具有几个组成要素?请简述其作用。

(2)如何更改尺寸的箭头样式(如更改为"实心箭头"),如何更改尺寸箭头的大小?简述一下其操作。

(3)裁剪视图可否单独存在?其主要作用是什么?

三、操作题

(1)使用本章所学的知识,创建本书提供的素材文件"zhou-Lx1.CATPart"的工程图,其效果如图 8-149 所示。

提示

> 本实例没有太多难点,在创建工程图时使用 A3 ISO 图纸(420×297)即可,其中标题栏是在"图纸背景"模式下创建的(两个图框也是,外侧图框与图纸大小相同,内侧与外侧边框的距离分别为 6 和 25),另外注意设置标注字体的大小。

(2)使用本章所学的知识,创建本书提供的素材文件"Cslhq-Lx2.CATProduct"的工程图,其效果如图 8-150 所示。

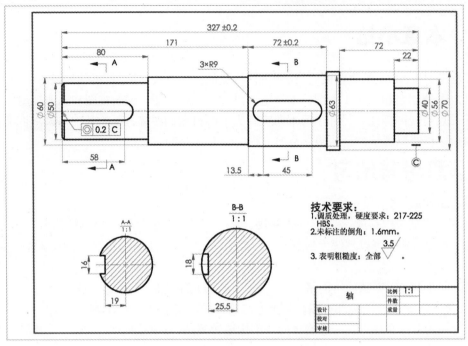

图 8-149　需创建的"轴"工程图

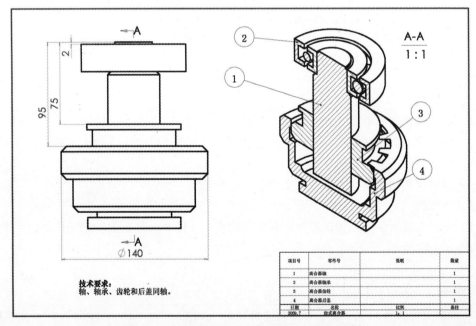

图 8-150　需创建的"齿式离合器"装配工程图

 提示

　　本实例右侧标题栏可在"图纸背景"模式直接使用"表"创建，右侧剖面视图可在"分割"操作后，使用"等轴测视图"创建得到。